职业教育电气自动化设备安装与维修专业教学资源库项目教材

简单电气设备安装与检修

主编　周　熠

中国劳动社会保障出版社

简介

本书主要内容包括常用变压器的安装与检修、单相交流电动机的安装与检修、直流电机的安装与检修、传送带变频器控制线路的安装与调试、温度控制装置的安装与调试5部分。

本书由周熠主编，冷静燕、王振宁参编。

图书在版编目(CIP)数据

简单电气设备安装与检修/周熠主编. —北京：中国劳动社会保障出版社，2015
职业教育电气自动化设备安装与维修专业教学资源库项目教材
ISBN 978-7-5167-2054-7

Ⅰ.①简… Ⅱ.①周… Ⅲ.①电气设备-设备安装-职业教育-教材②电气设备-维修-职业教育-教材 Ⅳ.①TM0

中国版本图书馆CIP数据核字(2015)第232672号

中国劳动社会保障出版社出版发行

（北京市惠新东街1号 邮政编码：100029）

*

北京昌联印刷有限公司印刷装订 新华书店经销

787毫米×1092毫米 16开本 12.75印张 282千字

2015年12月第1版 2024年8月第7次印刷

定价：24.00元

营销中心电话：400-606-6496

出版社网址：http://www.class.com.cn

http://jg.class.com.cn

前 言

为了推进职业教育现代化、信息化建设，更好地满足电气自动化设备安装与维修专业（以下简称电气维修专业）教学资源库项目的建设要求，常州高级技工学校联合全国十所职业院校的电气维修专业骨干教师和行业、企业专家，配合电气维修专业教学资源库项目建设，编写了《照明线路安装与检修》《简单电气设备安装与检修》《可编程序控制器及外围设备安装》《简单电子线路装接与维修》《电动机继电控制线路安装与检修》五本教材。

本套教材的编写特点主要体现在以下几个方面：

一、教材编写力求体现最新的职业教育理念

以建设基于工作实践的项目化课程为最终目标，努力实现“五个对接”。教材编写坚持“做中学、做中教”的理念，整合理论与实践知识，并以学生为主体，以能力为本位，以职业实践为主线，让学生在完成任务的过程中掌握相关知识和技能，注重学生职业生涯发展和职业能力的培养。

二、教材编写来源于岗位典型工作任务分析

按照电气维修专业所面向岗位和职业能力定位进行典型工作任务分析，确定课程体系、教学目标和要求；依据教学目标和要求，结合学生基础和认知规律，确定教材编写内容。

三、教材编写采用项目引导和任务驱动的编写模式

本套教材由若干学习任务组成，每个学习任务分解为若干学习活动。教材以具体任务为中心，通过设计完成任务的方法和步骤，承载相关知识和技能，进而培养学生提出问题、分析问题、解决问题的综合能力。

四、教材配套资源力求数字化、立体化

结合电气维修专业教学资源库项目建设，本套教材配套有丰富的数字化资源，包括图片、动画、视频、虚拟实训、企业案例等。具体内容可与项目组联系。

本套教材的编写工作得到了电气维修专业教学资源库项目组成员学校的大力支持，在此表示诚挚的谢意。

电气自动化设备安装与维修专业教学资源库项目组

2015 年 9 月

目 录

任务一　常用变压器的安装与检修

学习目标

1. 能正确描述变压器的特点、用途、类型、结构、工作原理、设计与绕制方法等基础知识，识读铭牌参数。

2. 能在教师指导下，正确使用仪表完成变压器的绝缘电阻和直流电阻测量。

3. 能通过对单相变压器的参数测定，知道变压器空载试验和短路试验的目的和实际意义。

4. 能根据任务要求，合理制订工作计划，列出并准备好工具和材料，在教师指导下，按工艺要求完成小型单相变压器的制作。

5. 能通过单相变压器故障检测训练，知道变压器故障检测的步骤、方法和工艺。

建议课时

40 课时

任务描述

变压器是一种常见的静止电气设备，它利用电磁感应原理，将某一数值的交变电压变换为同频率的另一数值的交变电压。电力变压器是电力系统中的关键设备，起着高压输电、低压供电的重要作用。小型变压器应用于机床的安全照明和控制电路、各种电子产品的电源适配器、电子线路中的阻抗匹配等。在日常的工作实践中，经常遇到容量较小的 1 000 V · A 以下的小型单相变压器，如电源变压器、行灯变压器和控制变压器等。从事电气技术工作的人员，往往需要选用或设计、绕制小型单相变压器，以应对因小型变压器损坏导致设备不能正常运行的故障情况，因此，变压器的相关知识和应用技能是电气技术人员必须掌握的。

工厂里某台机床内的单相变压器因发生故障而烧损，总务科下发工作任务联系单，要求维修电工组人员在 2 天内完成该变压器的拆卸、检修和重绕工作。

工作流程与活动

学习活动 1　变压器的认识

学习活动 2　单相变压器的运行

学习活动3　小型单相变压器的绕制和检修

学习活动1　变压器的认识

学习目标

1. 能说出变压器的作用和分类，认识单相变压器的外形和内部结构，熟悉各部件的作用。

2. 能在教师指导下，正确使用仪表完成单相变压器的绝缘电阻和直流电阻测量。

3. 能进行单相变压器拆装前的记录原始数据，拆卸硅钢片等工作。

知识准备

一、变压器的作用

变压器的基本作用是在交流电路中变电压、变电流、变阻抗、变相位和电气隔离。变压器的应用使人们能够方便地解决输电和用电这一矛盾，在电力系统中占有很重要的地位。

为提高电能的传输效率，由发电站发出的电能在向用户输送的过程中，通常需用很长的输电线，根据 $P=\sqrt{3}UI\cos\varphi$，在输送功率 P 和负载的功率因数 $\cos\varphi$ 一定时，输电线路上的电压 U 越高，则流过输电线路中的电流 I 就越小。这不仅可以减少输电线的截面积，节约导体材料，同时还可以减小输电线路的功率损耗。因此，目前世界各国在电能的输送与分配方面都朝建立高电压、大功率的电力网系统方向发展，以便集中输送、统一调度与分配电能。这就促使输电线路的电压由高压（110 ~ 220 kV）向超高压（330 ~ 750 kV）和特高压（750 kV 以上）不断升级。目前，我国高压输电的电压等级有 110 kV、220 kV、330 kV 及 500 kV 等多种。由于发电机本身结构及所用绝缘材料的限制，不可能直接发出这样的高压，发电机输出电压一般有 400 V、3. 15 kV、6. 3 kV、10. 5 kV 等数种。因此，在输电时必须首先通过升压变电站，利用变压器将电压升高。高压电能输送到用电区后，为了保证用电安全并符合用电设备的电压等级要求，还必须通过各级降压变电站，利用变压器将电压降低。三相电力系统输电如图 1—1—1 所示。

综上所述，变压器是输、配电系统中不可缺少的重要电气设备。如图 1—1—2 所示为发电厂附近的升压变压器，用电单位附近的降压变压器如图 1—1—3 所示。

二、变压器的分类

为了适应不同的使用目的和工作条件，变压器的种类很多，其常用的分类方法和主要用途见表 1—1—1。

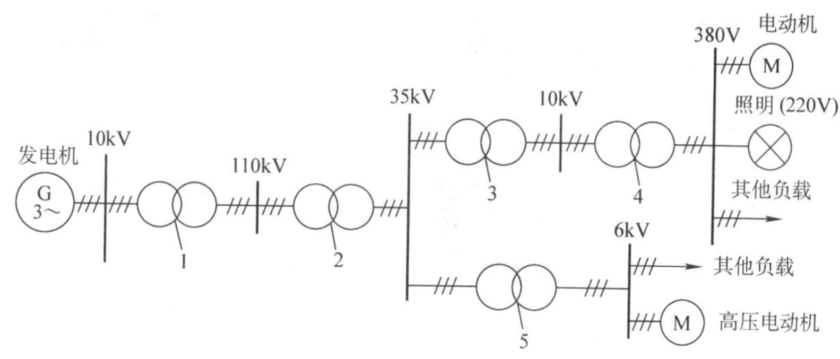

图 1—1—1　三相电力系统输电

1—升压变压器　2、3—降压变压器　4、5—配电变压器

图 1—1—2　升压变压器

图 1—1—3　降压变压器

表 1—1—1　　**变压器常用的分类方法和主要用途**

分类	名称	外形图	主要用途
按相数分类	单相变压器		单相交流电路中隔离、电压等级的变换、阻抗变换、相位变换或三相变压器组
	三相变压器		输配电系统中变换电压和传输电能

续表

分类	名称	外形图	主要用途
按用途分类	仪用互感器		电工测量与自动保护装置
	电炉变压器		冶炼、加热及热处理设备电源
	自耦变压器		实验室或工业上调节电压
	电焊变压器	 	焊接各类钢铁材料的交流电焊机上
按铁芯结构形式分类	壳式铁芯		小型变压器、大电流的特殊变压器，如电炉变压器、电焊变压器；或用于电子仪器及电视、收音机等的电源变压器
	心式铁芯		大、中型变压器，高压的电力变压器
	C形铁芯		电子技术中的变压器

续表

分类	名称	外形图	主要用途
按冷却方式分类	油浸式变压器		大、中型变压器
	风冷式变压器		强迫油循环风冷，用于大型变压器
	自冷式变压器		空气冷却，用于中、小型变压器
	干式变压器		安全防火要求较高的场合，如地铁、矿井、机场及高层建筑物内的变电所等

另外，变压器的分类方式还有很多，如电力变压器可分为升压、降压和配电变压器；按绕组分，可分为单绕组变压器、双绕组变压器、多绕组变压器；根据容量不同，可分为中小型变压器（小于 6 300 kV · A）、大型变压器（8 000 ~ 63 000 kV · A）、特大型变压器（大于 63 000 kV · A）。

三、变压器的基本结构

不论是单相变压器、三相变压器或其他类型变压器，最主要的组成部分都是铁芯和绕组。

1. 变压器绕组

变压器的线圈通常称为绕组，是变压器的电路部分。

（1）绕组材料选用

小型变压器一般用绝缘的漆包圆铜线绕制而成，对容量稍大的变压器则用扁铜线或扁铝线绕制。

(2) 绕组命名

绕组命名规定：接电源的绕组称为一次绕组或初级绕组；接负载的绕组称为二次绕组或次级绕组。按绕组所接电压高、低分为高压绕组和低压绕组。

(3) 绕组类型

按绕组绕制的方式不同，绕组可分为同心绕组和交叠绕组两种类型，其特点见表1—1—2。

表1—1—2　同心绕组和交叠绕组特点

绕组类型	示意图	绕制特点	应用范围
同心绕组	高压绕组；铁轭；铁芯柱；铁轭；低压绕组	将一次、二次侧线圈套在同一铁芯柱的内外层，一般低压绕组在内层，高压绕组在外层。当低压绕组电流较大时，绕组导线较粗，也可放到外层，绕组的层间留有油道，以利绝缘和散热。同心绕组结构简单，绕制方便	大多用于电力变压器
交叠绕组	低压绕组；高压绕组	将高低压线圈绕成饼状，沿铁芯轴向交叠放置，一般两端靠近铁轭处放置低压绕组，利于绝缘，引线比较方便，强度高，易构成多条并联支路	大多用于壳式、干式变压器，电炉变压器及电焊变压器等

2. 变压器铁芯

铁芯是变压器的磁路部分，主磁通的通道，也是安放绕组的骨架。

(1) 铁芯材料选用

铁芯材料的质量直接影响变压器的性能。高磁导率、低损耗和低价格是选择铁芯材料的关键。为提高铁芯导磁能力，增大变压器容量，减小体积，提高效率，铁芯常用硅钢片叠装而成。硅钢片可分热轧和冷轧，其性能特点见表1—1—3。

目前，有的变压器铁芯采用非晶合金材料。非晶合金材料是20世纪70年代问世的一种新型合金材料，该合金具有优异的导磁性、耐蚀性、耐磨性，硬度、强度较高。利用非晶合金铁芯制作而成的变压器比利用硅钢片铁芯制作的变压器的空载损耗下降75%左右，空载电流下降约80%，现在越来越多地应用于安全和防火要求较高场合的大、中型变压器中。

表 1—1—3　　热轧和冷轧硅钢片的性能特点

导磁材料名称	性能和特点	应用范围
热轧硅钢片	导磁性能好而且损耗小，厚度有 0.35 mm 和 0.5 mm 两种，片间涂覆绝缘漆，工艺性较好	多用于小型变压器
冷轧硅钢片	性能比热轧硅钢片更好，但工艺性较差，导磁有方向性且价格高。厚度有 0.27 mm、0.30 mm 和 0.35 mm 多种（越薄质量越好）	多用于大、中型变压器，如电力变压器

（2）铁芯结构

变压器的铁芯因绕组放置的位置不同，可分成心式和壳式，其各自特点见表 1—1—4。

表 1—1—4　　变压器铁芯的特点

铁芯类型	示意图	性能和特点	应用范围
心式		线圈包着铁芯，结构简单，装配容易，省导线	适用于大容量、高电压。电力变压器大多采用三相心式铁芯
壳式		铁芯包着线圈，铁芯易散热，但用线量多，工艺复杂	除小型干式变压器外很少采用

（3）铁芯柱与铁轭的装配工艺

铁芯由铁芯柱与铁轭构成。套装绕组的部分叫铁芯柱，连接铁芯柱形成闭合磁路的部分叫铁轭。单相壳式变压器铁芯柱与铁轭如图 1—1—4 所示。

图 1—1—4　单相壳式变压器铁芯柱与铁轭

铁芯柱与铁轭的装配工艺根据变压器的大小有所不同，有对接式和叠接式两种，见表 1—1—5。

表 1—1—5　　铁芯柱与铁轭的装配工艺

装配工艺类别	示意图	性能和特点	应用范围
对接式	山字形　F 字形　口字形	将铁芯和铁轭分别叠装夹紧，然后把它们对接起来，再把它们夹紧。这种工艺气隙大，从而增加磁阻和励磁电流	小型变压器
叠接式	单数层　双数层 单相变压器硅钢片叠法 单数层　双数层 三相变压器硅钢片叠法	把铁芯柱和铁轭的钢片一层层相互交错地重叠（每层不能多于三片），接缝相互错开。因气隙较小，磁阻也相应减小，从而减小了励磁电流，改善了性能	大、中型变压器

小贴士

卷制式（C 形）变压器

目前卷制式（C 形）变压器铁芯采用 0.35 mm 晶粒取向冷轧硅钢片剪裁成一定宽度的硅钢片带后再卷制成环形，将铁芯绑扎牢固后切割成两个 U 字形，如图 1—1—5 所示。如图 1—1—6 所示为用卷制铁芯制成的 C 形变压器。由于该类型变压器制作工艺简单，正在小容量的单相变压器中逐渐普及。随着制造技术的不断成熟，用卷制铁芯制作的三相电力变压器（500 kV · A 以下）将逐步代替传统的叠接式变压器，其主要优点是质量轻、体积小、空载损耗小、噪声低、生产效率高、质量稳定。

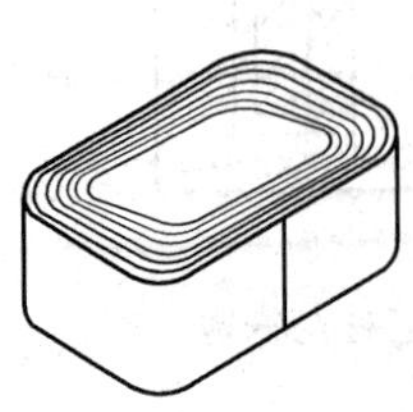

图 1—1—5　卷制式（C 形）铁芯

图 1—1—6　C 形变压器

四、变压器的铭牌与额定值

铭牌是装在设备、仪器等外壳上的金属标牌，上面标有名称、型号、功能、规格、出厂日期、制造厂等字样，是用户安全、经济、合理使用变压器的依据。变压器铭牌上的主要数据如下：

1. 型号

型号表示变压器的结构特点、额定容量和高压侧的电压等级。例如，DK（BK）—100 V·A，D 表示单相，K 表示控制变压器，100 V·A 表示额定容量为 100 V·A。S—100/10，S 表示三相油浸自冷铜绕组变压器，100 表示额定容量为 100 kV·A，10 表示高压侧电压等级为 10 kV。

2. 额定电压 U_{1N}/U_{2N}

额定电压 U_{1N}/U_{2N}的单位为 V 或 kV。U_{1N}是指变压器正常工作时加在一次绕组上的电压；U_{2N}是一次绕组加 U_{1N}时，二次绕组的开路电压，即 U_{2o}。在三相变压器中，额定电压是指线电压。

3. 额定电流 I_{1N}/I_{2N}

额定电流 I_{1N}/I_{2N}的单位为 A。I_{1N}/I_{2N}是指变压器一次、二次绕组连续运行所允许通过的电流。在三相变压器中，额定电流是指线电流。

4. 额定容量 S_N

额定容量 S_N的单位为 V·A 或 kV·A。S_N是指变压器额定的视在功率，即设计功率，通常叫容量。在三相变压器中，S_N是指三相总容量。

额定容量 S_N、额定电压 U_{1N}/U_{2N}、额定电流 I_{1N}/I_{2N}三者之间的关系如下：

单相变压器
$$S_N = U_{1N}I_{1N} = U_{2N}I_{2N} \tag{1—1—1}$$

三相变压器
$$S_N = \sqrt{3}\,U_{1N}I_{1N} = \sqrt{3}\,U_{2N}I_{2N} \tag{1—1—2}$$

除了额定电压、额定电流和额定功率外，变压器铭牌上还标有额定频率f_N、效率η、温升τ、短路电压标幺值$u_K\%$、联接组别、相数 m 等。变压器的铭牌如图 1—1—7 所示。

三相电力变压器

型号	S9—500/10				
产品代号	IFATO、710、022				
标准代号	GB 1094.1—5—1996				
额定容量	500kV·A				
	3相　50Hz				
额定效率	98.6%				
使用条件	户外式	联接组别	Yyn0	短路电压	4.4%
冷却方式	ONAN	额定温升	80℃	器身重	1115 kg
油重	311 kg	总质量	1779 kg	出厂序号	200201061
	××变压器厂			2002年1月	

图 1—1—7　变压器的铭牌

例 1—1 有一台单相变压器，额定容量 $S_N = 100\ kV \cdot A$，额定电压 $U_{1N}/U_{2N} = 10/0.4\ kV$，求：额定运行时一次、二次绕组中的电流 I_{1N}和 I_{2N}。

解：

$$I_{1N} = \frac{S_N}{U_{1N}} = \frac{100}{10} = 10\ A$$

$$I_{2N} = \frac{S_N}{U_{2N}} = \frac{100}{0.4} = 250\ A$$

知识拓展

油浸式电力变压器的主要附件

用途不同，变压器的结构也有所不同，大功率电力变压器的结构比较复杂，而多数电力变压器是油浸式的。油浸式变压器是由绕组和铁芯组成器身，器身浸入盛满变压器油的封闭油箱中，各绕组对外线路的连接线由绝缘套管引出。为了解决散热、绝缘、密封、安全等问题，还设有储油柜、安全气道、气体继电器等附件，以保证变压器安全可靠运行。中、小型油浸自冷式三相电力变压器的外形如图 1—1—8 所示。其主要附件外形如图 1—1—9 所示。

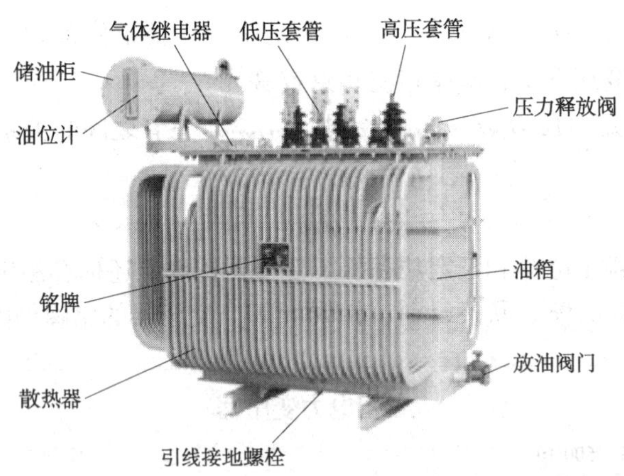

图 1—1—8 中、小型油浸自冷式三相电力变压器的外形

一、气体继电器（瓦斯继电器）

气体继电器装在油箱与储油柜之间的管道中，当变压器发生故障时，器身就会过热使油分解产生气体。气体进入继电器内，使其中一个水银开关接通（上浮筒动作），发出报警信号。此时应立即将继电器中气体放出检查，若系无色、不可燃的气体，变压器可继续运行；若系有色、有焦味、可燃气体，则应立即停电检查。当事故严重时，变压器油膨胀，冲击继电器内的挡板，使另一个水银开关接通跳闸回路

（即下浮筒动作），切断电源，避免事故扩大。为了提高继电器的可靠性，现在多采用挡板式气体继电器，当继电器中气体达到一定容积后，开口杯下沉，上磁铁使上干簧闭合，接通信号；当油流冲击挡板后，下磁铁使下干簧闭合，接通跳闸回路（通常630 kV · A以上变压器采用）。气体继电器外形如图1—1—9a所示。

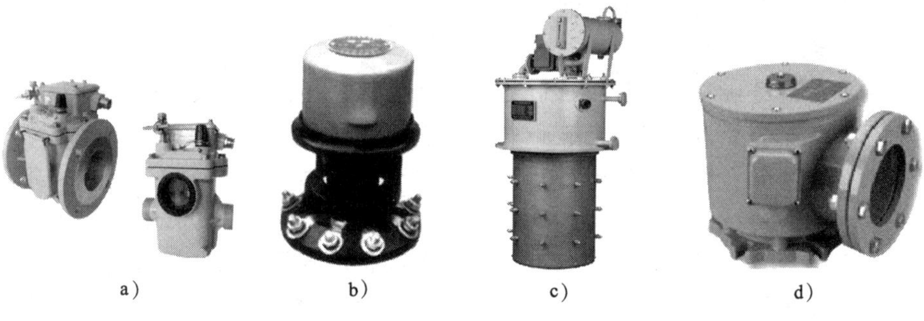

图1—1—9　主要附件外形

a）气体继电器　b）无励磁调压分接开关　c）有载调压分接开关　d）压力释放阀

二、分接开关

变压器的输出电压可能因负载和一次侧电压的变化而变化，可通过分接开关来控制输出电压在允许范围内变动。分接开关一般装在一次侧（高压边），通过改变一次侧线圈匝数来调节输出电压，如图1—1—10a所示。

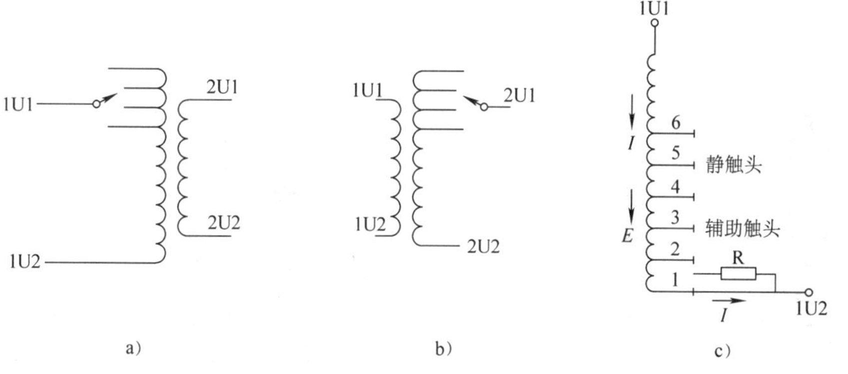

图1—1—10　分接开关

a）一次侧励磁调压　b）二次侧励磁调压　c）二次侧有载调压

分接开关又分无励磁调压和有载调压两种，无励磁调压是指变压器一次侧脱离电源后调压，常用的无励磁调压分接开关调节范围为额定输出电压的±5%，如图1—1—9b所示。有载调压是指变压器二次侧接着负载时调压，有载调压的分接开关因为要切换电流，所以较复杂，如图1—1—9c所示。它有复合式和组合式两类，组合式调节范围可达±15%。有载调压开关的动触头由主触头和辅助触头组成，每次调节主触头尚未脱开时，辅助触头已与下一挡的静触头接触了，然后主触头才脱离原来的静触头，而且辅助触头上有限流阻抗，可以大大减少电弧，使供电不会间断，改善供电质量，如图 1—1—10c 所示。有载调压不用停电调压，对变压器也有利，因为变压器每次拉闸和合闸都会对变压器造成不利的电压和电流冲击。因调节的方法不同，分接开关又有手动、电动两种，小型变压器多用手动调压，大型变压器多用电动调压，中型变压器手动、电动两种都可用。

三、绝缘套管

绝缘套管穿过油箱盖，将油箱中变压器绕组的输入、输出线从箱内引到箱外与电网相接。绝缘套管由外部的瓷套和中间的导电杆组成，对它的要求主要是绝缘性能和密封性能要好。绝缘套管如图 1—1—11 所示。根据运行电压的不同，将其分为充气式和充油式两种，后者为高电压用（60 kV 以上）。当用于更高电压（110 kV 以上）时，还在充油式绝缘套管中包有多层绝缘层和铝箔层，使电场均匀分布，增强绝缘性能。根据运行环境的不同，又可将其分为户内式和户外式。

四、安全气道和压力释放阀

安全气道又称防爆管，装在油箱顶盖上，是一个长钢筒，出口处有一块厚度约 2 mm 的密封玻璃板（防爆膜），玻璃上划有几道缝。当变压器内部发生严重故障而产生大量气体，内部压力超过 50 kPa 时，油和气体会冲破防爆玻璃喷出，从而避免油箱爆炸引起的更大危害。现在这种防爆管已被淘汰了，改用压力释放阀，尤其在全密封变压器中，都广泛采用压力释放阀作保护，它的动作压力为（53.9 ±4.9）kPa，关闭压力为 29.4 kPa，动作时间不大于 2 ms，其结构如图 1—1—12 所示。动作时膜盘被顶开释放压力，平时膜盘靠弹簧压力紧贴阀座（密封圈），起密封作用。

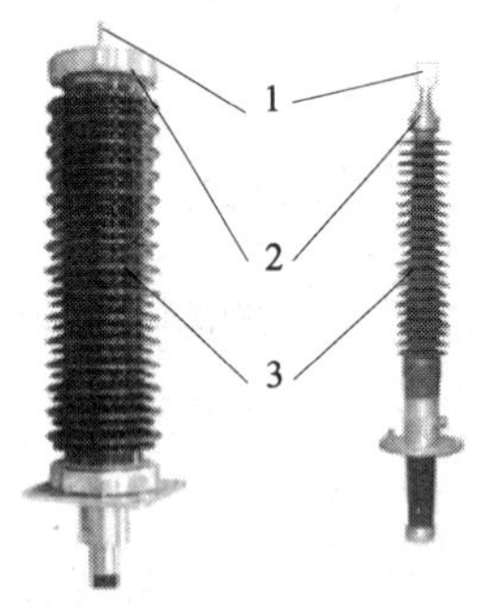

图 1—1—11　绝缘套管

1—导电杆　2—金属盖　3—磁套

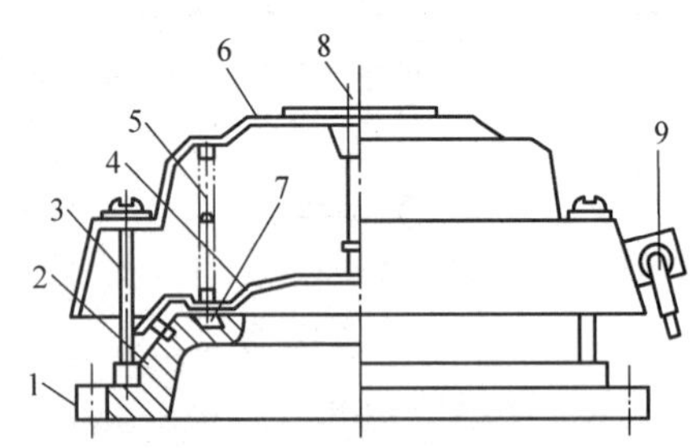

图 1—1—12　压力释放阀的结构

1—安装孔　2—阀座　3—螺杆　4—膜盘　5—弹簧　6—护罩　7—密封圈　8—标志杆　9—接线盒

五、测温装置

测温装置就是热保护装置。变压器的使用寿命取决于变压器的运行温度，因此，油温和绕组的温度监测是很重要的。通常用三种温度计监测，箱盖上设置酒精温度计，其特点是计量精确但观察不便；变压器上装有信号温度计，便于观察；箱盖上装有电阻式温度计，其特点是可以远距离监测。

任务实施

单相变压器的简单操作

一、实训目的

1. 认识并拆卸单相变压器。
2. 测定单相变压器一次、二次绕组的直流电阻。
3. 测定单相变压器一次、二次绕组之间以及绕组对地的绝缘电阻。

二、主要实训器材的认识

单相变压器简单操作的主要实训器材的作用及使用注意事项见表 1—1—6。

表 1—1—6　　主要实训器材的作用及使用注意事项

序号	实训器材名称	图例	作用	备注
1	单相变压器	 	实训操作对象	
2	万用表		粗测单相变压器一次、二次绕组的直流电阻	注意选择欧姆挡
3	500 V 兆欧表		用来测量单相变压器绕组对地以及绕组之间的绝缘电阻	又称绝缘电阻表，测量前应检查兆欧表的好坏
4	单臂电桥	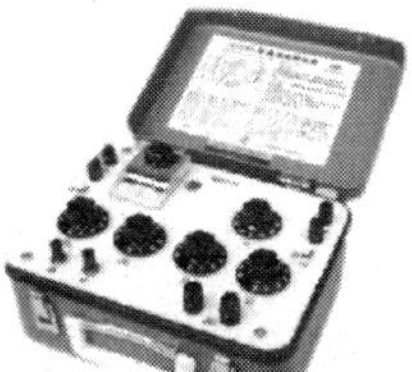	精确测量单相变压器一次、二次绕组的直流电阻	根据万用表粗测的电阻值，合理选择单臂电桥的比例臂

续表

序号	实训器材名称	图例	作用	备注
5	台虎钳		夹持硅钢片	夹紧工件时，松紧要适当，只能用手力拧紧，防止夹坏硅钢片表面
6	千分尺		测量漆包线线径	又称螺旋测微器
7	锤子		铁芯拆卸	轻敲锯条，使硅钢片取出
8	螺钉旋具		外壳拆卸	

三、实训内容

1. 单相变压器的拆卸

(1) 单相变压器的拆卸

1) 外壳拆卸

①用一字螺钉旋具将单相变压器卡住底板的四个卡脚撬起，取出底板，如图 1—1—13a 所示。

②将整个外壳拆卸下来，取出铁芯，即可完成外壳拆卸，如图 1—1—13b 所示。

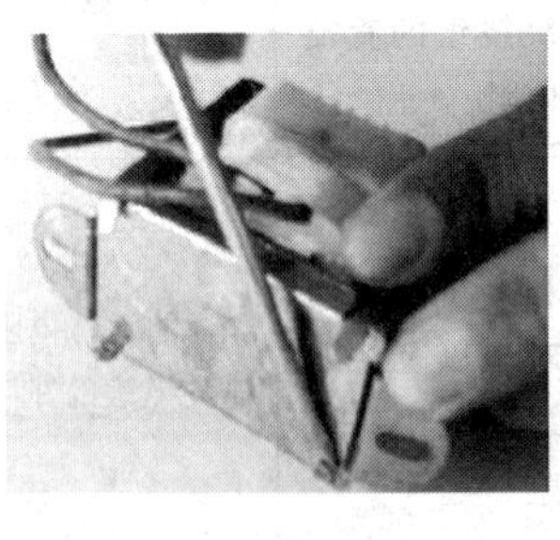

a)

b)

图 1—1—13 外壳拆卸

a) 取出底板 b) 取出铁芯

2) 铁芯拆卸

铁芯的拆卸工作是比较困难的。下面以 E 型铁芯为例讲述它的拆卸步骤：

①将铁芯置于 80 ~ 100℃的温度下烘烤 2 h 左右，使绝缘漆软化，减小绝缘漆黏合力，

并用锯条或刀片清除铁芯表面的绝缘漆膜。

②如图 1—1—14a 所示，在铁芯下方垫一个木块，外边缘留几片不垫在木板上，在上方用断锯条对准最外面一层硅钢片的舌片，用锤子轻轻敲击锯条，将硅钢片先冲出几片来。断锯条的磨制形状如图 1—1—14b 所示。

③如图 1—1—15 所示，将冲出的那几片硅钢片的下部夹在台虎钳上，用手握住铁芯上部，沿两侧摇动，使硅钢片松动，同时将铁芯边摇动边往上提，直到这几片硅钢片取出为止。

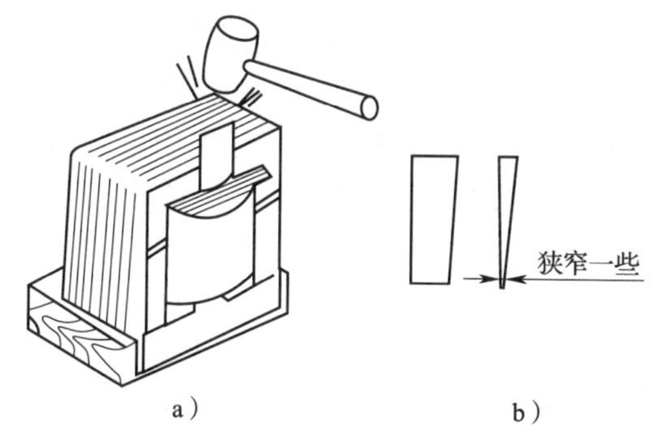

图 1—1—14　用断锯条冲铁芯舌片

a）外层硅钢片的拆卸　b）断锯条磨制形状

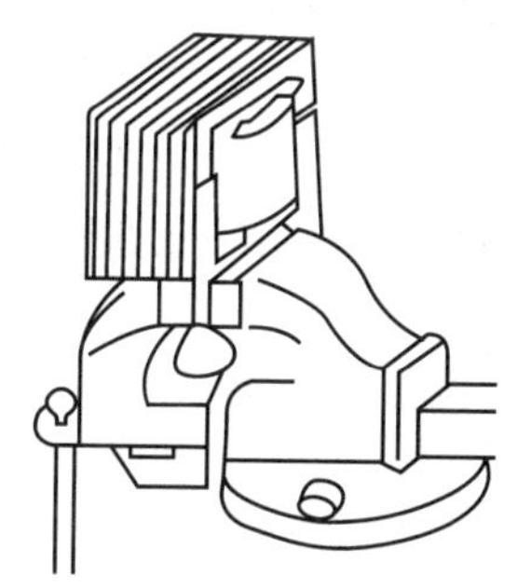

图 1—1—15　用台虎钳夹住硅钢片拆卸铁芯

④重复上述第②、第③项步骤，逐步取出最外面插得较紧的硅钢片。

⑤外层硅钢片取出后，铁芯已不是很紧固，其余部分可直接用手取出。

⑥对有卷边和弯曲的硅钢片，可用木锤敲直展平后继续使用，注意不可用铁锤敲打，以免造成延展变形。若硅钢片表面发现锈蚀，应用汽油浸泡掉锈斑和旧的绝缘漆膜，重新刷绝缘漆。

⑦如果整个线包需要重新绕制，原有的漆包线和骨架均不再用时，可采用破坏性拆法，将变压器铁芯夹紧在台虎钳上，用钢锯沿着铁芯舌宽面将线包连骨架一起锯开，即可轻易拆开铁芯。

（2）记录原始数据的方法

在拆卸铁芯前及拆卸过程中，记录下列原始数据于表 1—1—7 中，作为制作模芯及骨架、选用线规、绕制绕组和铁芯装配等的依据。

1）记录铭牌数据。包括容量，相数，一、二次电压，联接组，绝缘等级等。

2）记录绕组数据。包括导线型号、规格，绕组匝数，绕组尺寸，绕组引出线规格及长度，绕组质量等。

①测量绕组尺寸。

②测量导线直径　应取绕组的长边部分，烧去漆层，用棉纱擦净，对同一根导线应在不同位置测量三次，取其平均值，如图 1—1—16 所示。

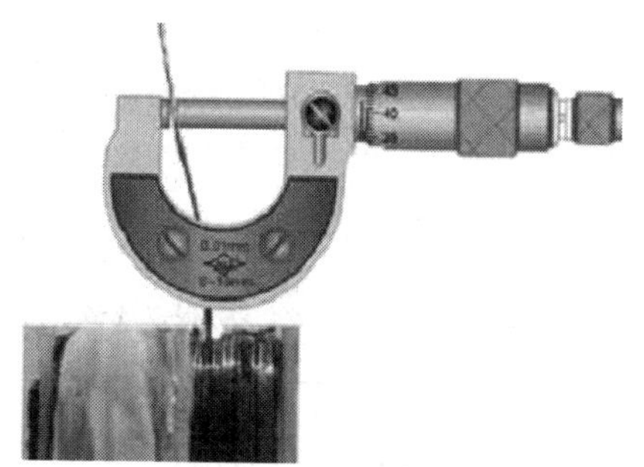

图 1—1—16　测量导线直径的方法

③测量绕组层数、每层匝数及总匝数　次级绕组线径通常较粗，在实际维修中极少见到有烧坏的情况，因其匝数不太多，故可一匝一匝地拆，以便统计匝数。初级绕组线径细，匝数多在千匝以上，烧坏的情况较常见。绕组的匝数较难取得精确的数据，如果匝数不正确，修理后变压器的变比就会达不到要求。因此，在重绕修理中，往往要进行匝数计算。简易的匝数计算方法如下：

a. 判断原铁芯截面：可实测原铁芯叠厚及铁柱宽度，还应考虑硅钢片绝缘层和片间间隙的叠压系数（小型变压器的叠压系数一般取0.9）。

b. 判断原铁芯磁通密度：小型变压器通常采用0.35 mm厚的硅钢片作为铁芯，除C字形铁芯外，铁芯每平方厘米截面的磁通密度为1.2～1.4 T（按冷轧硅钢片计算，热轧硅钢片因损耗大已停止生产，其磁通密度为0.8～1.2 T）。C字形铁芯一般采用单取向冷轧硅钢片制成，能获得较高的磁通密度，一般为1.5～1.6 T。重绕修理时，一般取其下限进行匝数计算。

c. 匝数计算公式

$$N = \frac{10^4}{4.44fBS} \tag{1—1—3}$$

式中　N——每伏所需的匝数；

f——电源频率，Hz；

B——磁通密度，T；

S——铁芯实际截面积，cm^2。

按上式计算的N值乘以一次额定电压值所得的积，就是一次绕组的总匝数。对二次绕组还应考虑带负载时电压降所需的补偿，故一般应增加5%。

3）铁芯数据。包括铁芯尺寸，硅钢片厚度及片数，铁芯叠压顺序和方法等。

表1—1—7　主要原始数据记录

步骤	内容	工艺要点	备注
1	铭牌数据	①变压器容量：________ ②输入电压：______，输出电压：______ ③绝缘等级：________ ④电源相数：________	
2	绕组数据	①一次绕组数据：线径______mm，匝数______匝 ②二次绕组数据：Ⅰ线径______mm，匝数______匝，Ⅱ线径______mm，匝数______匝 ③引出线：一次绕组______根，规格______，长度______；二次绕组______根，规格______，长度______	
3	铁芯数据	①硅钢片：规格型号______，厚度______，片数：______ ②镶片法：________	

2. 变压器绕组的直流电阻测定

单相变压器一次、二次绕组均由铜导线绕制而成，因此存在一定的直流电阻。如果变压器的容量很小，则导线很细，此时绕组的直流电阻较大，约有几十欧，可用万用表电阻挡测量（最好用单臂电桥测量，其精确度较高）；如果变压器的容量稍大，此时绕组低压侧的直流电阻可能较小，只有几欧，则必须用单臂电桥测量。

测量变压器绕组的直流电阻可以确定哪一组为高压侧，哪一组为低压侧，同时也可初步判定变压器绕组的好坏（有无开路或短路故障）。

（1）将万用表旋钮置于 $R\times1$ 挡，分别测量变压器一次绕组及二次绕组的直流电阻值 R_1 及 R_2，并记录于表 1—1—8 中。

（2）在使用万用表粗测电阻值的基础上，用单臂电桥进行精确测量并记录于表 1—1—8 中。

1）选择 QJ23a 型单臂电桥，如图 1—1—17 所示。

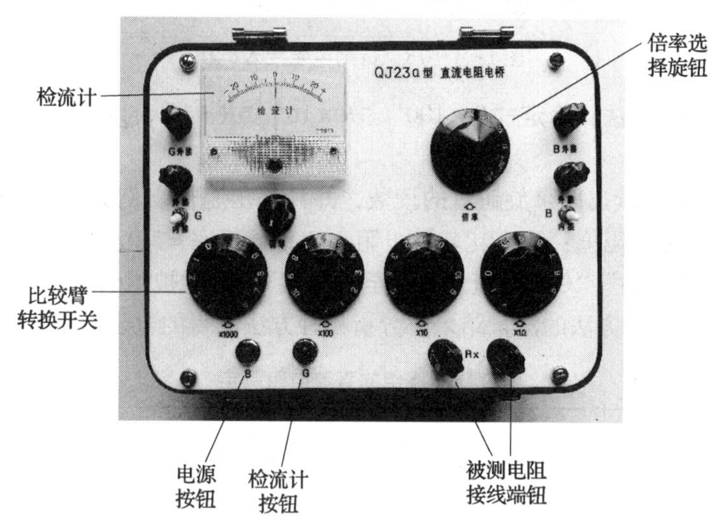

图 1—1—17　QJ23a 型单臂电桥

2）校准电桥检流计指针的零位：先校准电桥检流计指针的机械零位，后将电桥表面上“G”拨钮打至“内接”，若指针不在零位，调整电气零旋钮使之为零。

3）选择单相变压器其中一相绕组两个端点接到电桥待测电阻“Rx”接线柱上，如图 1—1—18 所示。

4）根据万用表已粗测的绕组阻值，将电桥倍率选择旋钮的指示线对准合适的刻度线。例如，如果绕组阻值为 5 Ω，则将电桥倍率选择旋钮的指示线对准刻度线 $\times10^{-3}$。

5）调节电桥至平衡

①先将比较臂“$R\times1\ 000$”“$R\times100$”“$R\times10$”“$R\times1$”旋钮旋至 10。

②先按 B，后按 G，观察检流计指针的偏转方向，若检流计指针向“+”偏转，则应增大比较臂电阻，若检流计指针向“-”偏转，则应减小比较臂电阻。测量完毕，先松开 G，后松开 B，否则会因绕组突然断电产生自感电动势而损坏电桥。例如，将“$R\times1\ 000$”挡调到“5”，指针向“-”偏转，应减小比较臂电阻。先松开 G，后松开 B，调到“4”，

指针向“+”偏转，应增大比较臂电阻（由于“$R\times100$”“$R\times10$”“$R\times1$”都在“10”挡，不能继续增大比较臂电阻，所以选择“5”）。

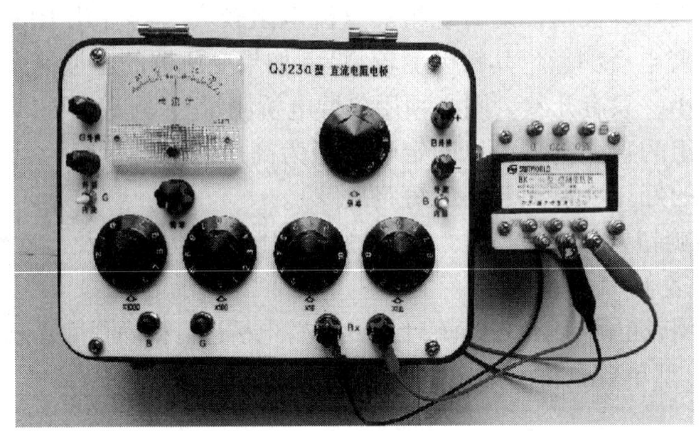

图 1—1—18 待测电阻接入电桥

③依次根据②的方法，确定“$R\times100$”“$R\times10$”“$R\times1$”的数值，直到检流计指针指向零位。

6）当电桥平衡后读出四个旋钮盘的读数，并计算出阻值。例如，旋钮的读数为 5，0，7，3。被测绕组直流电阻值：Rx = 比较臂电阻 × 比率臂倍率 $=5\ 073\times10^{-3}=5.073\ \Omega$。

7）测量完毕将“B”“G”拨钮开关打至“外接”，拆除被测电阻。

（3）比较两种测量方法的测量结果，分析哪种方法测得的电阻值较正确。

表 1—1—8 **变压器绕组的直流电阻测定**

万用表测量	R_1 =________ Ω，R_2 =________ Ω
单臂电桥测量	R_1 =________ Ω，R_2 =________ Ω

3. 变压器绕组绝缘电阻的测定

为保证变压器正常、安全地工作，变压器一次、二次绕组之间以及一次绕组与铁芯、二次绕组与铁芯之间均应有良好的绝缘。变压器绕组绝缘电阻的测定可用来判定变压器的绝缘性能，从而判定变压器质量的好坏。变压器绝缘电阻用兆欧表测定，对电压为 380 V（或 220 V）的变压器，测得的绝缘电阻阻值均不能低于 0.5 MΩ。

（1）选择一台合适的兆欧表（0～500 V）。

（2）对兆欧表进行测量前的检查

1）开路验表：将兆欧表 E、L 端开路，顺时针摇动兆欧表的手柄，由慢至快并达到 120 r/min 的速度，观察兆欧表的指针是否指向开路状态“∞”。

2）短路验表：将兆欧表 E、L 端短路，并慢慢摇动兆欧表的手柄，观察兆欧表的指针是否指向“0”。

（3）将兆欧表 L 接线柱上的接线接变压器一次绕组的一端，兆欧表 E 接线柱上的接线接铁芯（应清除铁芯上的绝缘部分），如图 1—1—19a 所示。匀速摇动兆欧表手柄，使转速在 120 r/min 左右，摇动 1 min 后读取变压器一次绕组与铁芯间的绝缘电阻值，将数据记录于表 1—1—9 中。同样测量变压器二次绕组与铁芯间绝缘电阻，如图 1—1—19b 所示，以及一次、二次绕组之间的绝缘电阻，如图 1—1—20 所示，并记录于表 1—1—9 中。

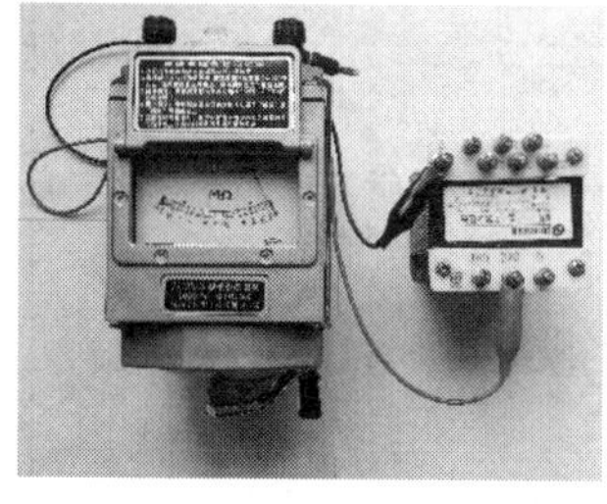

a)

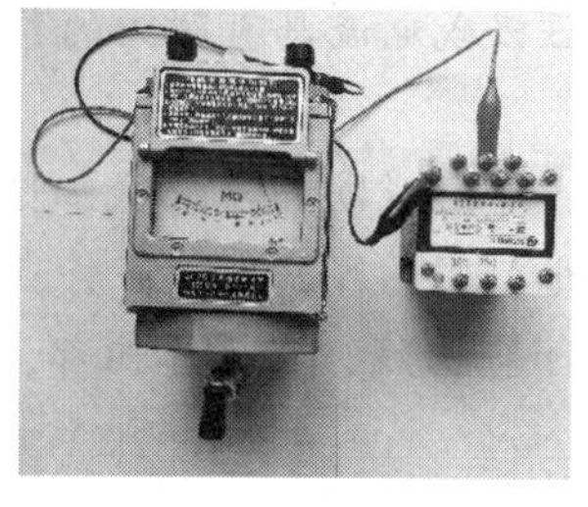

b)

图 1—1—19 用兆欧表测相对地绝缘电阻

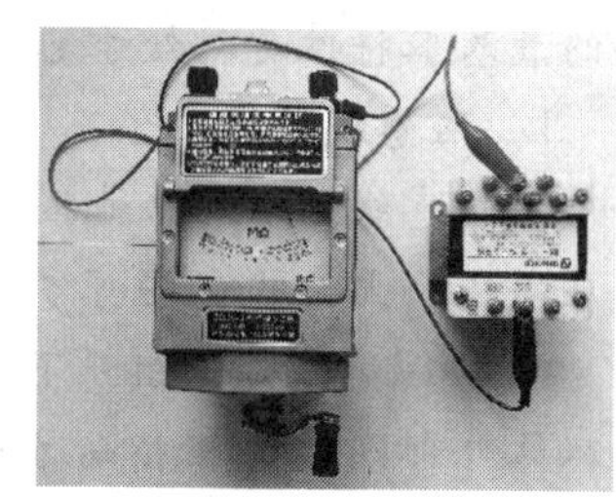

图 1—1—20 用兆欧表测相间绝缘电阻

（4）根据所测数值大小来判断绕组的绝缘有无受潮，彼此之间及对地有无击穿等可能，击穿短路电阻则为“0”。

表 1—1—9　　变压器绕组绝缘电阻的测定

测量内容	测量值	是否合格
变压器一次绕组与铁芯间的绝缘电阻值		
变压器二次绕组与铁芯间的绝缘电阻值		
变压器一次、二次绕组之间的绝缘电阻值		

4. 注意事项

（1）有绕组骨架的铁芯，拆卸铁芯时应细心轻拆，以使骨架保持完整、良好，可供继续使用或作为重绕时的依据。

（2）拆卸铁芯过程中，必须使用合适的工具插松每片硅钢片，以便于抽拉硅钢片。

（3）抽拉硅钢片时，不能硬抽。第一片可能要损坏，其他各片最好保证平整以备再次利用。

（4）拆下的硅钢片应妥善保管，不可散失。如果少了，就会影响修理后变压器的质量。

（5）注意操作正确，确保人身及设备安全。

知识拓展

打开电动机或者变压器的外壳，会看到里面的线圈都绕在又大又重的铁芯上。为什么要把线圈绕在铁芯上呢？因为制造铁芯的铁磁材料（如硅钢片）比空气的导磁能力要强得多，在电气设备的线圈中有了铁芯就可以获得较强的磁场。下面介绍磁场的有关知识。

一、磁场的基本知识

在磁体或电流的周围存在着磁场。磁场是一种物质，它具有力和能的性质。磁场的最基本特性是对处于它里面的磁极或电流具有磁力的作用。

1. 磁感线特点

用磁感线可以形象地描述磁场。蹄形磁铁的磁感线如图 1—1—21 所示。磁感线是在磁场中画出的一些有方向的曲线。磁感线具有以下特点：

（1）磁感线是一组互不交叉的闭合曲线，在磁体内部，磁感线由 S 极指向 N 极，在磁体外部则由 N 极指向 S 极。

（2）离磁极越近，磁感线越密，磁场越强；离磁极越远，磁感线越疏，磁场越弱。

（3）磁感线上任意一点的切线方向，就是该点的磁场方向，也就是该点小磁针 N 极所指的方向。磁感线方向与磁场方向如图 1—1—22 所示。

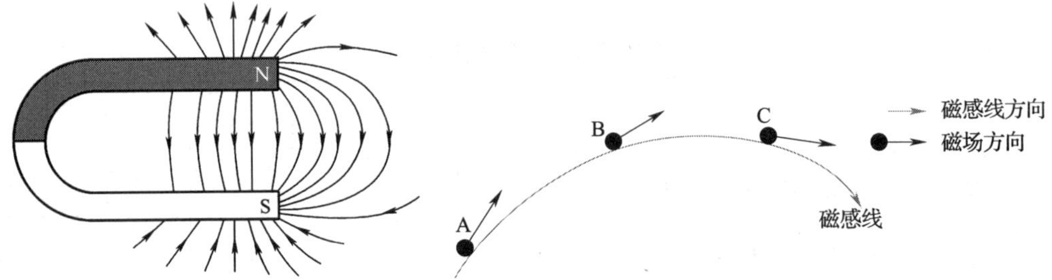

图 1—1—21　蹄形磁铁的磁感线　　图 1—1—22　磁感线方向与磁场方向

2. 电流的磁场

把一个小磁针放在通电导线旁，小磁针会转动，如图 1—1—23 所示。在铁钉上绕上漆包线，通入电流后，铁钉能吸住小铁钉，如图 1—1—24 所示。这些都说明，不仅磁铁能产生磁场，电流也能产生磁场，这种效应称为电流的磁效应。电流所产生磁场的方向可用右手螺旋定则（也称安培定则）来判断。

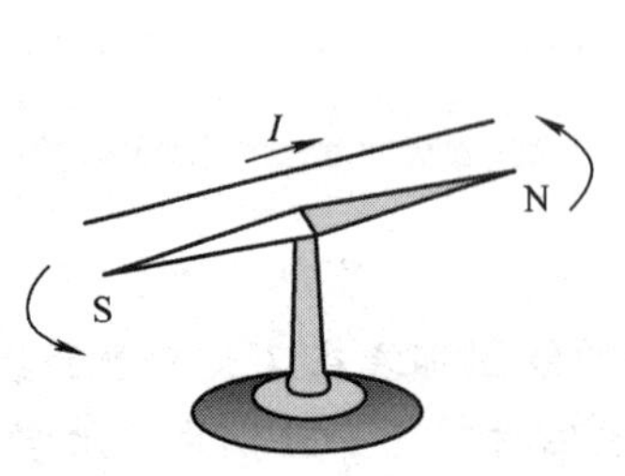

图 1—1—23　通电导线旁的小磁针会转动

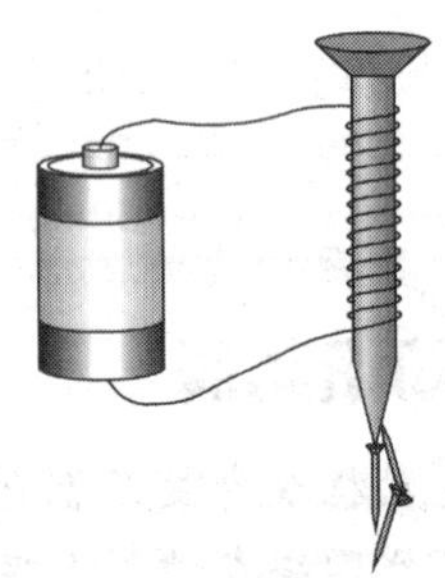

图 1—1—24　通电铁钉旁小铁钉能被吸附

（1）直线电流的磁场

如图 1—1—25 所示，用右手握住直线，伸直的大拇指所指的方向与电流的方向一致，那么弯曲的四指所指的方向就是磁感线的环绕方向。

（2）通电螺线管的磁场

如图 1—1—26 所示，用右手握住通电螺线管，让弯曲的四指所指的方向与电流的方向一致，那么大拇指所指的方向就是螺线管内部磁感线的方向，即大拇指指向螺线管的 N 极（通电螺线管相当于一根条形磁铁）。

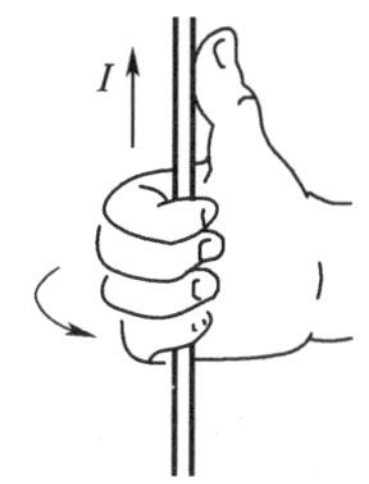

图 1—1—25 直线电流的磁场

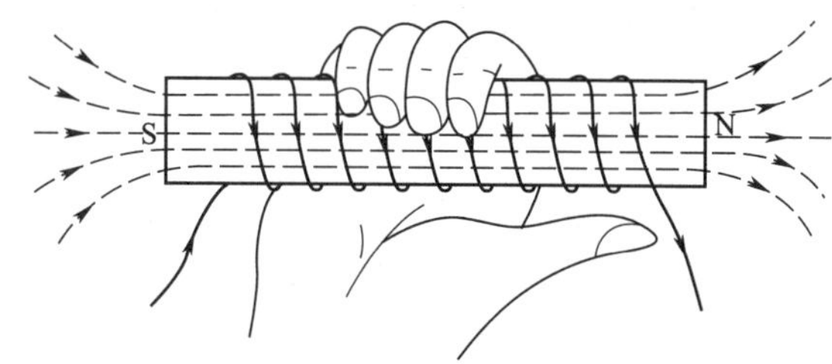

图 1—1—26 通电螺线管的磁场

二、磁场的基本物理量

1. 磁感应强度

实验证明，处于磁场中某点的一小段与磁场方向垂直的通电直导体，如果通过它的电流为 I，其有效长度（即垂直磁感线的长度）为 L，则它所受到的电磁力 F 与 IL 的比值 F/IL 是一个恒量。当导线中的电流 I 或有效长度 L 变化时，此导体受到的电磁力会改变。但对磁场中确定的点来说，不论 I 和 L 如何变化，比值 F/IL 始终保持不变，这个比值就叫作磁感应强度，它是定量描述磁场中各点磁场强弱和方向的物理量。磁感应强度用符号 B 表示，即：

$$B = \frac{F}{IL} \tag{1—1—4}$$

式中 B——磁场的磁感应强度，T；

F——通电导体受到的电磁力，N；

I——导体中的电流强度，A；

L——导体在磁场中的有效长度，m。

在国际单位制中，磁感应强度的单位是特斯拉，简称特（T）。

也就是说，一根与磁感线垂直的 1 m 直导线，如果通过 1 A 电流时，所受到的电磁力为 1 N，则磁感应强度就是 1 T。

磁感应强度是矢量，它的方向就是该点小磁针 N 极所指的方向。

如果磁场中各点磁感应强度的大小和方向都相同，则称为均匀磁场。均匀磁场的磁感线是一些均匀分布的平行直线。

2. 磁通

磁通是描述磁场在某一范围内分布情况的物理量，以符号 Φ 表示。它的定义：磁感应强度 B 和与它垂直的某一截面积 S 的乘积，也就是通过垂直于磁场方向的某一截面积的磁感线条数，如图 1—1—27a 所示。

则有 $$\Phi = BS \qquad (1—1—5)$$

磁通的单位是韦伯，简称韦（Wb）。

如果磁场不与所讨论的平面垂直，则应以这个平面在垂直于磁场 B 的方向的投影面积 S' 与磁感应强度 B 的乘积来表示磁通，如图 1—1—27b 所示。

则有 $$\Phi = BS\sin\alpha \qquad (1—1—6)$$

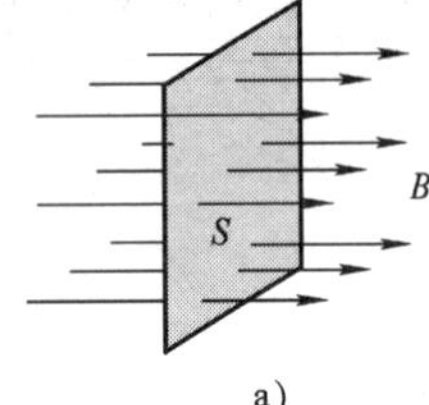

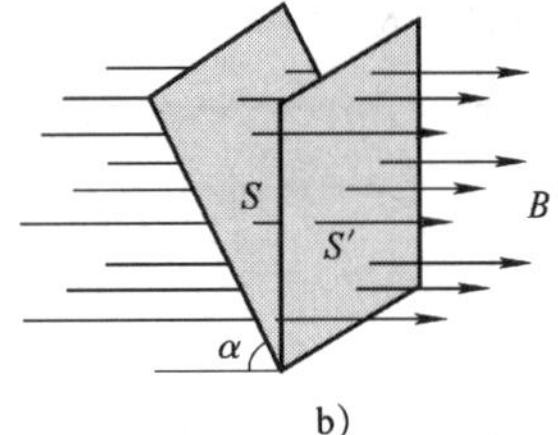

图 1—1—27　磁通

a）平面与 B 垂直　b）平面与 B 不垂直

由式（1—1—6）可得 $B = \dfrac{\Phi}{S}$，这表示均匀磁场中的磁感应强度 B 等于垂直穿过单位面积上的磁力线条数，所以磁感应强度又称磁通密度。

当面积一定时，通过该面积的磁感线越多，则磁通越大，磁场越强。这一概念在电气工程上有极其重要的意义。如变压器、电动机、电磁铁等就是通过尽可能地减少漏磁通，增强一定铁芯截面下的磁感应强度来提高其工作效率的。

3. 磁导率

如果用一个插有铁棒的通电线圈去吸引铁屑，然后把通电线圈中的铁棒换成铜棒再去吸引铁屑，便会发现在两种情况下吸力大小不同，前者比后者大得多。这表明不同的媒介质对磁场的影响不同，影响的程度与媒介质的导磁性能有关。

磁导率是一个用来表示媒介质导磁性能的物理量，用符号 μ 来表示，单位是 H/m。由实验测得，真空中的磁导率 $\mu_0 = 4\pi \times 10^{-7}$ H/m。

自然界中绝大多数物质对磁感应强度的影响甚微，只有少数物质对磁场有明显的影响。为了比较媒介质对磁场的影响，把任一媒介质的磁导率与真空中磁导率的比值叫作相对磁导率，用 μ_r 表示，即：

$$\mu_r = \frac{\mu}{\mu_0} \qquad (1—1—7)$$

相对磁导率只是一个比值。它表明在其他条件相同的情况下，媒介质中的磁感应强度是真空中磁感应强度的多少倍。

根据物质的磁导率的大小，可把物质分成三类。

第一类叫反磁物质，它们的相对磁导率略小于1，如铜、银等。

第二类叫顺磁物质，它们的相对磁导率稍大于1，如空气、锡、铝等。

第三类叫铁磁物质，它们的相对磁导率远大于1，如铁、镍、钴及其合金等。

在其他条件不变的情况下，铁磁物质中产生的磁场要比真空中产生的磁场强几千甚至上万倍。

4. 磁场强度

磁场中某点的磁感应强度 B 与媒介质磁导率 μ 的比值称为磁场强度，用 H 表示，单位是 A/m。

即：

$$H = \frac{B}{\mu} = \frac{NI}{l} \qquad (1—1—8)$$

式中　N——线圈的匝数，匝；

l——线圈的长度，m；

I——线圈中的电流，A。

由此可见，磁场强度的数值只与电流的大小及导体的形状有关，而与磁场媒介质的磁导率无关，也就是说，在一定电流值下，同一点的磁场强度不因磁场媒介质的不同而改变。

磁场强度 H 也是一个矢量，磁场中某点的磁场强度的方向，就是该点的磁感应强度 B 的方向。

学习活动 2　单相变压器的运行

学习目标

1. 能识读变压器工作原理图，分析变压器空载运行时电压变换关系，负载运行时的电流变换关系和阻抗变换关系。
2. 能说出变压器的外特性、电压变化率、损耗和效率的含义，正确分析变压器的运行情况。
3. 能在教师指导下，完成变压器的空载试验和短路试验，并计算出相关的参数。

知识准备

最简单的变压器是由一个闭合的铁芯和绕在铁芯上的两个匝数不等的绕组组成。与电源相连的绕组称为一次绕组（一次侧）；与负载相连的绕组称为二次绕组（二次侧）。一、二次绕组都用绝缘的导线绕成。虽然一、二次绕组在电路上是相互分开的，但通过磁路，一、二次绕组相互联系，传递能量。

一、单相变压器的运行原理

根据二次绕组是否连接负载，单相变压器的运行可分为空载运行和负载运行。

1. 单相变压器的空载运行

单相变压器空载运行是指单相变压器一次绕组加额定电压，二次绕组开路的工作状态，其工作原理如图 1—2—1 所示。为了使分析简单、方便，设变压器是理想的，暂且不计绕组的电阻、铁芯的损耗，磁通中的漏磁通和磁路饱和的影响。单相变压器空载运行主要是分析变压器原副边的电压关系。

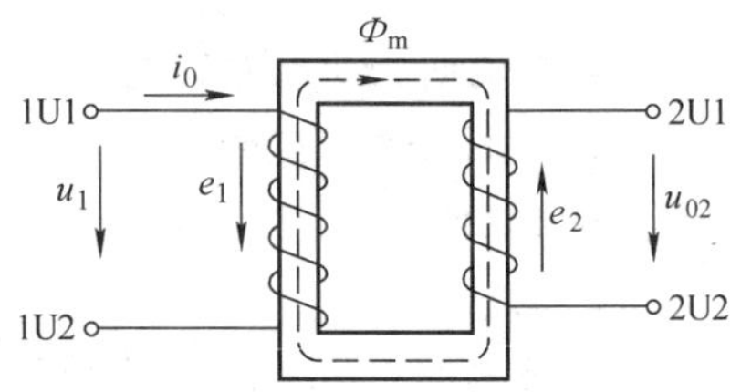

图 1—2—1　单相变压器空载运行原理

当一次绕组接上交流电压 u_1 时，在一次绕组中就会有交流电流 i_0 通过并在铁芯中产生交变的磁通 Φ_m。这个交变磁通不仅通过一次绕组，而且也通过二次绕组，并在两绕组中分别产生感应电动势 e_1 和 e_2。此时，因为二次绕组没接负载，二次绕组中没有电流流过，但二次绕组有输出电压 u_{02}。

（1）变压器绕组感应电动势的大小

根据电磁感应定律 $e=-N\dfrac{\Delta\Phi}{\Delta t}$ 可推得变压器绕组上感应电动势大小的计算公式：

$$E = 4.44fN\Phi_m \qquad (1—2—1)$$

式中　Φ_m——主磁通幅值，Wb；

f——频率，Hz；

E——感应电动势有效值，V；

N——变压器绕组匝数，匝。

主磁通在一次绕组中的感应电动势　$E_1 = 4.44fN_1\Phi_m$　(1—2—2)

主磁通在二次绕组中的感应电动势　$E_2 = 4.44fN_2\Phi_m$　(1—2—3)

从式 1—2—1 中可以看出，变压器主磁通 Φ_m 的大小主要取决于电源电压的大小、电源频率的高低以及绕组匝数的多少。

（2）单相变压器电压和感应电动势的关系

因为理想变压器不考虑一次绕组和二次绕组中的电阻、铁芯的损耗和漏磁通的影响，根据基尔霍夫电压第二定律可知，一次绕组的电压平衡方程式为：

$$\dot{U}_1 = -\dot{E}_1 \qquad (1—2—4)$$

该式说明一次绕组上的感应电动势等于电源电压大小，即 $U_1=E_1$；在相位上，$\dot{E}_1$ 与 $\dot{U}_1$ 反相位，$\dot{E}_1$ 也可以称为反电势。

二次侧绕组的电压平衡方程式为：

$$\dot{U}_{02} = \dot{E}_2 \qquad (1—2—5)$$

该式说明二次绕组上输出电压大小等于感应电动势，即 $U_{02}=E_2$；并且 $\dot{U}_{02}$ 与 $\dot{E}_2$ 同相位。

（3）单相变压器的变压比 K

单相变压器一次绕组相电动势 E_1 与二次绕组相电动势 E_2 之比，称为变压器的变压比，

用 K 表示，即 $K = E_1/E_2$。因为 $E_1 = U_1$，$E_2 = U_{02}$，$E = 4.44fN\Phi_m$，可得到公式：

$$K = \frac{E_1}{E_2} = \frac{N_1}{N_2} = \frac{U_1}{U_{02}} \qquad (1—2—6)$$

式中　N_1—— 一次侧绕组匝数；

N_2——二次侧绕组匝数。

上式表明，变压器一次绕组与二次绕组的电压之比等于匝数之比。当 $N_1 > N_2$，即 $K > 1$ 时，变压器起降压作用；当 $N_1 < N_2$，即 $K < 1$ 时，变压器起升压作用。变压器通过改变一次绕组和二次绕组的匝数之比，就可以很方便地改变输出电压的大小。

（4）实际变压器空载运行

实际变压器（有漏磁）空载运行如图 1—2—2 所示。

实际变压器空载运行的情况分析：

1）实际变压器一次绕组存在电阻 r_1，当一次绕组有空载电流流过时，会在该电阻上产生电压降 I_0r_1。

2）变压器中存在漏磁通。空载电流产生的磁通分为两部分，其中大部分磁通通过铁芯交链一次侧绕组和二次侧绕组，该磁通称为主磁通，它在一次侧绕组和二次侧绕组中分别感应出电动势 e_1 和 e_2；另一小部分磁通只通过一次侧绕组周围的空间形成闭路，称为漏磁通，仅占主磁通的 0.25%，它在一次侧线圈中产生漏抗电动势 e_{s1}。

3）变压器铁芯中存在铁耗。当变压器主磁通穿过铁芯时，会在铁芯中产生涡流损耗和磁滞损耗，该损耗称为铁损耗（简称铁耗）。

由于一次侧绕组电阻 r_1、空载励磁电流 I_0 和漏磁通很小，所对应的 I_0r_1 和漏抗电动势 e_{s1} 也是很小，可以忽略不计。实际变压器电压方程：$\dot{U}_1 \approx \dot{E}_1$、$\dot{U}_{02} = \dot{E}_2$。

2. 单相变压器的负载运行

单相变压器的负载运行就是单相变压器一次绕组加额定电压，二次绕组接负载的运行状态。单相变压器负载运行原理如图 1—2—3 所示。单相变压器负载运行主要是分析变压器原、副边的电流关系。

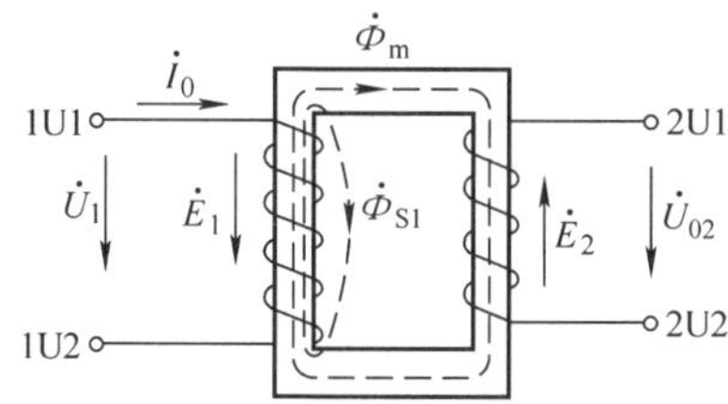

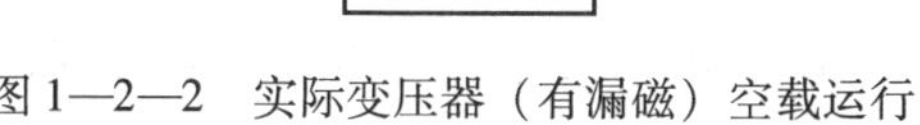
图 1—2—2　实际变压器（有漏磁）空载运行

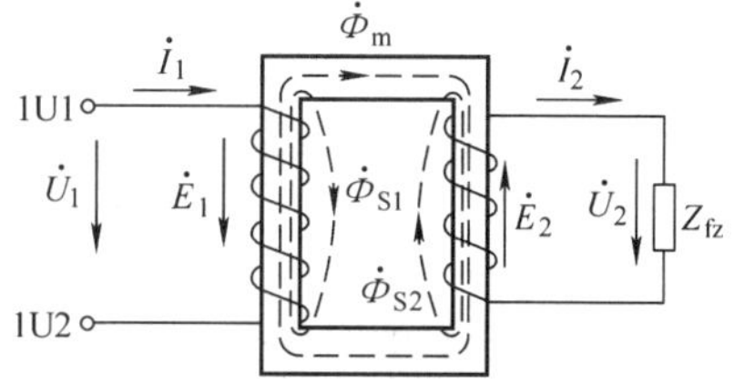

图 1—2—3　单相变压器负载运行原理

当二次侧绕组接上负载，一次侧绕组接上交流电源后，在 E_2 的作用下，二次侧绕组有电流 I_2 通过，此时一次侧绕组的电流立即从空载电流 I_0 增加到 I_1。如果负载增大，则 I_2 增大，I_1 也随着增大。换句话说，变压器二次绕组所消耗的电功率增加（或减少）时，一次绕组从电源所取得的电功率也随着增加（或减少）。这表明，变压器在传输电能时具有一种自动调节的作用。

（1）单相变压器磁动势平衡方程

变压器空载运行时，主磁通是由一次绕组中的空载励磁电流 I_0 产生的。负载运行时，二次绕组中的电流 I_2 也会产生磁动势 I_2N_2，此时主磁通 Φ_m 将由一次电流 I_1 和二次电流 I_2 共同产生。

在电源电压基本不变时，一次绕组中的电动势 e_1 和铁芯中的主磁通也基本不变。根据磁动势平衡关系，负载运行时的合成磁动势应该等于空载时的磁动势，因此，变压器负载运行时的磁动势平衡方程式如下：

$$N_1\dot{I}_1 + N_2\dot{I}_2 = N_1\dot{I}_0 \tag{1—2—7}$$

将上式中 $N_2\dot{I}_2$ 移到等式的右边得：

$$N_1\dot{I}_1 = N_1\dot{I}_0 + (-N_2\dot{I}_2) \tag{1—2—8}$$

从该式可知：变压器负载运行时，一次绕组的磁动势 $N_1\dot{I}_1$ 是由两个分量组成，其中一个分量 $N_1\dot{I}_0$ 是产生主磁通的磁动势，另一个分量（$-N_2\dot{I}_2$）是用来抵消二次绕组磁动势的去磁作用。

将式（1—2—8）的两边分别除以 N_1 得：

$$\dot{I}_1 = \dot{I}_0 + \left(-\frac{N_2}{N_1}\dot{I}_2\right) \tag{1—2—9}$$

式（1—2—9）说明，变压器负载运行时，流过一次绕组的电流也是由两个分量组成，其中一个分量 $\dot{I}_0$ 是产生主磁通的励磁分量，另一个分量$\left(-\frac{N_2}{N_1}\dot{I}_2\right)$是用来抵消二次电流 $\dot{I}_2$ 的去磁作用，称为负载分量。

在额定负载时，励磁电流 I_0 只占 I_1 的百分之几，所以 I_0 可以略去不计，公式可以近似写为：

$$N_1\dot{I}_1 + N_2\dot{I}_2 \approx 0$$

$$\dot{I}_1 = \left(-\frac{N_2}{N_1}\dot{I}_2\right) \tag{1—2—10}$$

式中的负号表明 $\dot{I}_1$ 与 $\dot{I}_2$ 的相位相反，其大小关系为：

$$I_1 = \frac{N_2}{N_1}I_2$$

$$K = \frac{N_1}{N_2} = \frac{I_2}{I_1} \tag{1—2—11}$$

（2）单相变压器的阻抗变换

变压器不仅能够改变电压和电流，还可以改变阻抗值的大小。变压器的阻抗变换原理如图 1—2—4 所示。

变压器一次侧接在交流电源上，对电源来说变压器相当于一个负载，其输入阻抗可用输入电压、输入电流来计算，即变压器的输入阻抗为 $Z_1 = U_1/I_1$，而变压器的二次侧输出端又接了负载，变压器的输出电压、输出电流与负载之间存在 $Z_2 = U_2/I_2 = Z_{fZ}$ 关系，如图 1—2—3 所示。可以看出经过变压器把 Z_2 接到电源上和不经变压器直接把 Z_2 接到电源上，两者是完全不一样的，这里变压器起到改变阻抗的作用，把 Z_2 变成 Z_1 可以在 U_1 的电压下工作。

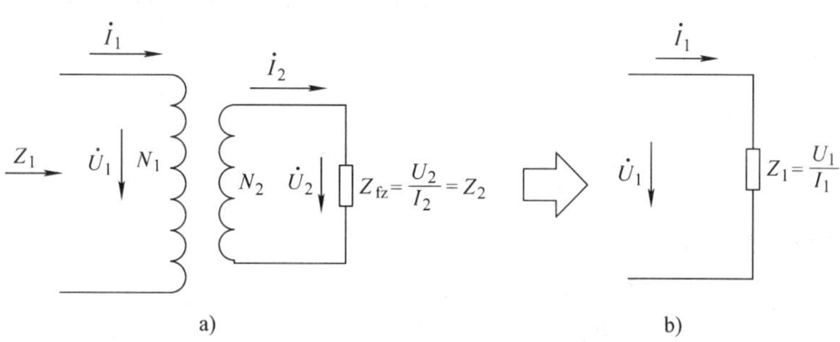

图 1—2—4　变压器的阻抗变换原理

a）有变压器时电路　b）等效电路

当忽略漏阻抗，不考虑相位，只计大小时，在空载和负载运行分析中，已得到的公式有 $U_1=KU_2$，$I_1=I_2/K$。而变压器的一次侧和二次侧的阻抗为：$Z_1=U_1/I_1$，$Z_2=U_2/I_2$，所以可以得到阻抗变换公式：

$$Z_1=\frac{U_1}{I_1}=\frac{KU_2}{I_2/K}=K^2\frac{U_2}{I_2}=K^2Z_2=K^2Z_{fz} \qquad (1—2—12)$$

这说明负载 Z_{fz}经过变压器以后阻抗扩大了 K^2倍。如果已知负载阻抗 Z_{fz}的大小，要把它变成另一个一定大小的阻抗 Z_1，只需接一个变压器，该变压器的变比 $K=\sqrt{Z_1/Z_2}$。

在电子线路中，这种阻抗变换很常用，如扩音设备中扬声器的阻抗很小（4 ~ 16 Ω），直接接到功放的输出，则扬声器得到的功率很小，声音就很小。只有经输出变压器把扬声器阻抗变成和功放内阻一样大，扬声器才能得到最大输出功率，这也称为阻抗匹配。

例 1—2—1　某晶体管收音机的输出变压器的一次侧匝数 $N_1=230$ 匝；二次侧匝数$N_2=80$ 匝，原来配接 8 Ω 的扬声器，现要改用同样功率而阻抗为 4 Ω 的扬声器，则二次侧匝数 N_2应改绕成多少？

解：先求出一次侧的 Z_1，因为不论 N_1和 N_2怎么变，必须保证 Z_1不变，才能保证功率输出最大。

$$Z_1=K^2Z_2=\left(\frac{230}{80}\right)^2\times 8=66.13\ \Omega$$

再由 Z_1和新的扬声器阻抗 $Z_2=4$ Ω，求出新的 K'和 N_2'

$$K'=\sqrt{\frac{Z_1}{Z_2}}=\sqrt{\frac{66.13}{4}}\approx 4.07$$

$$N_2'=\frac{N_1'}{K'}=\frac{230}{4.07}\approx 57\text{ 匝}$$

则二次侧匝数 N_2应改绕成 57 匝。

例 1—2—2　如图 1—2—5 所示交流信号源的电压 $U=120$ V，内阻 $R_0=800$ Ω，负载电阻 $R_L=8$ Ω，试求：（1）负载获得最大功率时，电源输出的最大功率以及变压器的匝数比；（2）当把负载电阻 R_L直接接到信号源时，信号源将输出多大功率？

解：（1）为使负载获得最大功率，可以证明 R_L 折算到一次侧的等效电阻 R_L' 应与 R_0 相等，即 $R_L' = 800\ \Omega$。

故匝数比

$$K = \frac{N_1}{N_2} = \sqrt{\frac{R_L'}{R_L}} = \sqrt{\frac{800}{8}} = 10$$

信号源输出的最大功率为

$$P_M = \left(\frac{U}{R_0 + R_L'}\right)^2 R_L' = \left(\frac{120}{800 + 800}\right)^2 \times 800 = 4.5\ \text{W}$$

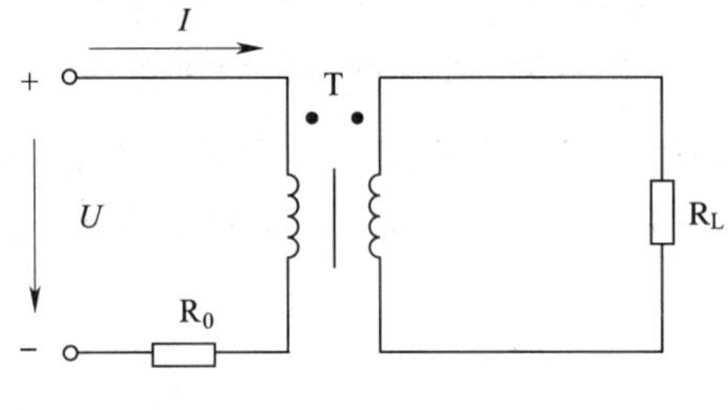

图 1—2—5　电路示例图

（2）当负载电阻 R_L 不经变压器而直接接到信号源时，信号源的输出功率为

$$P = \left(\frac{U}{R_0 + R_L}\right)^2 R_L = \left(\frac{120}{800 + 8}\right)^2 \times 8 = 0.176\ \text{W} \approx 4\% P_M$$

可见，经变压器“匹配”后，输出功率增大了许多倍。

二、单相变压器的运行特性

1. 变压器外特性和电压变化率

（1）变压器的外特性

变压器的外特性是指一次侧电压为额定值 U_{1N}，负载功率因数 $\cos\varphi_2$ 一定时，二次侧端电压 U_2 随负载电流 I_2 变化的关系曲线，即 $U_2 = f(I_2)$，如图 1—2—6 所示。

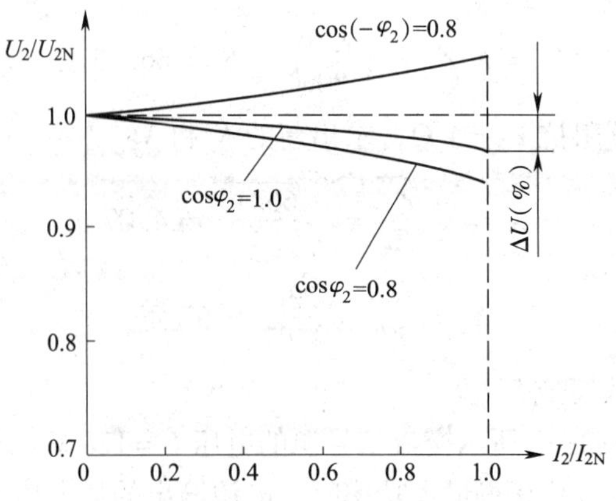

图 1—2—6　变压器的外特性曲线

在负载运行时，由于变压器内部存在阻抗和漏抗，当负载电流流过时，变压器内部将产生阻抗压降，使二次侧端电压随负载的变化而变化。图 1—2—6 为不同负载性质时变压器的外特性曲线。由图 1—2—6 可知，当负载为容性时，外特性是上翘的；而负载为感性时，外特性是下降的。也就是说容性电流有助磁作用，使 U_2 上升；而感性电流有去磁作用，使 U_2 下降。

变压器二次侧电压的大小不仅与负载电流的大小有关，还与负载的功率因数有关。

因此，在变压器输入电压 U_1 不变时，影响外特性的因素是 Zs_1、Zs_2 及 $\cos\varphi_2$。为了使各种不同容量和电压的变压器的外特性可以进行比较，在图 1—2—6 中坐标都用相对值 U_2/U_{2N}、I_2/I_{2N} 表示，这种值也称为标幺值。

（2）电压变化率（电压调整率）

变压器二次侧输出电压随负载而变化的程度用电压变化率 $\Delta U\%$ 表示。所谓电压变化率，是指变压器一次绕组加额定电压，负载的功率因数一定，空载与额定负载时二次侧端电压之差（$U_{2N}-U_2$）与额定电压 U_{2N} 的比值，通常可以表示为：

$$\Delta U\% = \frac{U_{2N}-U_2}{U_{2N}} \times 100\% = \frac{\Delta U}{U_{2N}} \times 100\% \qquad (1—2—13)$$

式中　U_{2N}——变压器二次侧输出额定电压（即二次侧空载电压 U_{02}）；

U_2——变压器二次侧额定电流时的输出电压。

电压变化率 $\Delta U\%$ 是表征变压器运行性能的重要指标之一，它的大小与负载大小、性质及变压器的本身参数有关，反映了供电电压的稳定性。

一般电力变压器，当 $\cos\varphi_2\approx1$ 时，$\Delta U\%\approx2\%\sim3\%$，当 $\cos\varphi_2\approx0.8$ 时，$\Delta U\%\approx4\%\sim6\%$，可见提高二次侧负载功率因数 $\cos\varphi_2$，还能提高二次侧电压的稳定性。一般情况下照明电源电压波动不超过 $\pm5\%$，动力电源电压波动不超过 $+10\%\sim-5\%$。

2. 变压器的损耗和效率特性

（1）变压器的损耗

变压器在能量传递过程中总会有能量损耗。变压器的损耗主要包括铁损耗 P_{Fe} 和原、副绕组的铜损耗 P_{Cu} 两部分。

1）铁损耗 P_{Fe}。变压器的铁损耗包括磁滞和涡流损耗，它取决于铁芯中磁通密度的大小、磁通交变的频率和硅钢片的质量。

铁损耗与外加电压大小有关，而与负载大小基本无关。在铁芯材料和频率一定的情况下，只要电压 U_1 不变，Φ_m 就不会变，铁损耗 P_{Fe}（$P_{Fe}\propto\Phi_m^2$）为常数，可看成不变的损耗。

变压器空载时的能量损耗以铁损耗为主，一般情况下认为变压器的铁损耗等于空载损耗。当电源电压一定时，铁损耗为恒定值，与负载电流的大小和性质无关，即：

$$P_{Fe} \approx P_0 \qquad (1—2—14)$$

式中　P_{Fe}——铁损耗；

P_0——空载损耗。

2）铜损耗 P_{Cu}。变压器的铜损耗是电流在原、副绕组直流电阻上的损耗。

变压器铜损耗的大小与负载电流的平方成正比，随负载电流 I_2 的变化而变化，所以把铜损耗称为可变损耗。

某一负载电流 I_2 与额定负载电流 I_{2N} 之比值叫负载系数，用 β 表示，即 $\beta=\frac{I_2}{I_{2N}}$，铜损耗计算公式可写为：

$$P_{Cu}=(\beta)^2P_{CuN} \tag{1—2—15}$$

式（1—2—15）中 P_{CuN} 是额定负载下的铜损耗，额定负载时铜损耗近似等于短路损耗 $P_{CuN}P_K$。

（2）变压器的效率

变压器的效率是指变压器的输出功率 P_2 与输入功率 P_1 之比，用百分数表示，即：

$$\eta=\frac{P_2}{P_1}=1-\frac{\sum P}{P_2+\sum P} \tag{1—2—16}$$

$$\sum P=P_{Cu}+P_{Fe} \tag{1—2—17}$$

式中 P_1——变压器输入功率，单相为 $P_1=U_1I_1\cos\varphi_1$，三相为 $P_1=\sqrt{3}U_1I_1\cos\varphi_1$；

P_2——变压器输出功率，单相为 $P_2=U_2I_2\cos\varphi_2$，三相为 $P_2=\sqrt{3}U_2I_2\cos\varphi_2$；

$\sum P$——变压器总损耗。

一般中、小型电力变压器效率在95%以上，大型电力变压器效率可达到99%以上。

（3）变压器的效率特性

将效率公式进行处理可以得到下列实用公式（单、三相均可用）：

$$\eta=1-\frac{P_0+\beta^2P_k}{\beta S_N\cos\varphi_2+P_0+\beta^2P_k} \tag{1—2—18}$$

式中 S_N——变压器的容量（视在功率）；

β——负荷系数$\left(负荷系数\ \beta=\frac{I_2}{I_{2N}}\right)$；

P_0——空载损耗（$P_0\approx P_{Fe}$）；

P_k——短路损耗（$P_k\approx P_{CuN}$）；

$\cos\varphi_2$——负载功率因数。

由式（1—2—18）可见，对某一台变压器来说，因空载损耗 P_0、短路损耗 P_K、容量 S_N 均为定值，当变压器的负载功率因数 $\cos\varphi_2$ 一定时，效率 η 只与负荷系数 β 有关。

当变压器的负载功率因数 $\cos\varphi_2$ 一定时，变压器的效率随负荷系数变化的关系曲线 $\eta=f(\beta)$ 称为变压器的效率特性，如图1—2—7所示。

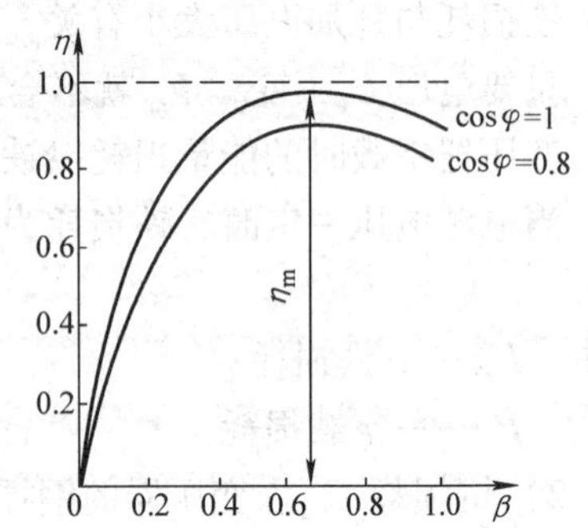

图1—2—7 变压器的效率特性曲线

当 $\beta=0$ 时，$I_2=0$，$P_2=0$，所以 $\eta=0$。

当 β 增加时，I_2、P_2 迅速上升，而 $\sum P$ 以 P_0 为主，基本不变，所以 η 上升较快。当 $P_{Cu}=P_{Fe}$ 时，$\beta=\beta_m$，即 $\eta=\eta_m$ 为最大。

当 $\beta>\beta_m$ 时，η 开始下降，因为 P_{Cu} 上升较快。

由上述分析可知，当 $P_{Cu}=P_{Fe}$，即 $\beta_m^2P_k=P_0$ 时，

变压器的效率最高，这时：

$$\beta_m = \sqrt{\frac{P_0}{P_k}} \tag{1—2—19}$$

变压器的最高效率大致在负载系数 $\beta_m = 0.5 \sim 0.6$ 的范围内。当然，在相同负荷系数 β 下，负载功率因数 $\cos\varphi_2$ 越高，效率也越高。

任务实施

单相变压器参数的测定

一、实训目的

1. 测试单相变压器的变比。
2. 测试单相变压器的空载损耗和励磁参数。
3. 测试单相变压器的额定铜损耗和短路参数。

二、主要实训器材的认识

单相变压器参数的测定主要实训器材的作用及使用注意事项见表 1—2—1。

表 1—2—1　　主要实训器材的作用及使用注意事项

序号	器材名称	图例	规格	作用	备注
1	单相自耦调压器		0 ~ 250 V	可调节单相交流电源电压的大小	电压调节手柄逆时针旋转输出电压降低，顺时针旋转输出电压升高
2	单相变压器		BK－50 W (220/36 V)	实训操作对象，通电测试单相变压器的空载损耗、额定铜损耗、励磁参数和短路参数	空载试验通常是将高压侧开路，由低压侧通电进行测量 短路试验应将低压侧短路，由高压侧通电进行测量
3	交流电压表		量程为 250 V	空载试验测变压器的输入电压 U_1 和输出电压 U_2、短路试验测短路电压 U_k	变压器空载阻抗很大，空载电流 I_0 很小，为减小误差，电压表应接在电流表外侧

续表

序号	器材名称	图例	规格	作用	备注
4	交流电流表		量程为2 A	测定单相变压器空载电流 I_0 和短路电流 I_k	因变压器短路阻抗很小，故测量时电流表应接在电压表的外侧
5	低功率因数瓦特表		$\cos\varphi=0.1$，0.5 级	测定单相变压器空载损耗 P_0 和短路损耗 P_k	因变压器空载时功率因数很低，故应采用低功率因数瓦特表

三、实训内容

一只新生产或经维修后的变压器，必须按照相关的标准对其进行检验，检验合格方可使用。检验的内容主要有铁芯材料、装配工艺的质量是否达标；绕组的匝数是否正确、匝间有无短路；铁芯、线圈的铁损耗、铜损耗是否达到设计要求；变压器运行性能是否良好等。为掌握变压器运行性能，可以通过变压器的空载试验与短路试验中得出的技术参数来进行分析和检验。现在以单相变压器为例，通过做试验来掌握运行性能和相关参数的测定。

1. 单相变压器空载试验

一般来说，空载试验可以在高压侧进行，也可以在低压侧进行，但从试验电源和人身安全的因素、测量仪表和数据的精度考虑，应在低压侧进行。就是将高压绕组开路，将低压绕组接到额定频率的电源上，测量低压侧的电压 U_{02}、空载电流 I_0、空载损耗功率 P_0 以及高压侧的开路电压 U_{01}。由于变压器空载时的功率因数很低，应当使用低功率因数瓦特表测量功率，以提高测量精度。

（1）单相变压器测变比试验

1）按图接线

单相变压器测变比试验的电路如图 1—2—8 所示。低压绕组通过调压器接于电源，高压绕组开路，并经教师确认无误后方可进行试验。

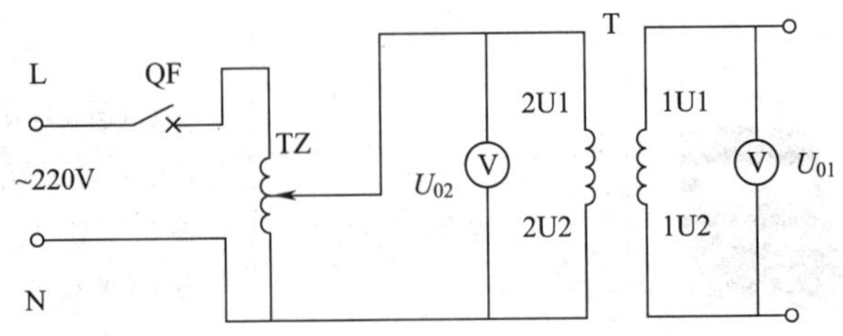

图 1—2—8　单相变压器测变比试验电路

2）通电测试

合上低压断路器 QF，将低压绕组所接电压从 0 逐渐调至额定电压 U_{2N}，测量高压线圈电压 U_{01} 及低压绕组电压 U_{02}，对应不同的输入电压，共取三组读数并记录于表 1—2—2 中（变比计算公式 $K = U_{01}/U_{02}$，取 3 组的平均值）。

表 1—2—2　　**数据记录**

序号	U_{01}（V）	U_{02}（V）	K
1			
2			
3			

（2）单相变压器空载试验

1）按图接线

单相变压器空载试验的电路如图 1—2—9 所示。低压绕组通过调压器接于电源，高压绕组开路，并经教师确认无误后方可进行试验（注意电压表、电流表以及功率表量程的选择）。

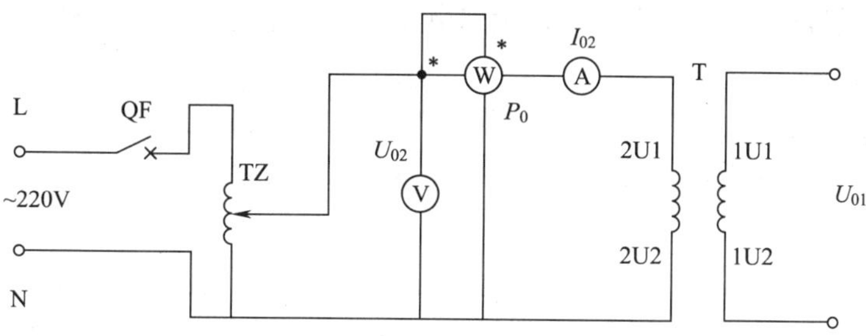

图 1—2—9　单相变压器空载试验电路图

2）通电测试

调节调压器使变压器二次侧电压为零，然后合上开关 QF，并调节调压器使其输出电压等于变压器额定电压 $U_{02} = U_{2N}$，记下此时的空载电流 I_{02}、空载损耗 P_0。

调节调压器使变压器二次侧电压为 $U_{02} =$（1.1 ~ 1.2）U_{2N}，合上 QF，然后逐步降低电压 U_{02}，直至 $U_{02} = 0$ 为止。此过程中，共测取 7 组或 8 组数据，并记录于表 1—2—3 中，每次测量 U_{02}、I_{02} 的值，注意在 U_{02}: U_{2N} 附近多测量几点。

表 1—2—3　　**单相变压器空载试验数据**

试验数据	U_{02}（V）						
	I_{02}（A）						
	p_0（W）						

注意：上述数据是变压器低压绕组通电所测得的参数，因为励磁阻抗与铁芯饱和程度有关，所以计算变压器相关参数时，应当取电源电压等于变压器额定二次侧电压时的该组数据。

（3）空载试验的意义

1）试验可以测出变压器的铁损耗 P_{Fe}。因空载损耗是铁损耗和铜损耗之和，即 $P_0 = P_{Fe} + P_{Cu}$，因为空载电流 I_0 很小，为（0.02～0.10）I_N，所以铜损耗可忽略不计，可近似认为 $P_0 \approx P_{Fe}$。而 $P_{Fe} \propto \Phi_m^2$，当一次侧电压 U_1 不变时，Φ_m 不变，P_{Fe} 为常数，所以 P_{Fe} 也称不变损耗。

2）通过空载损耗 P_0 的测试，可以检查铁芯材料、装配工艺的质量和绕组的匝数是否正确、有无匝间短路。如果空载损耗 P_0 和空载电流 I_0 过大，则说明铁芯质量差，气隙太大。如 K 太小或太大，则说明绕组的绝缘或匝数有问题。还可以通过示波器观察开路侧电压或空载电流 I_0 的波形，如不是正弦波，失真过大，则铁芯过于饱和。

如果是升压变压器，则可以从一次侧进行试验，将二次侧开路，这样可以保证安全和便于选择仪表，而且空载电流 I_0、励磁阻抗 Z_0 都不需要折算。测高电压时，可采用电压互感器。

因此通过空载试验，可以了解变压器的铁芯、线圈质量。

2. 单相变压器短路试验

变压器短路试验时，电压较低，电流较大，为了保证人身、设备的安全和提高测量精度，短路试验一般都在高压侧做。测量短路电流 I_k、短路电压 U_k 和短路损耗 P_k。

（1）按图接线

单相变压器短路试验的电路如图 1—2—10 所示。高压侧通过调压器接于电源，低压侧短路，且电流表接于电压表外侧，并经教师确认无误后方可进行试验。

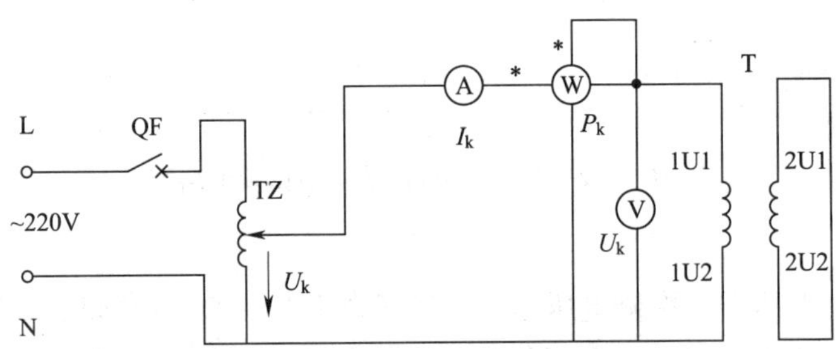

图 1—2—10　单相变压器短路试验电路图

（2）通电测试

先将调压器置于输出电压为零的位置，然后合上电源开关 QS，监视电流表，缓慢加大调压器输出电压，直至高压侧电流 I_k 达到变压器的额定电流 I_{1N} 为止。测取 5～6 组数据记录于表 1—2—4 中。试验时，记下周围环境温度（℃），便于将冷态电阻换算到标准温度（75℃）时的数值。

表 1—2—4　　**单相变压器短路试验数据**　　室温 θ = ________℃

试验数据	U_k（V）						
	I_k（A）						
	P_k（W）						

（3）短路试验的意义

1）单相变压器短路试验测出的短路损耗 P_k 可近似地认为就是变压器额定铜损耗 P_{CuN}。

单相变压器低压侧短路，高压侧通过调压器接到电源，并调节输入电压 U_1 使一次侧电流为额定电流 $I_1=I_{1N}$，这时功率表中读数为短路损耗 P_k，电压表读数为短路电压 U_k。因 U_k 很低，只有（4%～10%）U_{1N}，所以铁芯中磁通 Φ_m（$\Phi_m \propto U_1$）很小，而铁损耗 $P_{Fe} \propto \Phi_m^2$，所以铁损耗 P_{Fe} 可忽略不计，而这时一次侧、二次侧电流均为额定值，所以功率表的读数 P_k 可近似地看成额定负载的铜损耗 P_{CuN}，由此求得：$P_k = P_{cuN} + P_{Fe} \approx P_{cuN} \approx I_{1N}^2 r_1 + I_{2N}^2 r_2$。

2）测出 U_k 和 Z_k，它反映一次侧绕组在额定电流时的内部压降及内部阻抗，可以用来分析变压器的运行性能。U_k 和 Z_k 小，说明变压器的内部压降和内部阻抗小，电压调整率就低，电压就稳定。但从限制短路时的短路电流来看，U_k 和 Z_k 大些好，Z_k 大则短路电流就小，对变压器和设备的危害就小。因此，不能绝对地讲 U_k 和 Z_k 应该大还是小，而要根据具体情况考虑，如电炉用变压器容易短路，所以 U_k 和 Z_k 要设计得大些，以降低短路电流。

另外，U_k 一般用相对值（标幺值）表示：$U_k' = \dfrac{U_k}{U_{1N}} \times 100\% = 4\% \sim 10\%$。一般变压器容量越大，电压越高，$U_k'$ 也越高。为了便于变压器之间相互比较，Z_k 可用相对值表示：$Z_k' = \dfrac{Z_k}{U_{1N}/I_{1N}} = 4\% \sim 10\%$。

注意：

①变压器必须接入可调交流电源，不可直接施加额定电源电压。

②在实训过程中，应注意电压表、电流表、功率表的合理布置及量程选择。空载试验与短路试验时，电压表与电流表的相对位置是不同的，功率表的接法也不同。

③短路试验通电前，一定要检查电源电压是否调到零位。调节电压要缓慢，以防电路出现过流的危险。

④短路试验测量要快，否则线圈发热会引起电阻变化，影响测量精度。

⑤遇异常情况，应立即断开电源，处理好故障后，再继续做试验。

知识拓展

一、电磁感应

电流能产生磁场，那么磁场能否产生电流呢？英国科学家法拉第于 1831 年发现，当导体对磁场做相对运动而切割磁感线时，或线圈中的磁通发生变化时，在导体或线圈中都会产生电动势；若导体或线圈是闭合电路的一部分，则导体或线圈中将产生电流。以上两种现象产生电动势的条件虽然不同，但从本质上讲，它们都是由于磁场的变化而引起的。这种利用变化的磁场在导体中产生电动势的现象称为电磁感应，也称“动磁生电”。由电磁感应引起的电动势叫作感应电动势，由感应电动势引起的电流叫作感应电流。

二、直导体中的感应电动势

1. 直导体中感应电动势大小

如图 1—2—11 所示，当导体在磁场中静止不动或沿磁感线方向运动时，检流计指针都不偏转；而当导体向右以垂直 B 的方向做切割磁感线运动时，检流计指针向右偏转一下；而当导体向左以垂直 B 的方向做切割磁感线运动时，检流计指针向左偏转一下，而且导体切割磁感线的速度越快，指针偏转的角度越大。这说明感应电流方向与磁场方向及导体切割磁感线的运动方向有关，而感应电流的大小与导体切割磁感线的运动速度有关。

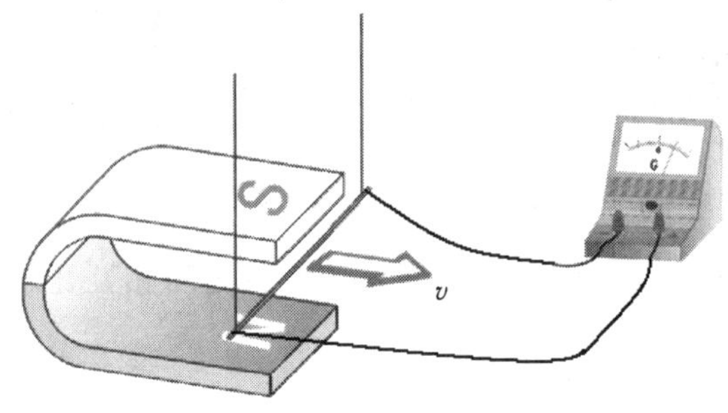

图 1—2—11　直导体的电磁感应

感应电动势是产生感应电流的必要条件。由试验可知，直导体中产生的感应电动势的大小为：

$$e = BLv\sin\alpha \qquad (1—2—20)$$

式中　B——均匀磁场的磁感应强度，T；

v——导体切割磁感线的速度，m/s；

L——导体在均匀磁场中的有效长度，m；

α——导体运动方向 v 与磁场方向 B 之间的夹角；

e——导体中的感应电动势，V。

在式（1—2—20）中，如果 v 是指某一段时间内的平均速度，则求得的 e 为该段时间内的平均感应电动势；如果速度 v 指某一时刻的即时速度，则求得的 e 就是该时刻感应电动势的瞬时值。

当直导体垂直切割磁感线时，感应电动势为最大，即：

$$e_m = Blv \qquad (1—2—21)$$

2. 直导体中感应电动势方向

直导体中产生的感应电动势方向可由右手定则来判断；伸开右手，让拇指与其余四指垂直，并且都和手掌处在同一个平面上，让磁感线从手心垂直进入，拇指指向导体的运动方向，则其余四指的指向就是感应电动势的方向，如图 1—2—12 所示。

为了判别感应电动势的极性，可把直导体看成一个电源，在直导体内部，感应电动势的方向由感应电动势极性的“－”极指向“＋”极，感应电流的方向与感应电动势方向相同，即由感应电动势的“－”端流向“＋”端；在直导体的外部，感应电流则由感应电动势的“＋”端经负载流回“－”端。

当切割磁感线运动的直导体不形成闭合回路时，那就只产生感应电动势而不产生感应电流。

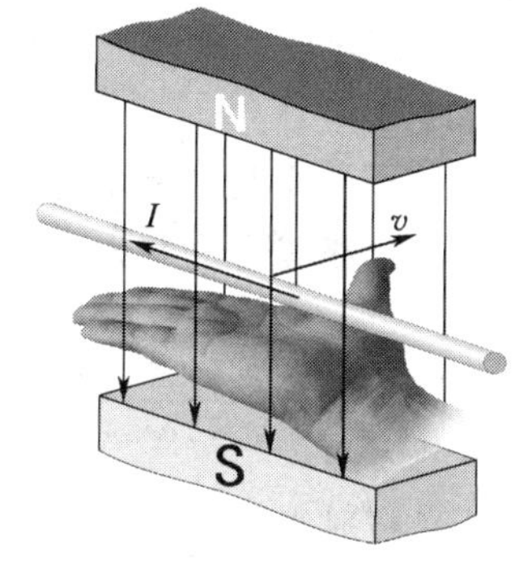

图 1—2—12　右手定则

三、线圈中的感应电动势

1. 楞次定律

如图 1—2—13 所示，将一根条形磁铁的 N 极向下插入线圈时，检流计的指针向右偏转，如图 1—2—13a 所示；当磁铁在线圈中静止时，检流计指针不偏转；当把磁铁从线圈中拔出时，检流计指针向左偏转，如图 1—2—13b 所示。若用条形磁铁的 S 极重复上述试验时，检流计指针的偏转方向与图 1—2—13a 和图 1—2—13b 相反，当 S 极插入线圈后不动时，检流计指针则不偏转。以上试验表明：当穿过线圈的磁通发生变化时，闭合线圈中会产生感应电流，而且磁铁插入线圈及从线圈拔出磁铁时，所产生的电流方向相反。

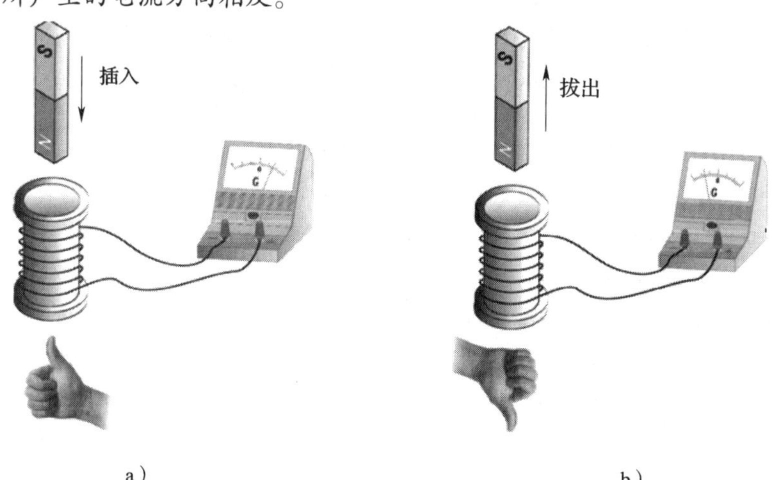

图 1—2—13　条形磁铁在线圈中运动而引起感应电流

通过大量试验可得出以下两个结论：

第一，当导体相对磁场做切割磁感线运动或线圈中的磁通发生变化时，导体和线圈中就产生感应电动势，若导体和线圈是闭合电路的一部分，就会产生感应电流。

第二，感应电流的磁场总是要阻碍原磁场的变化，即当线圈中的磁通增加时，感应电流就要产生一个磁场去阻碍它的增加；当线圈中的磁通减少时，感应电流所产生的磁场要阻碍它的减少。这个规律是楞次于 1834 年发现的，所以称为楞次定律。

运用楞次定律可判断线圈（或任意导电回路）中感应电动势和感应电流的方向，具体步骤：

（1）首先判定原磁通的方向及其变化趋势（即增加还是减少）。

（2）根据感应电流产生的磁场要阻碍原磁场变化的原则，确定感应电流的磁通方向。

（3）根据感应电流的磁通方向，利用安培定则，即可判断出感应电动势和感应电流的方向。

在判别线圈两端感应电动势的极性时，必须把线圈看成是一个电源。在线圈内部，感应电流从线圈的“-”端流到“+”端；在线圈外部，感生电流由线圈的“+”端经负载流回“-”端。因此，在线圈内部感应电流的方向和感应电动势的方向相同。

2. 法拉第电磁感应定律

楞次定律仅说明了感应电动势的方向，而感应电动势的大小与什么有关呢？重做图1—2—13的试验可以发现，当磁铁插入或拔出线圈的速度越快时，检流计指针的偏转角度越大，反之越小。磁铁插入或拔出线圈的速度，反映了磁通变化的快慢，所以，线圈中感应电动势的大小与线圈中磁通的变化速度（即变化率）成正比。这个规律就叫作法拉第电磁感应定律。

如用 $\Delta\phi$ 表示在时间间隔 Δt 内一个单匝线圈中的磁通变化量，则一个单匝线圈产生的感应电动势为：$e=-\dfrac{\Delta\Phi}{\Delta t}$，对于 N 匝线圈，其感应电动势为：

$$e=-N\frac{\Delta\Phi}{\Delta t} \qquad (1—2—22)$$

式中 e——在 Δt 时间内感应电动势的平均值，V；

N——线圈的匝数，匝；

$\Delta\Phi$——单匝线圈的磁通变化量，Wb；

Δt——磁通变化 $\Delta\Phi$ 所需要的时间，s。

式（1—2—22）是法拉第电磁感应定律的数学表达式，式中负号表示了感应电动势的方向永远和磁通变化的趋势相反。在实际应用中，常用楞次定律来判断感应电动势的方向，用法拉第电磁感应定律来计算感应电动势的大小（取绝对值），所以这两个定律是电磁感应的基本定律。

当穿过不闭合线圈的磁通量发生变化时，只产生感应电动势而不产生感应电流。

四、自感

1. 自感现象

先做如图1—2—14a所示的试验，两只规格完全相同的灯泡HL1和HL2，当合上开关SA时，可看到HL1立即正常发光，而与有铁芯的线圈L串联的HL2却是慢慢地明亮起来。为什么HL2不能立即正常发光呢？这是因为在接通电路瞬间，电路中的电流将增大，穿过线圈 L 的磁通也要增大，根据楞次定律可知，此时线圈将产生感应电动势和感应电流，感应电流与外电流方向相反，因此，流进线圈的电流不能很快上升，HL2 只能慢慢变亮。

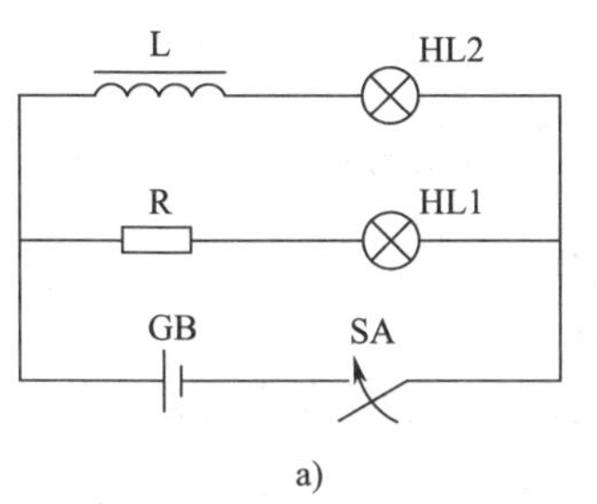

a)

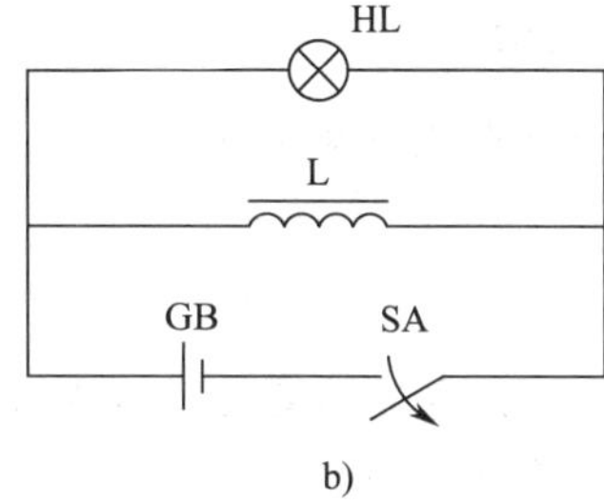

b)

图 1—2—14　自感试验电路

再做如图 1—2—14b 所示试验，把 HL 灯和电阻值较小的铁芯线圈 L 并联在直流电路里，先接通电路，当 HL 正常发光后再断开 SA，在切断的瞬间，通过线圈的电流突然减弱，穿过线圈的磁通量也很快地减少，因而线圈将产生感应电动势。由于电源切断后，线圈 L 和灯泡 HL 组成闭合回路，所以 HL 上有感应电流流过，这个感应电流往往比原来的电流还大，故 HL 在熄灭前瞬间发出比原来更强的光。

这种由于通过线圈本身的电流发生变化而引起的电磁感应现象叫作自感现象。由自感产生的感应电动势叫自感电动势，用 e_L表示，由此产生的电流叫作自感电流，用 i_L表示。

2. 自感系数

线圈中的自感电动势 e_L是由于通过线圈本身的电流 i 发生变化而引起的。为了找出 e_L和 i 的关系，引入自感系数这个物理量。线圈中每通过单位电流所产生的自感磁链称作自感系数，也称电感量，简称电感，用 L 表示，其数学表达式为：

$$L = \frac{\Psi}{i} = \frac{N\Phi}{i} \qquad (1—2—23)$$

式中　Ψ——流过线圈的电流 i 所产生的自感磁链，$\Psi = N\Phi$；

i——流过线圈的电流 i，A；

L——电感，H。

电感是衡量线圈产生自感磁通本领大小的物理量。如果一个线圈通过 1 安电流，能产生 1 韦伯的自感磁通，则该线圈的电感就叫 1 亨利，简称亨（H）。在实际工作中，特别在电子应用技术中，常采用较小的单位：毫亨（mH）、微亨（μH），它们之间的换算关系是：

1 亨（H）$=10^3$毫亨（mH）

1 毫亨（mH）$=10^3$微亨（μH）

一个线圈电感的大小与它的匝数、几何形状、媒介质有关。结构一定的空心线圈，其 L 为常数；铁芯线圈的电感 L 则不是常数。在其他条件相同的情况下，线圈的匝数越多，电感 L 就越大；有铁芯线圈的电感比空心线圈的电感大。常把电感 L 为常数的线圈称为线性电感，把线圈统称为电感线圈，有时也称电感器或电感。

3. 自感电动势

根据法拉第电磁感应定律 $e=-N\dfrac{\Delta\Phi}{\Delta t}$ 及 $L=\dfrac{\Psi}{i}$ 可得线性电感中的自感电动势为：

$$e_L=-L\frac{\Delta i}{\Delta t} \tag{1—2—24}$$

式中 $\Delta i/\Delta t$ 为电流的变化率（A/s），负号表示自感电动势的方向永远和外电流的变化趋势相反。

自感电动势的方向可用楞次定律来判断。

当外电流增加时，自感电流的方向与外电流方向相反；当外电流减小时，自感电流与外电流方向相同。即自感电动势的方向总是和原电流变化趋势（增大或减小）相反，如图 1—2—15 所示。以后可直接运用这个结论来判断自感电动势的极性。

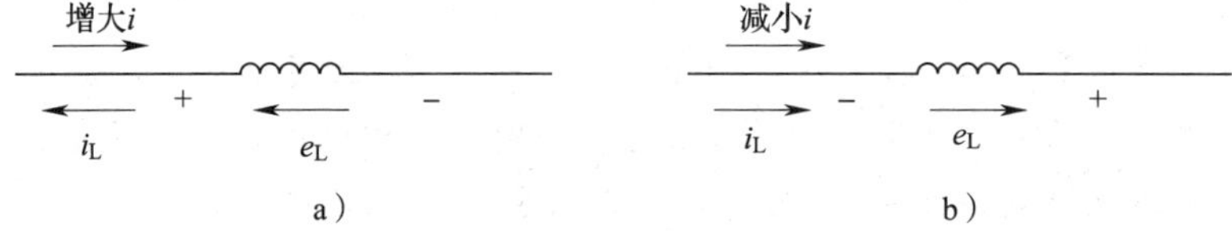

图 1—2—15　自感电动势的极性

自感既有利又有弊，如日光灯是利用镇流器中的自感电动势来点燃灯管的，同时也利用它限制灯管的电流。但在含有大电感元件的电路被切断的瞬间，因电感两端的自感电动势很高，在开关刀口的断口处会产生电弧，容易烧坏刀口，或者损坏设备的其他元件。

五、互感

1. 互感现象

如图 1—2—16 所示，当开关 SA 闭合或断开的瞬间以及改变 RP 的阻值时，可以看到和线圈 B 连接的检流计指针会发生偏转。这是因为线圈 A 中的电流所产生的磁通穿过了线圈 B，当线圈 A 中的电流发生变化时，穿过线圈 B 的磁通也要发生变化，这个变化的磁通就在线圈 B 中引起了感应电动势而使检流计指针发生偏转。

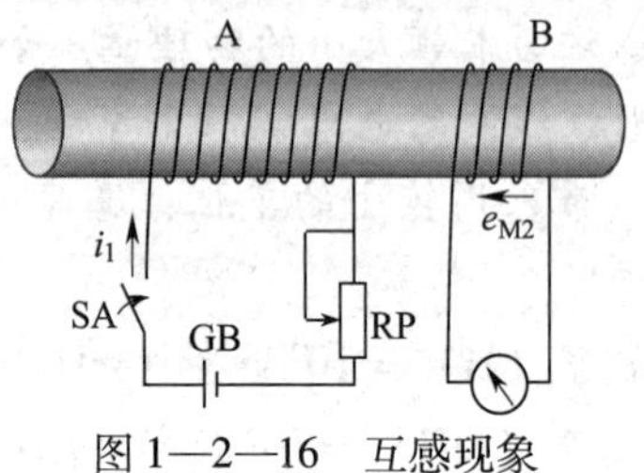

图 1—2—16　互感现象

这种由于一个线圈中的电流发生变化而使其他线圈产生感应电动势的电磁感应现象叫作互感现象，简称互感。由互感产生的电动势称为互感电动势，变压器、互感器就是根据互感原理制成的。

互感现象中，一般把通入外电流的线圈称为原线圈，产生互感电动势的线圈称为副线圈。

2. 互感系数

为了定量表征互感耦合而采用了互感系数这个量，用字母 M 表示，互感系数又简称互感。

3. 互感电动势

互感电动势的大小正比于穿过副线圈磁通的变化率，或正比于原线圈中电流的变化率。互感电动势的计算比较复杂，本书不做详细讨论。但应了解，当原线圈的磁通全部穿过副线圈时，产生的互感电动势最大；当两个线圈互相垂直时，互感电动势为零。

$$em_2 = -M\frac{\Delta i_1}{\Delta t} \qquad (1—2—25)$$

式中 M 称为互感系数，简称互感，单位和自感一样，也是 H。互感电动势的方向或极性，仍可用楞次定律来判断。式中负号即为楞次定律的反映。

4. 同名端

应用互感可以很方便地将能量或信号由一个线圈传递到另一个线圈。当两个或两个以上线圈彼此耦合时，常常需要知道互感电动势的极性。当然可用楞次定律来判断，但比较复杂。尤其是对于已经制作好的互感器，从外观上无法知道线圈的绕向，判断互感电动势的极性就更加困难。

利用线圈同名端，可以很容易判断互感电动势的极性，以及了解线圈的绕向。由于线圈绕向一致而使感应电动势的极性始终保持一致的端点称为同名端，用符号“·”或“*”表示。

图 1—2—17 中 1、4、5 就是一组同名端。下面分析在开关 SA 闭合瞬间各线圈感应电动势的极性。

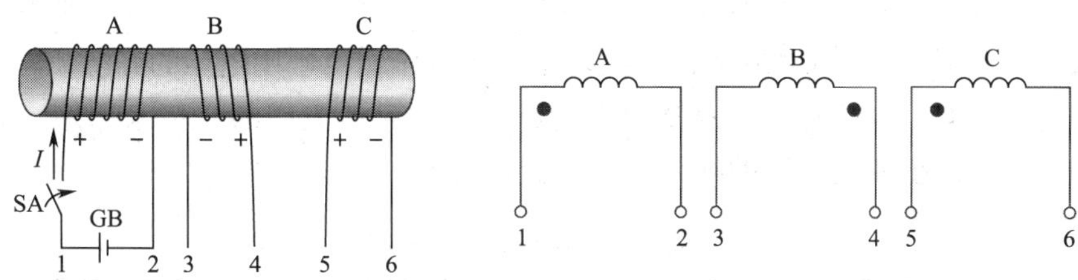

图 1—2—17　互感线圈的同名端

SA 闭合瞬间，A 线圈有电流 i 从 1 端流进，根据楞次定律，在 A 线圈两端产生自感电动势，极性为左正右负。利用同名端可确定 B 线圈的 4 端和 C 线圈的 5 端皆为互感电动势的正端。

学习活动3　小型单相变压器的绕制和检修

学习目标

1. 能在教师指导下，熟悉小型变压器绕制材料的选择和绕制工艺流程。

2. 能根据任务要求，合理制订工作计划，列出并准备好工具材料，在教师指导下，按工艺要求完成小型单相变压器的制作。

3. 能在教师指导下，正确运用所学知识，正确使用仪表，对变压器进行检测。

4. 通过对单相变压器常见故障的分析，初步掌握故障现象的判别，知道变压器故障检测的步骤、方法和工艺。

5. 能按电工作业规程，在作业完毕后清理现场，达到任务验收要求。

知识准备

小型单相变压器的绕制分为选择导线和绝缘材料、木芯和骨架的制作、线圈（线包）的绕制、铁芯镶片、成品测试和绝缘处理等几道工艺。

一、小型单相变压器线圈的绕制

1. 绕线前的准备工作

（1）选择导线及绝缘材料

根据计算的匝数和导线的截面积选用相应规格的漆包线。一般地，对于500 V以下的变压器，当一、二次侧绕组裸导线截面积乘以对应的匝数所得总面积占铁芯窗口面积的30%左右时，绕制的线包（绕好的全部绕组简称）一般都可以放入铁芯。若导线总面积超过窗口面积的30%时，应考虑把匝数多的绕组改用小一号的导线，或都改用性质较好的绝缘材料，这样，绕好的线包不会因无法装入铁芯而返工。

绝缘材料的选择应从两个方面考虑。一方面是绝缘强度，对于层间绝缘应按2倍层间电压的绝缘强度选用。对于1 000 V以下要求不高的变压器也可用电压的峰值，一般按$\sqrt{2}$倍层间电压为选用标准。对铁芯绝缘及绕组间的绝缘，按对地电压的2倍来选用。另一方面是绝缘材料的种类，小型变压器的绝缘结构及材料见表1—3—1。

表1—3—1　小型变压器的绝缘结构及材料

绝缘结构		绝缘材料
线圈与铁芯之间	绝缘骨架	弹性纸（压制板）、钢质板、玻璃纤维板等
层间		电话纸、电缆纸、电容器纸和牛皮纸等
双线圈之间	衬垫物	牛皮纸、青壳纸、黄蜡布或涤纶薄膜
外层绝缘、保护层		牛皮纸、青壳纸、黄蜡布或涤纶薄膜

（2）制作木芯

木芯制作见表1—3—2。

表1—3—2　木芯制作

木芯	用途	材料	尺寸		注意
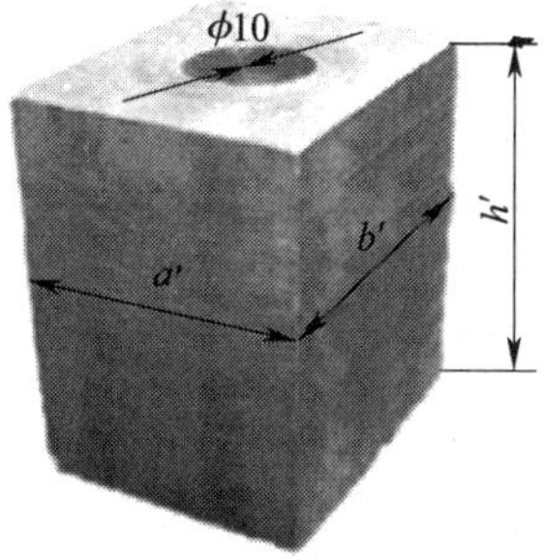 $\phi 10$　b'　a'　h'	套在绕线机转轴上支撑绕组骨架	杨木或杉木	截面 $a' \times b'$	稍大于铁芯尺寸（$a \times b$）	①中心孔必须钻得正直，四边也必须垂直 ②木芯的边角需要用砂纸磨成圆角，以便套进骨架，绕好后抽取也容易
			高度 h'	稍大于铁芯窗口高度 h	
			中心孔直径	10 mm	

（3）制作绕组骨架

绕组骨架（绕组架）除起支撑绕组的作用外，还对铁芯起绝缘作用。它应具有一定的机械强度和绝缘强度。纸质无框绕组骨架一般是用弹性纸制成，弹性纸的厚度根据变压器的容量选用；要求较高的变压器都采用有框骨架，框架可用钢板或玻璃纤维板等材料制成。骨架制作见表1—3—3。

表1—3—3　骨架制作

类型	骨架图	尺寸（mm）		工艺
纸质无框骨架	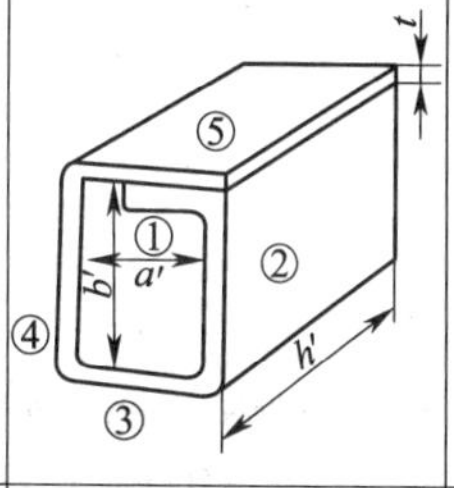 t ⑤ ① b' a' ② ④ h' ③	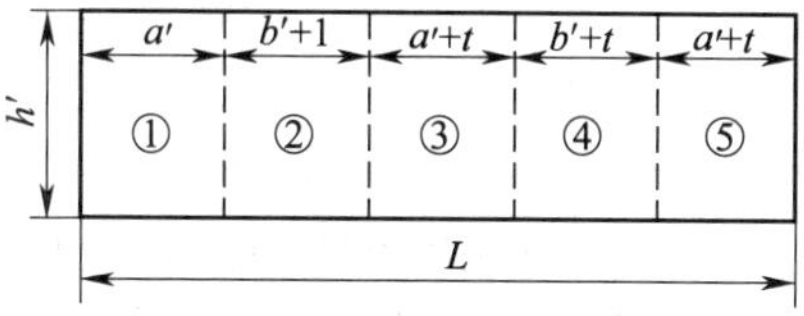 a'　$b'+1$　$a'+t$　$b'+t$　$a'+t$　h'　①　②　③　④　⑤　L		按图中虚线用裁纸刀划出浅沟，以便弯折，沟的深度以不划穿纸厚为原则，沿沟痕把弹性纸折成四方形。第⑤面与①面重叠，用胶水黏合
有框骨架（电压较高的变压器）	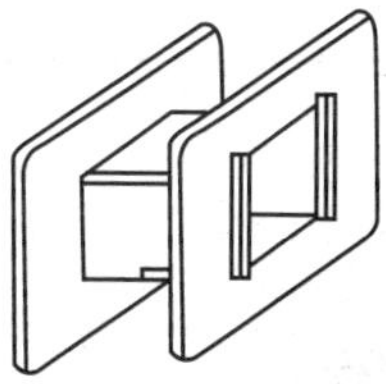	上下边	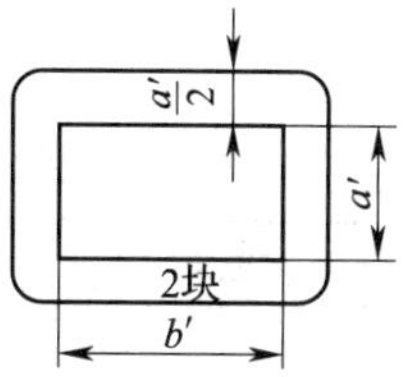 $\frac{a'}{2}$　a'　2块　b'	由上下两块边框板、四侧采用2种形状的夹板拼合而成一个完整的框架
		侧夹板	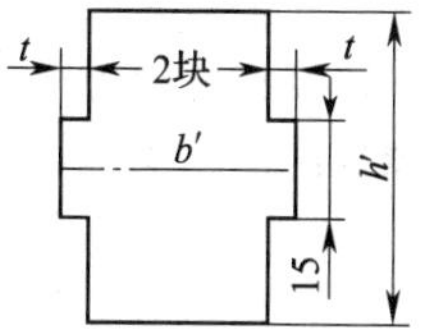 t　2块　t　b'　H　15	

续表

类型	骨架图	尺寸（mm）		工艺
有框骨架（电压较高的变压器）		侧夹板	1.5 t 2块 15 t 2 a′ 2 1.5	

注意：在条件允许的情况下，可以直接购买骨架，本教学中绕制变压器的骨架为直接购买。

2. 绕线过程及工艺要求

绕线之前裁剪好各种绝缘纸（布）。绝缘纸（布）的宽度应稍大于骨架的长度，而长度应稍大于骨架的周长，但需计入绕组逐渐绕大后所需的裕量。绕线过程及工艺要求见表1—3—4。使用的手摇式绕线机和电动绕线机如图1—3—1所示。

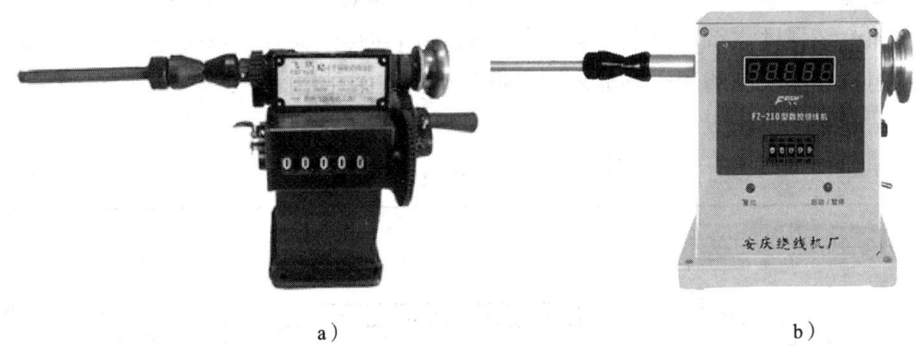

a）　　b）

图1—3—1　绕线机

a）手摇式绕线机　b）电动绕线机

绕线时按一次侧绕组、静电屏蔽、二次侧高压绕组、低压绕组的顺序依次叠绕。每绕完一组绕组后，要衬垫绕组间绝缘。当二次侧绕组数较多时，每绕好一组后用万用表检查是否通路。

表1—3—4　　绕线过程及工艺要求

序号	步骤	工艺要求	实物图	注意事项
1	固定木芯、骨架	（1）将骨架套上木芯 （2）将带木芯的骨架穿入绕线机轴上，上好紧固件		木芯与转轴同心且平行

续表

序号	步骤	工艺要求	实物图	注意事项
2	安放第一层绝缘	将绝缘纸绕两周后用胶水（或用透明胶带）黏牢，作为绕组与铁芯间的绝缘		绝缘纸要求是牛皮纸、青壳纸
3	起绕并固定线头	（1）引线需紧贴骨架，用透明胶带将其贴牢 （2）绕线时从引线的反方向开始绕起，以便压紧起始线头 （3）将绕线机上的计数转盘调零		若采用无框骨架，导线起绕点不可过于靠近绕线芯子的边缘，避免在绕线时漆包线滑出，以防止在插硅钢片时碰伤导线的绝缘
4	绕线	（1）绕线时将导线稍微拉向绕组前进的相反方向（约5°），以便使导线排紧 （2）导线要求绕得紧密、整齐，不允许有叠线现象	绕线前进方向 约5°	拉线的手应按前进方向移动，拉力大小根据导线粗细来调整
5	安放层间绝缘	绕完一层就刷一层薄凡立水，垫上一张层间绝缘纸，再绕下一层		绝缘纸必须从骨架所对应的一个舌宽面开始安放。绝缘纸必须放平、放正、拉紧
6	固定线尾	（1）当一组绕组绕制近结束前，要垫上一条对折的棉线 （2）继续绕线到结束，将线尾插入对折棉线的折缝中 （3）抽紧棉线，线尾便固定 （4）将线尾绕在引脚上，多余的漆包线剪掉		注意对折的棉线放置的方向

续表

序号	步骤	工艺要求	实物图	注意事项
7	安放绕组间的层间绝缘	同安放第一层绝缘步骤		绝缘纸要求是牛皮纸、青壳纸
8	安放静电屏蔽层（电子设备用电源变压器）	一、二次绕组间放铜箔作为静电屏蔽层，屏蔽层用0.1 mm左右的薄铜箔，其宽度比骨架长度短1～3 mm，在铜箔上焊一根多股软线引出接地		（1）注意绝不能让静电屏蔽层首尾相连，否则将形成短路，使变压器通电时发高热，甚至烧毁 （2）若没有现成铜箔，可用0.12～0.15 mm的漆包线密绕一层，一端埋在绝缘层内，一端接地
9	安放外层绝缘	同安放第一层绝缘步骤		绝缘纸要求是牛皮纸、青壳纸
10	引出线及焊接	一般用多股软线、较粗单股铜线或铜皮制成的焊片，将其焊在线圈端头，用绝缘材料包扎好后，引出线头。接引出线头的方法是用两条长的青壳纸或牛皮纸将一段多股导线或窄薄铜皮夹在纸中间，再用黏合剂黏牢		（1）漆包线直径在0.2 mm以上的用本线直接引出，直径在0.2 mm以下的用多股软线做引出线。只有条件许可的，才用薄铜皮焊片作引出线头 （2）引出线的套管应按耐压等级选用

小贴士

变压器中间抽头引出方法

若变压器有中间抽头（有些变压器有两个或两个以上的绕组，不需要分开绕线，只要在同一线圈中按需要抽出几个线头，用这些抽头来作副绕组引出线），其引出方法见表1—3—5。

表1—3—5　　中间抽头引出方法

引出方法		工艺	示意图	备注
焊接引出		在线圈抽头处刮去一小段绝缘漆，将引出线焊上去作为抽头，焊完后包上绝缘		焊剂应采用松香焊剂，焊点表面应完整、连续和圆滑
本线引出	漆包线较细	在线圈抽头处不刮去绝缘漆，将漆包线拖长，两股排在一起作引出线		引出线折向一侧时，在线的下面垫上一层绝缘材料或给引出线套上绝缘套管，以避免发生短路
	漆包线较粗	把两根线平行对折作引出线（若将漆包线绞在一起，会使线包中间隆起，影响绕线和线包的平整		粗漆包线弹性较大以致弯头的地方不容易贴实，需另加一根纱带将它固定

二、铁芯镶片及变压器固定

1. 铁芯镶片的要求

铁芯镶片要求紧密、整齐，不能损伤线包，否则会使铁芯截面积达不到计算要求，造成磁通密度过大而发热，以及变压器在运行时硅钢片会产生振动噪声。

2. 铁芯镶片方法——交叉插片法

对于控制变压器、电源变压器一类的铁芯装配，通常采用交叉插片法，下面以F型硅钢片镶片为例进行介绍。铁芯装配如图 1—3—2 所示。

（1）镶片前先将夹板装上，如图 1—3—2a 所示。

（2）镶片应从线包两边两片两片地交叉对镶，如图 1—3—2b 所示。

（3）当余下最后几片硅钢片时，比较难镶，俗称紧片。紧片需要用一字旋具撬开两片硅钢片的夹缝才能插入，同时用木锤轻轻敲入，切不可硬性地将硅钢片插入，以免损伤框架和线包，如图 1—3—2c 所示。

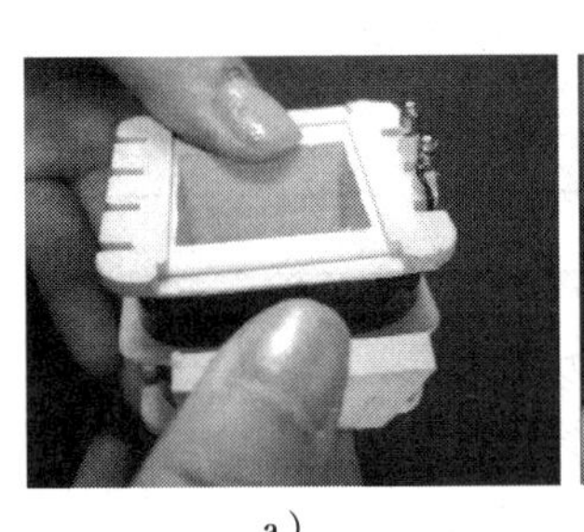

a）

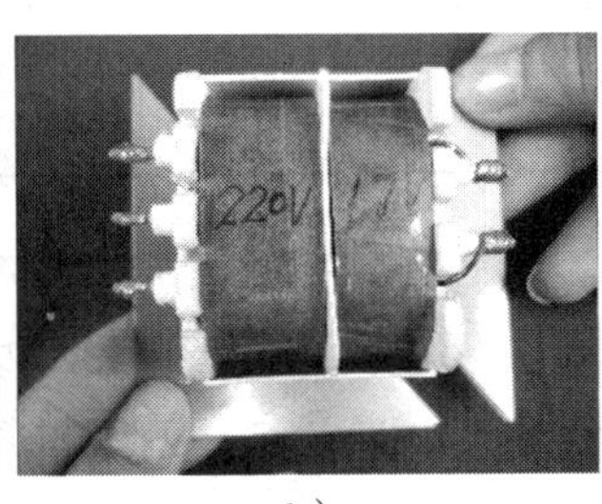

b）

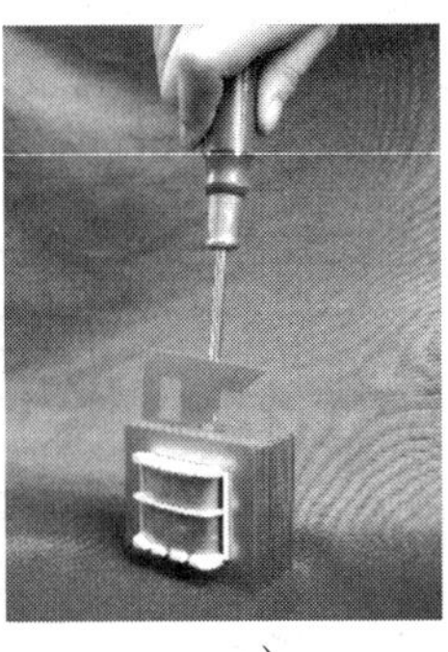

c）

图 1—3—2　铁芯装配

小贴士

硅钢片的检查和选择

1. 检查是否平整，是否有毛刺。不平整会影响装配质量，毛刺容易造成磁路短路并增大涡流。

2. 检查表面是否锈蚀。锈蚀后的斑块会增加硅钢片的厚度，减小铁芯有效截面积，同时容易受潮，降低变压器绝缘性能。

3. 检查硅钢片表面绝缘是否良好。如有剥落，应重新刷漆。

4. 检查硅钢片的含硅量是否大体符合要求。一般硅钢片含硅量应为 3% ~4%。硅钢片的含硅量可用弯折法估查，见表 1—3—6。

表 1—3—6　　硅钢片含硅量估查方法

弯折法	现象	含硅量
用钳子夹住硅钢片的一角，将其弯成直角	折断	4% 以上
	弯成直角后回复到原位才折断	接近 4%
	反复弯三四次才能折断	约 3%
	难以折断	2% 以下

3. 变压器固定类型

变压器固定类型见表 1—3—7。

表 1—3—7　　变压器固定类型

固定类型	工艺	示意图
夹式变压器	U 形夹子（又叫护罩）套在铁芯外边，与底板相配合进行固定	
立式变压器	用螺钉或夹板固紧铁芯：在螺杆上套上薄套管穿在铁芯的孔内，用螺母加绝缘垫片拧紧，此螺杆也是变压器的安装螺钉	
卧式变压器		

三、绝缘处理

新绕制的和大修后的变压器必须进行绝缘处理（浸漆和烘烤），以提高防潮、防霉、防锈蚀的性能，保证长期稳定可靠地工作。变压器绝缘处理的工艺过程见表 1—3—8。

表 1—3—8　　变压器绝缘处理的工艺过程

工艺步骤	目的	方法
预烘	驱除内部潮气	在烘箱内加温到 70 ~ 80℃，烘烤 3 ~ 5 h
浸漆	填充绝缘物毛细孔及导线、铁芯间的空隙，使外界潮气不能进入。同时将线包与铁芯黏结成一个整体，增强强度	将预烘干燥的变压器淹没于绝缘漆（1260 漆）中，浸泡半小时左右，直到线包浸透不冒泡为止
滴漆	滴去多余的漆	悬吊或放在铁丝网上 2 ~ 3 h
烘烤	驱除水分、干燥固型	放进烘箱，用 80℃温度烘烤 8 h 左右

四、变压器的检修

1. 变压器的检测

为保证新制作或修理好的变压器的性能指标基本符合使用条件，一般进行以下几个方面的检测，见表1—3—9。

表1—3—9　　变压器检测

检测项目	工具器材	检测方法	合格指标
外观检测	电源设备	观察、通电检测	（1）从外表检查变压器有无异常响声及气味 （2）检查变压器高低压引线有无接触不良或断路，接头有无变色，套管有无破裂 （3）检查变压器绕组有无因接地或短路而造成局部或大面积烧灼现象
绝缘电阻	兆欧表	测量各绕组间和各绕组对铁芯（地）的绝缘电阻	对于400 V以下的变压器其绝缘电阻不低于100 MΩ，低于10 MΩ时可能漏电，绝缘电阻为零时，视为短路，若绝缘电阻忽大忽小，表示有碰线现象
空载电压	电源设备、电压表	一次侧加电压到额定值，测量二次侧各绕组的空载电压	二次高压绕组误差 $\Delta U \leqslant \pm 2\%$ 二次低压绕组误差 $\Delta U \leqslant \pm 5\%$ 中心抽头电压误差 $\Delta U \leqslant \pm 2\%$
空载电流	电源设备、电流表	一次侧加电压到额定值，测量空载电流	空载电流为额定电流值的5%～8% 如果空载电流大于额定电流的10%，变压器损耗较大；当空载电流超过额定电流的20%时，它的温升将超过允许数值，就不能使用

2. 变压器的故障类别、原因及排除方法

（1）绕组的故障

各类变压器的绕组均由带绝缘层的绕组导线按一定排列规律，经绕制、整形、浸烘、套装而成。绕组故障主要表现在绝缘老化，绕组受潮，绕组层间、匝间、相间、高低压绕组间发生接地、断路、短路、击穿或烧毁等故障，系统短路造成绕组机械损伤，冲击电流造成绕组机械损伤等。绕组故障类别、原因及排除方法见表1—3—10。

（2）铁芯故障

主要有铁芯片间绝缘老化；铁芯安装不正不齐造成空洞声；铁芯叠装不良造成铁损增加，使铁芯过热。铁芯故障类别、原因及排除方法见表1—3—11。

表 1—3—10　　绕组故障类别、原因及排除方法

故障类别	故障原因	故障排除方法
绕组绝缘老化	变压器在运行过程中，受到周围环境及温度等因素的影响，使其绝缘性能降低或击穿而造成短路及漏电等现象	将绕组加热后重新浸漆烘干，绕组严重老化的应重新绕制
绕组受潮	水是变压器绝缘系统的大敌，当绝缘系统中的含水量超过规定值时，将加速绝缘老化，介质损耗增加，绝缘电阻降低，局部起始电压也随之降低，最终导致变压器绕组击穿和烧毁，大大地缩短变压器的使用寿命	（1）将绕组加热后烘干 （2）根据被水浸时间，视绕组绝缘损坏程度而定，严重的应重新绕制，较轻的用净水冲干净，将绕组加热烘干后重新浸漆烘干
绕组短路	变压器由于内部发生各种形式的放电或击穿，或外部负载不当而引起的匝间、层间、相间短路	检查绕组绝缘是否老化，若属于老化，采用以上修理方法；若属于机械损伤，则采用绝缘恢复措施进行修复
绕组漏电	变压器铁芯或外壳带电	属绝缘损伤，导线碰铁芯或外壳所致，认真检查，将绝缘损伤的地方恢复绝缘
绕组断路	变压器的引出线松动拉断漆包线或漆包线与焊片间虚焊等而造成开路故障	将拉断的漆包线或虚焊的地方重新焊牢，注意焊接处要处理好绝缘

表 1—3—11　　铁芯故障类别、原因及排除方法

故障类别	故障原因	故障排除方法
铁芯片间绝缘老化	由于使用时间长，铁芯片间出现绝缘老化及炭化	绝缘老化应将铁片刮干净重新涂绝缘漆；铁片炭化则应该重新换铁片
铁芯过热	指变压器在运行中由于受到电、磁、热、力等的作用而造成各种损耗，使其发热量大于预期值或其散热量小于预期值，不能达到发热和散热在规定的限值内平衡的现象	尽量减少电、磁、热、力等的作用造成的各种损耗

（3）接通电源二次侧无电压输出

变压器在一次侧接通电源，由于电源插头或引线开路等故障引起二次侧无电压输出。二次侧无电压输出故障原因及排除方法见表 1—3—12。

（4）温升过高导致绕组冒烟

变压器由于绕组绝缘老化或一、二次侧间短路，将会引起温度过高而导致绕组冒烟的现象。绕组冒烟故障原因及排除方法见表 1—3—13。

（5）空载电流偏大

由于变压器一次绕组匝数不足，铁芯叠厚不足，一、二次绕组局部短路，铁芯质量太差都会导致空载电流增大，空载电流偏大故障原因及排除方法见表 1—3—14。

（6）运行中有响声

变压器在运行时由于铁芯未插紧或电压过高或负载过大等现象引起振动，发出响声。运行中有响声故障原因及排除方法见表 1—3—15。

表 1—3—12　　二次侧无电压输出故障原因及排除方法

故障原因	故障排除方法	备注
电源插头或引线开路	插上电源，用万用表 250 V 交流挡测一次绕组两引出线端之间的电压，若电压为 220 V 左右，说明插头与插座接触良好，插头与引线均无开路故障。否则，应用万用表电阻挡检查电源插头，会发现脱焊或某一股电源线开路	（1）绕组的开路点多发生在引线的根部。有时可不拆铁芯和线包，先把变压器烤热，使绝缘漆融化，用小针在断线处挑出线头，用多股绝缘软导线在断裂处焊好，注意处理好焊点处绝缘 （2）如果开路点在线包最里层，必须拆除铁芯，小心撬开靠近引线一面的骨架挡板，用针挑出线头，焊好引出线，用万用表检测无误后处理好绝缘，修补好骨架，再插入铁芯
一次绕组开路或引线脱焊	一次绕组是否开路还可用测试输出电压来判断，方法如下：假若二次侧有两个或两个以上的绕组，将一次侧接通电源，如果几个副绕组均无电压输出，则是一次侧回路开路；若只有一个二次绕组无电压输出，而其他绕组输出电压正常，则一次侧回路完好，开路点在无电压输出的二次绕组中	
二次绕组开路或引线脱焊	二次绕组是否开路，也可直接用万用表或电桥检测二次侧的直流电阻更为简单。只要测到某个二次绕组电路不通，则该绕组必定开路	

表 1—3—13　　绕组冒烟故障原因及排除方法

故障原因	故障排除方法
绕组老化或绕组匝间短路，或一、二次侧间短路	可直接用万用表或兆欧表检测。将两表笔一支接一次绕组的一引出线端，另一支表笔接二次绕组的任一引出线端。若绝缘电阻远低于正常值甚至趋近于 0，说明一、二次侧间短路。匝间、层间短路可用万用表测各二次侧空载电压来判定。一次侧接电源，若二次绕组输出电压明显降低，说明该绕组有短路。若变压器发热但各绕组输出电压基本正常，可能是静电屏蔽层自身短路。无论是匝间，层间，一、二次侧间及静电屏蔽层自身的短路，均应卸下铁芯，拆开线包修理。如果短路不严重，可局部处理；若短路较严重，漆包线的绝缘损伤太大，则应重换绕组
硅钢片间绝缘太差，使涡流增大	拆下铁芯，检查硅钢片表面绝缘漆是否剥落，若剥落严重、有锈斑，可将硅钢片浸泡于汽油中，除去锈斑和陈旧的绝缘漆膜，重新上绝缘漆
铁芯叠厚不足或绕组匝数偏少	如果骨架空腔有空余位置，可适当增加硅钢片数量；如无法增加，只要铁芯窗口还有空余位置，可通过计算，适当增加一、二次绕组匝数；如果都不行，只有增加铁芯叠片数量，并重新制作尺寸较大的骨架，再绕新线包
负载过大或输出电路局部短路	对负载过大或输出电路局部短路引起变压器发高热，由于不是变压器的问题，只要减轻负载或排除输出电路上的短路故障即可

表 1—3—14　　空载电流偏大故障原因及排除方法

故障原因	故障排除方法
一次绕组匝数不足	对于一次绕组匝数不足，铁芯叠厚不足，一、二次绕组局部短路，可参照前一项中的检修方法处理
铁芯叠厚不足	
一、二次绕组局部短路	

续表

故障原因	故障排除方法
铁芯质量太差	能买到质量较好的同规格铁芯时，可直接更换铁芯。如找不到，可将铁芯叠片加厚以减少磁阻来消除故障。加厚的方法是拆除铁芯和线包，按加厚的尺寸重做骨架，重绕线包，最后插上铁芯，进行试验。合格后再进行浸漆烘烤，投入使用

表 1—3—15　　运行中有响声故障原因及排除方法

故障原因	故障排除方法
铁芯未插紧	将铁芯轭部夹在台虎钳中，夹紧钳口，能直接观察出铁芯的松紧程度。重新接在 220 V 电源中，加上额定负载进行试验，直到完全无响声为止
电源电压过高	由于不是变压器故障，只需要用万用表交流电压挡检测电源电压即可判断。有单相调压器时，可用调压器将电源降至 220 V 送入变压器一次侧进行试验，如响声消除，说明是电源电压过高造成
负载过重或短路引起振动	切断怀疑有故障的二次侧输出电路，给变压器其他副绕组加额定负载，若故障消除，则问题一定出在原有的二次侧电路或负载上，这时只需检修外电路即可

（7）铁芯和底板带电

铁芯和底板带电故障原因及排除方法见表 1—3—16。

表 1—3—16　　铁芯和底板带电故障原因及排除方法

故障原因	故障排除方法
一、二次绕组对地短路，或一、二次绕组与静电屏蔽层间短路；长期使用，绕组对地（对铁芯）绝缘老化；线包受潮或环境湿度过大使绕组局部漏电	用兆欧表检查一、二次绕组分别与地之间的绝缘电阻是否明显降低或趋近于零来判断。若绝缘电阻显著降低，可将变压器进行烘烤。干燥后绝缘电阻恢复，说明故障是受潮或环境明显湿度过大原因造成，只要在预烘后重新浸漆烘干，即可修复。若干燥后，绝缘电阻没有明显提高，说明是一次或二次绕组碰触铁芯或静电屏蔽层，这时只有卸下铁芯，拆除线包找出故障点进行修理。若故障点多或导线绝缘老化，只好换新线包。如果只是层间绝缘老化，只需重绕，不必换新线
引出线裸露部分碰触铁芯或底板	引出线裸露部分碰触铁芯或底板，用肉眼可直接看出。只要在裸露部分包扎好绝缘材料或用套管套上，即可排除故障。若是最里层线圈引出线碰触铁芯，裸露部分不好包扎，可以在铁芯与引出线间塞入绝缘材料，并用绝缘漆或绝缘黏合剂黏牢

（8）线包击穿打火

线包击穿打火故障原因及排除方法见表 1—3—17。

表 1—3—17　　线包击穿打火故障原因及排除方法

故障原因	故障排除方法
高压绕组与低压绕组间绝缘被击穿或同一绕组中电位差相差大的两根导线靠得过近，绝缘被击穿	（1）如果线包端头高、低压导线间出现打火，可以先将变压器烘烤干燥，在打火处涂上绝缘漆，或塞入绝缘纸再涂绝缘漆，再次烘烤干燥后，故障即可排除 （2）如果在线包内部出现击穿打火声，仍可将变压器预烘烤干燥后，重新浸漆干燥。有可能排除故障，如果仍有打火声只好拆开线包进行修理

任务实施

小型单相变压器的绕制

一、实训目的

1. 使学生学会小型变压器的制作工艺，并能按规范要求完成变压器制作。
2. 能在教师指导下，正确运用所学知识，正确使用仪表，对变压器进行检测。

二、主要实训器材的认识

小型单相变压器的绕制实训器材见表 1—3—18。

表 1—3—18　　小型单相变压器的绕制实训器材

序号	名称	数量	备注
1	漆包线	若干	1. 一次侧 220 V 绕组选用最大外径 0.23 mm 漆包线，绕 1 248 匝 2. 二次侧 17 V 绕组选用最大外径 0.77 mm 漆包线，绕 102 匝 3. 二次侧 7 V 绕组选用最大外径 0.63 mm 漆包线，绕 42 匝
2	硅钢片	若干	选用 $a=22$ mm、$c=11$ mm、$h=33$ mm、$A=66$ mm、$H=55$ mm，厚度为 0.35 mm 的 F 形通用冷轧硅钢片，叠厚 28 mm
3	骨架	1 只	骨架内边尺寸 $a=2.2$ cm，$b=2.8$ cm（a 和 b 的含义见骨架制作）
4	制作工具	各 1 个	手摇式绕线机或电动绕线机、千分尺、剪刀、锉刀、电工刀、电烙铁、棉线、木板、空线筒、木榔头及手电钻
5	测试工具	各 1 个	万用表、兆欧表
6	绝缘材料	若干	青壳纸、弹性纸、窄纸带、绝缘漆、绝缘套管等
7	其他	若干	胶水、焊片、铜箔等

三、实训内容

要制作的电源变压器规格为 220 V/17 V，7 V，次级对应输出容量分别为 25 V · A，

5 V·A。要求一次侧 220 V 绕组选用最大外径 0.23 mm 漆包线，绕 1 248 匝；二次侧 17 V 绕组选用最大外径 0.77 mm 漆包线，绕 102 匝；二次侧 7 V 绕组选用最大外径 0.63 mm 漆包线，绕 42 匝。如图 1—3—3 所示。

按工艺要求绕制线包、插紧铁芯并进行初步测试、浸漆干燥，将操作要点记录于表 1—3—19 中。

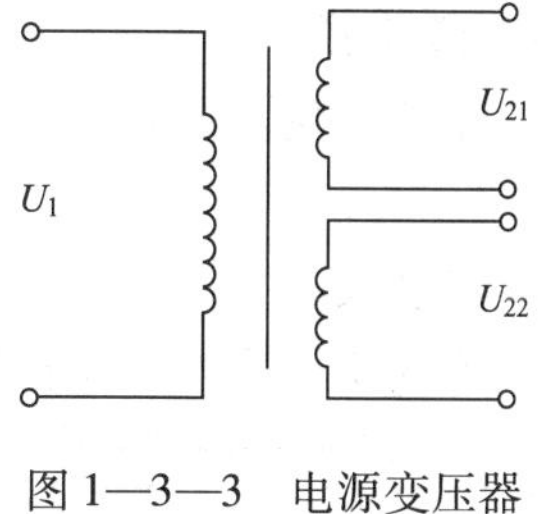

图 1—3—3　电源变压器

表 1—3—19　　小型单相变压器的制作

步骤	内容	工艺要点	备注
1	制作材料	①硅钢片：规格型号______，厚度______ mm ②漆包线牌号______，一次绕组线径______ mm 二次绕组线径：Ⅰ______ mm，Ⅱ______ mm ③绝缘纸：品名______，厚度______ mm 下料尺寸：______×______ mm^2 ④静电屏蔽层：品名______，厚度______ mm 下料尺寸：______×______ mm^2 ⑤引出线：一次绕组______根，规格______ 二次绕组______根，规格______	
2	线圈绕制	①一次绕组数据：每层平均匝数______匝，层数______，总匝数______匝 ②二次绕组数据： 绕组Ⅰ每层平均匝数______匝，层数______，总匝数______匝 绕组Ⅱ每层平均匝数______匝，层数______，总匝数______匝 ③绕制工艺要点________________________	
3	铁芯镶片	①镶片方法：________________________ ②片数：________________________ ③镶片工艺要点：________________________	
4	检测	①直流电阻：一次绕组______ Ω，二次绕组Ⅰ______ Ω，二次绕组Ⅱ______ Ω ②绝缘电阻：一二次绕组间____ MΩ，一次绕组与地间____ MΩ，二次绕组与地间____ MΩ ③空载电流______ A，空载电压______ V ④空载损耗功率______ W	
5	浸漆与烘烤	①预烘：温度______℃，时间______ h ②浸漆：绝缘漆牌号______，时间______ h ③滴漆：时间______ h ④烘烤：温度______℃，时间______ h ⑤工艺要点：__________	

注意：

1. 绕线机的安装应牢固，转轴与木板边缘平行且绕线机底座距离木板的边缘 10 cm 左右。
2. 绕线前需对刻度盘进行调零，以免引起读数误差。
3. 绕线时应戴上手套，不仅能防止手汗黏在漆包线上，腐蚀漆包线，而且还可以避免漆包线割破手指。

4. 绕制导线要求紧密、整齐，不允许有叠线现象，凡出现匝间空隙或叠绕现象时，应退回重绕。

5. 注意线圈与铁芯之间、层与层之间、线圈之间以及线包外层绝缘材料的放置。

6. 测试变压器时，需在教师的指导下进行。

知识拓展

小型单相变压器的设计计算

一、小型单相变压器计算内容

小型单相变压器的计算一般有六个内容：

1. 计算变压器的输出视在功率 S_2

2. 计算变压器的输入视在功率 S_1 和输入电流 I_1

3. 确定变压器铁芯截面积 F 及选用硅钢片尺寸

4. 计算每个绕组匝数 N

5. 计算每个绕组导线直径 d 及选择导线规格型号

6. 计算绕组的总尺寸并核实铁芯窗口面积

二、小型单相变压器设计计算方法

1. 变压器的输出视在功率 S_2

变压器的二次侧为多个绕组时，则输出总视在功率为二次侧各绕组输出视在功率之和。

$$S_2 = U_2I_2 + U_3I_3 + \cdots + U_nI_n \qquad (1—3—1)$$

式中 U_2、$U_3 \cdots U_n$——二次侧各绕组电压有效值，V；

I_2、$I_3 \cdots I_n$——二次侧各绕组电流有效值，A。

2. 变压器输入视在功率 S_1 和输入电流 I_1

由于变压器运行时，存在着铜损耗和铁损耗，因此：输入视在功率与输出视在功率之间的关系：

$$S_1 = \frac{S_2}{\eta} \qquad (1—3—2)$$

式中 η——变压器的效率，η 总是小于1。容量为1 kV · A以下的变压器，一般 η = 0.8 ~ 0.9。

输入电流：

$$I_1 = (1.1 \sim 1.2)\frac{S_1}{U_1} \qquad (1—3—3)$$

式中　U_1——一次侧电压（即外加电压）的有效值，V；

1.1～1.2——变压器因存在励磁电流分量的经验系数。

3. 确定变压器铁芯截面积 F 和选用硅钢片尺寸

小型变压器铁芯一般都采用壳式，中间铁芯柱放置绕组，其几何尺寸如图1—3—4所示。中间铁芯柱截面积 F 与变压器输出总视在功率的关系一般为：

$$F' = K_0\sqrt{S_2} \tag{1—3—4}$$

式中　F'——铁芯估算面积，cm^2；

K_0——经验系数，可参考表1—3—20选用。

表1—3—20　　系数 K_0 参考值

S_2（V·A）	<10	10～50	50～100	500～1 000	>1 000
K_0	2	1.75～2.0	1.4～1.5	1.2～1.4	1

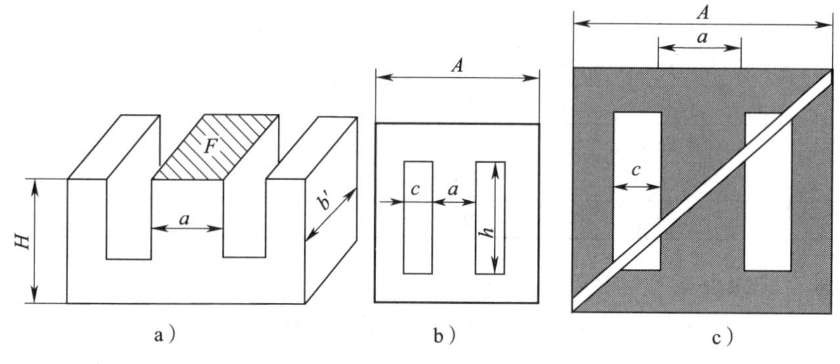

图1—3—4　小型变压器硅钢片（F形）尺寸

根据图1—3—4得出：

$$F = ab \tag{1—3—5}$$

式中　a——中间铁芯柱宽，cm；

b——铁芯叠片净厚，cm；

F——铁芯估算面积，cm^2。

在实际中，铁芯叠片间绝缘所占空间引起铁芯面积的减小，因此，实际铁芯厚度 b' 应为：

$$b' = \frac{b}{K_e} \tag{1—3—6}$$

式中　K_e——叠片系数。

对于热轧硅钢片：0.5 mm 厚，两面涂漆绝缘 $K_e=0.93$；0.35 mm 厚，两面涂漆绝缘 $K_e=0.91$。

对于冷轧硅钢片：0.35 mm 厚，两面涂漆绝缘 $K_e=0.92$；0.35 mm 厚，不涂漆绝缘 $K_e=0.95$。

根据计算所得的 F 值，可由 $F=a\times b$ 和 $b=(1\sim2)a$ 的关系确定铁芯宽 a 和铁芯净叠厚 b。其中 a 可根据小型变压器标准铁芯硅钢片尺寸选用。

小型单相变压器通用硅钢片尺寸见表 1—3—21。

表 1—3—21　　小型单相变压器通用硅钢片的尺寸　　(mm)

a	c	h	A	H
13	7.5	22	40	34
16	9	24	50	40
19	10.5	30	60	50
22	11	33	66	55
25	12.5	37.5	75	62.5
28	14	42	84	70
32	16	48	96	80
38	19	57	114	95
44	22	66	132	110
50	25	75	150	125
56	28	84	168	140
64	32	96	192	160

4. 每个绕组匝数 N

从变压器基本公式 $E=4.44fNB_mF$ 可导出每伏所需匝数 N_0：

$$N_0=\frac{N}{E}=\frac{1\times10^4}{4.44fFB_m} \tag{1—3—7}$$

式中　f——电源频率，Hz；

F——铁芯截面积，cm^2；

B_m——铁芯磁通密度，T。一般冷轧硅钢片 $B_m=1.2\sim1.4$T，热轧硅钢片 $B_m=1\sim1.2$T。

每个绕组匝数：$N_1=U_1N_0$

$N_2=1.05U_2N_0$

$N_3=1.05U_3N_0\cdots$

其中，系数 1.05 是为补偿负载时变压器内部的阻抗压降，使二次侧在额定负载也保持额定电压。

5. 绕组的导线直径 d 及选择规格

导线的截面积：

$$F_d=\frac{I}{J}(mm^2) \tag{1—3—8}$$

由计算出的 F_d 值及查表（见表 1—3—22）选取的相近截面积的导线直径 d，再由表 1—3—23 查得漆包线漆膜厚度，然后计算出带漆膜的线径 d'。

电流密度一般选用 $J=2\sim3\ A/mm^2$。

圆截面漆包线漆膜厚度见表 1—3—23。

表 1—3—22　　圆导线规格

裸线直径 d（mm）	截面积 F_d（mm^2）	裸线直径 d（mm）	截面积 F_d（mm^2）	裸线直径 d（mm）	截面积 F_d（mm^2）	裸线直径 d（mm）	截面积 F_d（mm^2）
0.06	0.002 83	0.27	0.057 3	0.69	0.374	1.35	1.431
0.07	0.003 85	0.29	0.066 1	0.72	0.407	1.40	1.539
0.08	0.005 03	0.31	0.075 5	0.74	0.430	1.45	1.651
0.09	0.006 36	0.33	0.085 5	0.77	0.466	1.50	1.767
0.10	0.007 85	0.35	0.096 2	0.80	0.503	1.56	1.911
0.11	0.009 50	0.38	0.113 4	0.83	0.541	1.62	2.06
0.12	0.011 31	0.41	0.132 0	0.86	0.581	1.68	2.22
0.13	0.013 3	0.44	0.152 1	0.90	0.636	1.74	2.38
0.14	0.015 4	0.47	0.173 5	0.93	0.679	1.81	2.57
0.15	0.017 67	0.49	0.188 6	0.96	0.724	1.88	2.78
0.16	0.020 1	0.51	0.204	1.00	0.785	1.95	2.99
0.17	0.022 7	0.53	0.221	1.04	0.849	2.02	3.20
0.18	0.025 5	0.55	0.238	1.08	0.916	2.10	3.46
0.19	0.028 4	0.57	0.255	1.12	0.985	2.26	4.01
0.20	0.031 4	0.59	0.273	1.16	1.057	2.44	4.68
0.21	0.034 6	0.62	0.302	1.20	1.131		
0.23	0.041 5	0.64	0.322	1.25	1.227		
0.25	0.049 1	0.67	0.353	1.30	1.327		

表 1—3—23　　圆截面漆包线漆膜厚度　　（mm）

导线品种 / 裸线直径（mm）	高强度聚酯漆包线	硅有机单玻璃丝包线	硅有机双玻璃丝包线
0.06～0.14	0.03	—	—
0.15～0.21	0.04	—	—
0.23～0.33	0.05	—	—
0.35～0.49	0.06	—	—
0.51～0.62	0.07	—	—
0.64～0.72	0.08	0.20	0.25
0.74～0.96	0.09	0.22	0.25
1.0～1.74	0.11	0.22	0.27
1.81～2.02	0.12	0.24	0.28
2.1～2.44	0.13	—	—

6. 绕组的总尺寸和铁芯窗口面积

绕组的层数、线径及选用绝缘材料总的厚度 E 应小于铁芯窗口宽度 c。按选定的铁芯窗口高 h 计算每层绕组的匝数 N_e。

$$N_e = \frac{0.9[h-(2\sim4)]}{d'} \tag{1—3—9}$$

式中 d'——包括绝缘厚度的导线外径，mm；

h——铁芯窗口高，mm；

0.9——绕组框架两边各空出5%窗口不绕线的系数；

2~4——考虑裕度系数。

求出每个绕组层数为：

$$m = \frac{N}{N_e}(\text{层}) \tag{1—3—10}$$

整个绕组加绝缘材料的厚度为：

$$E' = E_0 + [m_1(d'_1+\delta)+r] + [m_2(d'_2+\delta)+r] + \cdots$$

式中 E_0——绕组框架厚度，mm；

m_1、m_2——各绕组的层数；

d'_1、d'_2——各绕组导线的直径，mm；

δ——每层绕组间绝缘材料的厚度，mm；

r——不同绕组之间绝缘材料的厚度，mm。

实际厚度 E 应在计算厚度 E' 的基础上增加1.1~1.2的裕度系数，即为：

$$E = (1.1\sim1.2)\ E' \tag{1—3—11}$$

如果 E 小于铁芯窗口宽度 c，说明是可行的。否则，方案不可行，应调整设计。调整思路有二：一是加大铁芯厚 b，使铁芯截面积 F 加大，以减少绕组匝数，但经验表明 b 为（1~2）a 为较合适的尺寸配合，故不能任意增大叠厚 b；二是重新选取大一些的铁芯型号按原法计算和核算直到合适。

通过以上步骤计算尺寸的变压器，一般不会出现制造和运行上的问题。

四、评价

1. 项目评价

项目评价表

评价项目	考核内容	配分	评分标准	自我评价（20%）	小组评价（30%）	教师评价（50%）	总分
变压器的拆卸	拆卸步骤	15	步骤不正确扣2~3分				
	拆卸方法	10	碰伤绕组、损坏零部件每处扣2~3分				

续表

评价项目	考核内容	配分	评分标准	自我评价（20%）	小组评价（30%）	教师评价（50%）	总分
变压器的制作	绕线步骤	10	绕线步骤不正确扣 2 ~ 3 分				
	绕线工艺	20	断线每次扣 2 分				
	硅钢片镶嵌	10	镶嵌不紧密，损伤绕组等扣 3 ~ 5 分				
	绝缘处理	5	操作步骤不正确每处扣 2 分				
变压器的测试	仪表使用	15	仪表使用不正确每处扣 2 分				
	测试步骤及方法	15	测试步骤不正确每次扣 3 分				
安全文明生产	安全用电规范		违反安全操作规程，酌情扣 5 ~ 10 分				
总评							

2. 综合评价

评价考核分四个等级：A（100 ~ 90）、B（89 ~ 75）、C（74 ~ 60）、D（59 ~ 0）。

评　价　表

项目名称	评价内容	配分	评价分数		
			自评	互评	教师评
职业素养考核项目（40%）	劳动保护装备穿戴整洁	6			
	安全意识、责任意识、服从意识	6			
	积极参加教学活动，按时完成学生工作页	10			
	团队合作、与人交流能力	6			
	劳动纪律	6			
	生产现场管理 6S 标准	6			
专业能力考核项目（60%）	专业知识查找及时、准确	12			
	操作符合规范	18			
	操作熟练，工作效率	12			
	成品的验收质量	18			
总　分					
总评	自评（20%）+互评（20%）+师评（60%）	综合等级：	教师签名：		

任务二　单相交流电动机的安装与检修

学习目标

1. 能正确描述单相交流异步电动机的特点、用途、结构、分类、工作原理等基本知识。

2. 能在教师指导下正确接线，学会单相交流异步电动机启动、调速及反转的实现方法并能具体进行操作。

3. 能根据任务要求合理制订工作计划，列出并准备好工具材料，在教师指导下，按工艺要求对家用台扇及其电动机进行拆装。

4. 能通过台扇故障检测训练，掌握单相交流异步电动机故障检测的步骤、方法和工艺。

建议课时

40 课时

任务描述

单相交流异步电动机是用单相交流电源供电的小容量电动机。它具有供电方便、成本低廉、结构简单、运行可靠、维修方便等优点，因此，广泛用于工业、农业、医疗和家用电器等领域的中、小功率设备中，如小台扇、录音机、电冰箱、洗衣机、空调压缩机等。电气技术工作者往往需要合理使用和检修单相交流异步电动机，以应对因电动机故障而引起设备不能正常运行的故障情况，因此，掌握单相交流异步电动机的相关知识和应用技能是电气技术人员必不可少的。

某学院 4#宿舍楼有一批转页扇，部分设备电动机老化，运行中出现异响，需进行检修与安装（施工周期为 15 天），学院总务处委派维修电工班完成该项工作任务，要求按规定期限完成施工并交付验收。

工作流程与活动

学习活动 1　单相交流电动机的认识

学习活动 2　单相交流电动机的运行

学习活动 3　单相交流电动机的检修

学习活动1　单相交流电动机的认识

学习目标

1. 能说出单相交流异步电动机的作用和分类，认识单相交流异步电动机的外形和内部结构，熟悉各部件的作用。
2. 能正确描述单相交流异步电动机的工作原理、启动特点。
3. 能在教师指导下，按工艺要求对家用台扇及其电动机进行拆装。

知识准备

一、单相交流电动机的基本结构

单相交流异步电动机的结构与三相交流异步电动机基本相同，主要由定子和转子两大部分组成。典型单相交流异步电动机的结构如图2—1—1所示。

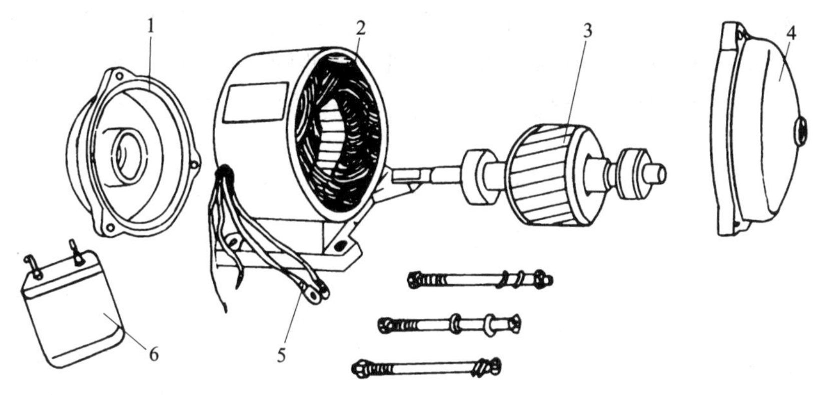

图2—1—1　典型单相交流异步电动机的结构
1—前端盖　2—定子　3—转子　4—后端盖　5—引出线　6—电容器

1. 定子部分

定子部分主要由定子铁芯、定子绕组及引出线等部分组成。引出线用于接通单相交流电，为定子绕组供电。定子绕组的作用是通入交流电，在定子、转子及气隙中形成旋转磁场。定子铁芯除支撑绕组外，主要是磁通的通路部分。

单相交流异步电动机的定子有隐极式和凸极式两种结构形式。隐极式定子结构与三相交流异步电动机的定子结构相似，也用硅钢片叠压而成，但铁芯槽内放置两套绕组，一套是主绕组，也称运行绕组或工作绕组；另一套是副绕组，也称辅助绕组或启动绕组。它们在空间相隔90°电角度，目的是改善电动机的启动性能和运行性能。凸极式定子铁芯由硅钢片叠压制成凸极形状固定在机座内，在铁芯的1/4～1/3处开一个凹槽，在槽和短边一侧套装一个短路铜环，把部分磁极“罩”起来，称为罩极。定子绕组绕成集中绕组的形式套在铁芯上。典型单相交流异步电动机凸极式定子的结构如图 2—1—2 所示。

图 2—1—2　典型单相交流异步电动机凸极式定子的结构

2. 转子部分

转子部分主要由转子铁芯、转子绕组、转轴等组成，是电动机的转动部分，常制成鼠笼状。其作用是导体切割旋转磁场，产生电磁转矩，拖动机械负载工作。

3. 启动元件

单相交流异步电动机没有启动力矩，不能自行启动，须在二次绕组电路上附加启动元件才能启动运转。不同的单相交流异步电动机，其启动元件主要有离心开关、电容器、PTC 元件等多种。有些启动元件安装在电动机的内部，有些则装在外部，无论是在内部还是在外部，一般都认为启动元件是单相交流异步电动机结构的一个组成部分。

（1）离心开关

应用最多的是 U 形夹片式离心开关，它包括开关部分和转动部分。离心开关如图2—1—3 所示。开关部分一般安装在端盖内，由 U 形磷铜夹片、绝缘接线板、一对动触头和静触头组成，以分断电路用。转动部分也称离合器，安装在转轴上。当电动机静止时，离心开关在弹簧压力作用下闭合触头，接通二次绕组。在电动机启动过程中，转子转速达到额定转速的 70% ~80% 时，在离心力作用下，电动机转轴上的旋转部分推动离心开关，使触头分离。

凡是采用离心开关作为启动元件的单相交流异步电动机，其最显著的特点是在电动机运行或运转时可以听到一声“嗒嗒”的声音，这是离心开关闭合或断开时发出的声音。

（2）电容

电容是电容分相式单相交流异步电动机必不可少的元件，如图 2—1—4 所示。其中，电容启动式单相交流异步电动机需要一个启动电容，电容运转式单相交流异步电动机需要一个运转电容，电容启动运转式单相交流异步电动机需要两个电容。

启动电容一般采用电解电容器，有正、负极性，如果将电容加上反向电压，电容很容易击穿而损坏，所以这种有极性的电解电容用于交流电路时，其通电时间要在几秒以内，而且重复的次数不能太频繁，否则极易损坏。

运转电容一般采用油浸电容器或纸介电容器，这类电容不采用电解质作介质，没有正、负极性之分，故适合长期工作在交流电路中。电动机使用过久或长期不用，电容会失效或容量发生改变，此时必须更换相同规格的电容，否则会影响电动机的正常工作。

图 2—1—3　离心开关

图 2—1—4　电容器

（3）其他启动元件

其他启动元件还有启动继电器、PTC（正温度系数热敏电阻）元件等。其中，PTC 启动器如图 2—1—5 所示。这些启动元件主要应用在家用电器的电动机上（如冰箱压缩机等），这里不做具体介绍。

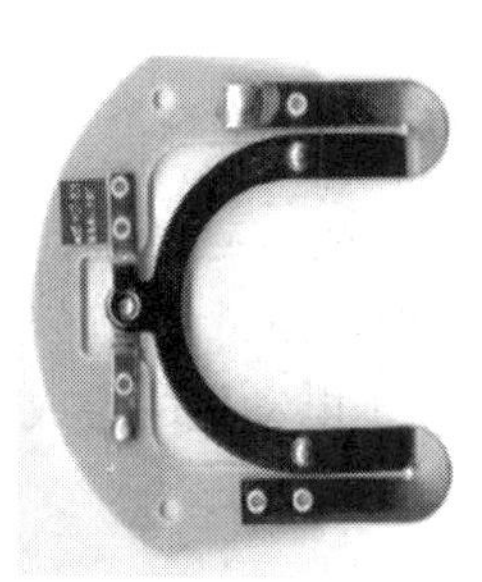

图 2—1—5　PTC 启动器

二、单相交流电动机的工作原理

1. 单相脉动磁场

当单相交流异步电动机工作绕组通入单相交流电时，就会在绕组轴线方向上产生一个大小和方向交变的磁场，这种磁场的轴线空间位置不变，其幅值在时间上随交变电按正弦规律变化，具有脉动特性，因此称为交变脉动磁场。单相脉动磁场如图 2—1—6 所示。

a）

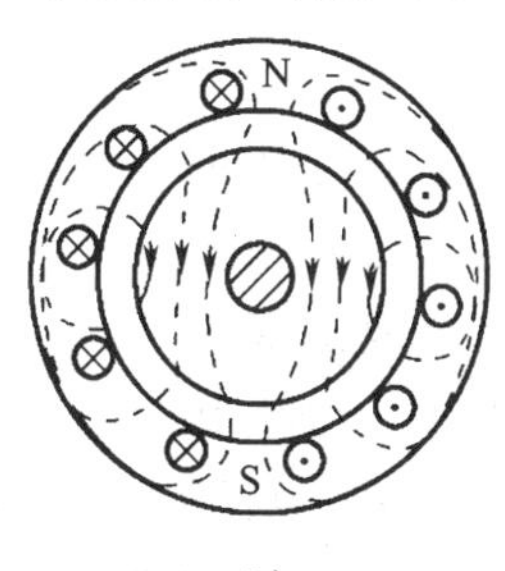

b）

图 2—1—6　单相脉动磁场

a）电流正半周期产生的磁场　b）电流负半周期产生的磁场

这个交变脉动磁场可分解为两个转速相同、旋转方向相反的旋转磁场，如图 2—1—7 所示。

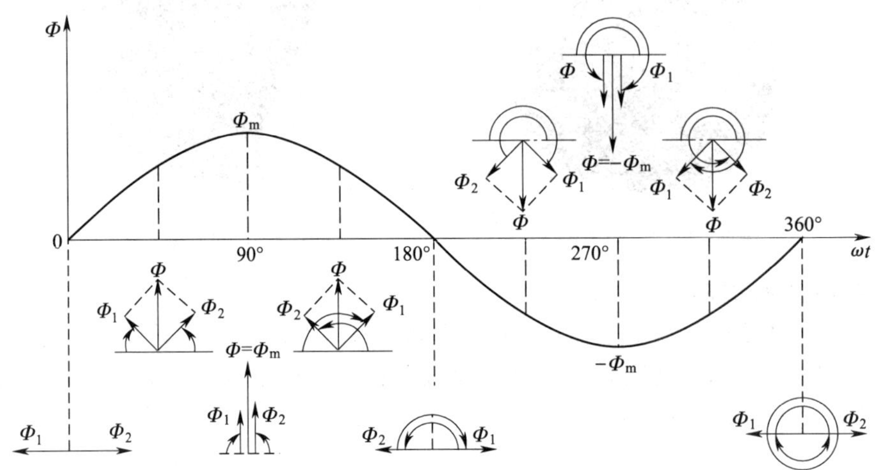

图 2—1—7 脉动磁场分解成两个方向相反的旋转磁场

这两个旋转磁场在转子中产生两个大小相等、方向相反的电磁转矩，合成后得到单相交流异步电动机的机械特性，如图 2—1—8 所示。T^+ 为正向转矩，由旋转磁场 Φ_1 产生；T^- 为反向转矩，由反向旋转磁场 Φ_2 产生，而 T 为单相交流异步电动机的合成转矩。单相交流异步电动机一相绕组通电的机械特性有如下特点：

(1) 当 $n=0$ 时，$T^+=T^-$，合成转矩 $T=0$，即单相交流异步电动机的启动转矩为零，不能自行启动。

(2) 当 $n>0$ 时，$T>0$；$n<0$ 时，$T<0$，即转向取决于初速度的方向。当外力给转子一个正向的初速度后，就会继续正向旋转；而外力给转子一个反向的初速度时，电动机就会反转。

(3) 由于转子中存在着方向相反的两个电磁转矩，因此，理想空载转速 n_0 小于旋转磁场的转速 n_1；与同容量的三相交流异步电动机相比，单相交流异步电动机额定转速略低，过载能力、效率和功率因数也较低。

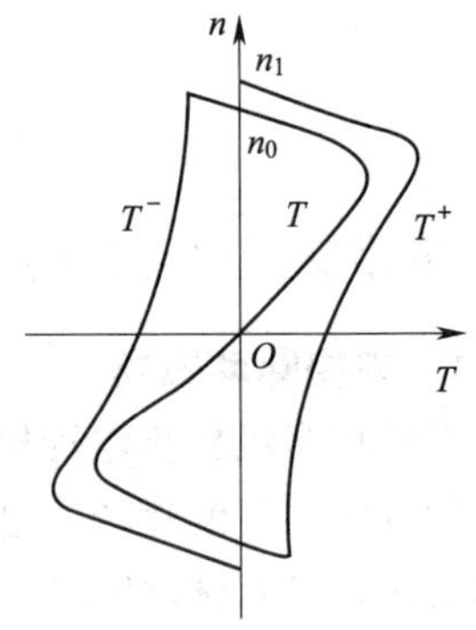

图 2—1—8 单相交流异步电动机的机械特性

由此可知，当转子静止时，两个旋转磁场在转子中产生两个大小相等、方向相反的转矩，使得合成转矩为零，所以电动机无法旋转。当定子绕组产生的合成磁场增加时，根据右手螺旋定则和左手定则，可知转子导条左、右受力大小相等，方向相反，所以没有启动转矩。当用外力使电动机向某一方向旋转时（如顺时针方向旋转），这时转子与顺时针旋转方向的旋转磁场间的切割磁感线运动变小，转子与逆时针旋转方向的旋转磁场间的切割磁感线运动变大，这样平衡就被打破，转子所产生的总电磁转矩将不再是零，转子将顺着推动方向旋转起来。

2．单相交流异步电动机的启动

为了解决单相交流异步电动机的启动问题，可在电动机的定子中加装一个启动绕组。如果工作绕组与启动绕组对称，即匝数相等，空间互差90°电角度，通入相位差90°的两相交流电，则可在气隙中产生旋转磁场，转子就能自行启动。两相绕组产生的旋转磁场如图2—1—9所示。由图2—1—9可以看出，当ωt经过360°后，合成磁场在空间也转过了360°，即合成旋转磁场旋转一周。转动后的单相交流异步电动机断开启动绕组后仍可继续工作。上述启动方法称为单相交流异步电动机的分相启动，即把单相交流电裂变为两相交流电，从而在单相交流异步电动机内部建立一个旋转磁场。

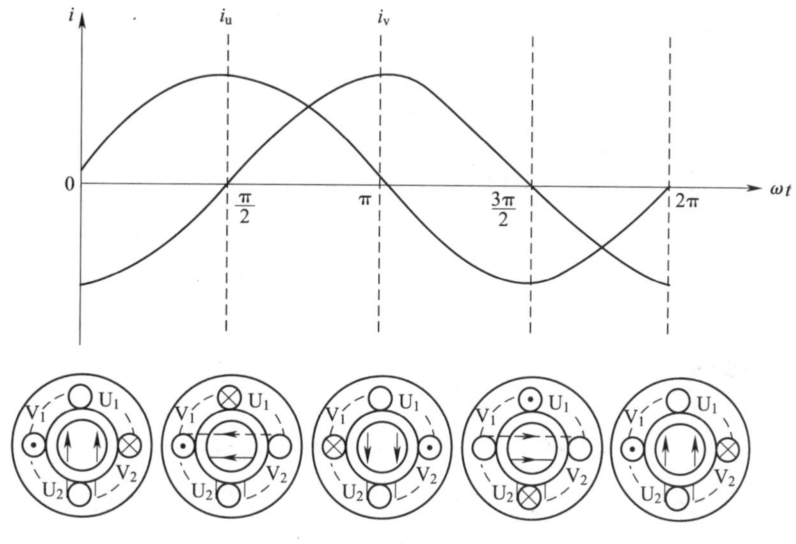

图2—1—9　两相绕组产生的旋转磁场

三、单相交流电动机的分类及应用

根据获得启动转矩的方法不同，单相交流异步电动机主要分为分相式异步电动机和罩极式异步电动机两大类。

1．分相式单相交流异步电动机

分相式单相交流异步电动机常在定子上安装两套绕组，一套是工作绕组，长期接通电源工作；另一套是启动绕组，以产生启动转矩和固定电动机转向，两套绕组的空间位置相差90°电角度。

分相式单相交流异步电动机根据启动方式的不同，可分为电阻分相和电容分相。电容分相单相交流异步电动机可根据启动绕组是否参与正常运行而分成三类，即电容运行单相交流异步电动机、电容启动单相交流异步电动机和双值电容单相交流异步电动机。

（1）电阻启动单相交流异步电动机

电阻启动单相交流异步电动机的结构特点及应用范围见表2—1—1。

表 2—1—1　　电阻启动单相交流异步电动机的结构特点及应用范围

结构特点	工作绕组 LZ 匝数多、导线较粗，可近似看成纯电感负载；启动绕组 LF 导线较细，又串有启动电阻 R，可近似看成纯电阻性负载，通过电阻来分开两个支路电流的相位
电路图	~220V LZ M ~ S R LF
启动特点	节约了启动电容。启动时，工作绕组、启动绕组同时工作，当转速达到额定值的 80% 左右时，启动开关断开，启动绕组从电源上切除。实际上，许多电动机的启动绕组没有串联电阻 R，而是设法增加导线电阻，从而使启动绕组本身就有较大的电阻
优缺点	价格较低，启动电流较大，但启动转矩不大
应用范围	小型鼓风机、研磨机、搅拌机、小型钻床、医疗器械、电冰箱等

小贴士

电冰箱中的单相交流异步电动机

电冰箱要求电动机具有启动转矩大、功率因数高、效率高等性能。如图 2—1—10 所示为电冰箱电路控制系统，它采用了电阻分相式单相交流异步电动机。

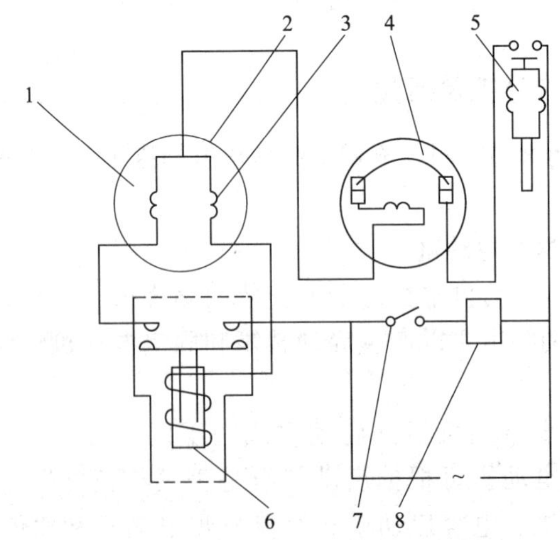

图 2—1—10　电冰箱电路控制系统

1—启动绕组部分　2—压缩机电动机　3—工作绕组　4—保护继电器
5—温度控制器　6—照明灯　7—门灯开关　8—启动继电器

(2) 电容运行单相交流异步电动机

电容运行单相交流异步电动机的结构特点及应用范围见表 2—1—2。

表 2—1—2　　电容运行单相交流异步电动机的结构特点及应用范围

结构特点	定子铁芯上嵌放两套绕组，绕组的结构基本相同，空间位置上互差 90°电角度。工作绕组 LZ 接近纯电感负载，其电流 I_{LZ} 相位落后电压接近 90°；启动绕组 LF 上串接电容器，合理选择电容值，使串联支路电流 I_{LF} 超前 I_{LZ} 约为 90°
电路图	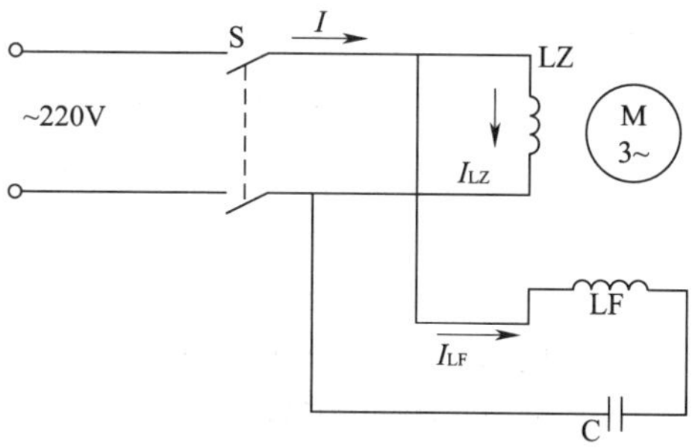 S　I　LZ　~220V　M 3~　I_{LZ}　LF　I_{LF}　C
启动特点	空间上有两个相差 90°电角度的绕组；通入两绕组的电流在相位上相差 90°，两绕组产生的磁动势相等，启动绕组参与运行
优缺点	无启动装置，结构简单，价格较低，使用及维护方便，堵转电流小，有较高的效率和功率因数，但启动转矩较小
应用范围	电风扇、排气扇、电冰箱、洗衣机、空调器、复印机、吸尘器等

(3) 电容启动单相交流异步电动机

电容启动单相交流异步电动机的结构特点及应用范围见表 2—1—3。

表 2—1—3　　电容启动单相交流异步电动机的结构特点及应用范围

结构特点	电容启动单相交流异步电动机的结构与电容运行单相交流异步电动机相类似，但电容启动单相交流异步电动机的启动绕组中多串联了一个离心开关 S
电路图	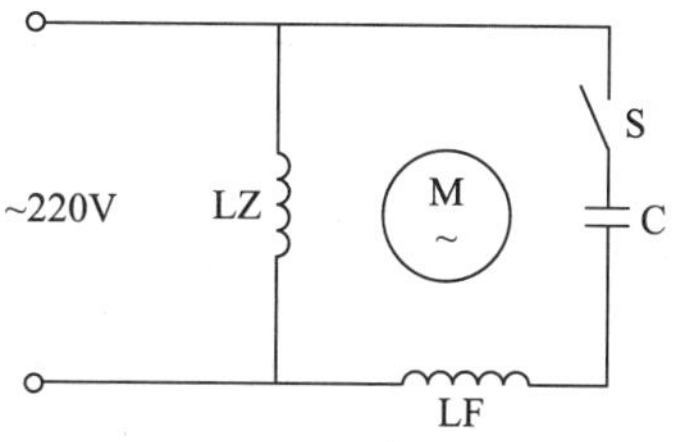 S　~220V　LZ　M ~　C　LF
启动特点	当电动机转子静止或转速较低时，离心开关 S 处于接通位置，启动绕组和工作绕组一起接在单相电源上，获得启动转矩。当电动机转速达到额定转速的 80% 左右时，离心开关 S 断开，启动绕组从电源上切除，此时单靠工作绕组已有较大转矩，拖动负载运行
优缺点	价格稍高，具有较大启动转矩（一般为额定转矩的 1.5 ~ 3.5 倍），但启动电流相应增大
应用范围	适用于重载启动的机械，如小型水泵、冷冻机、小型空压机、空调压缩机、电冰箱、洗衣机等

（4）双值电容单相交流异步电动机

双值电容单相交流异步电动机又称电容启动、电容运行单相交流异步电动机，它的结构特点及应用范围见表 2—1—4。

表 2—1—4　　双值电容单相交流异步电动机的结构特点及应用范围

结构特点	C1 为启动电容，容量较大；C2 为工作电容，容量较小，两只电容并联后与启动绕组串联
电路图	
启动特点	启动时两只电容器都工作，电动机有较大启动转矩，转速上升到额定转速的 80% 左右后，启动开关将启动电容 C1 断开，启动绕组上只串联工作电容 C2，电容量减小
优缺点	价格较高，启动电流、启动转矩较大，效率和功率因数较高
应用范围	电冰箱、水泵、小型机床等

小贴士

常见单相交流异步电动机的电容选配

电容器在单相交流异步电动机中比较常用，一般选用金属箔电容、金属化薄膜电容，交流耐压为 250 ~ 630 V。常见单相交流异步电动机的电容选配见表 2—1—5。

表 2—1—5　　常见单相交流异步电动机的电容选配

电容启动	电动机（W）	120	180	250	370	550	750	1 100	1 500
	电容（μF）	75	75	100	100	150	200	300	400
电容运行	电动机（W）	16	25	40	60	90	120	180	250
	电容（μF）	2	2	2	4	4	4	6	8
双值电容	电动机（W）	250	375	550	750	1 100	1 500	2 200	
	启动电容（μF）	75	75	75	75	100	200	300	
	运行电容（μF）	12	16	16	20	30	35	40	

2. 罩极式单相交流异步电动机

罩极式电动机又称蔽极电动机，是小型单相感应电动机中最简单的一种，也是日常生活中常见的一种电动机。

(1) 结构原理

1) 功率较小。采用凸极式定子铁芯结构，如图2—1—2所示。定子绕组通过交流电产生两个磁通，当电流 i 流过定子绕组时，产生了一部分磁通 Φ_1，同时，产生的另一部分磁通与短路环作用生成了磁通 Φ_2，如图2—1—11所示。由于短路环中感应电流的阻碍作用，使得 Φ_2 在相位上滞后于 Φ_1，从而在电动机定子极掌上形成一个向短路环方向移动的磁场，使转子获得所需的启动转矩。

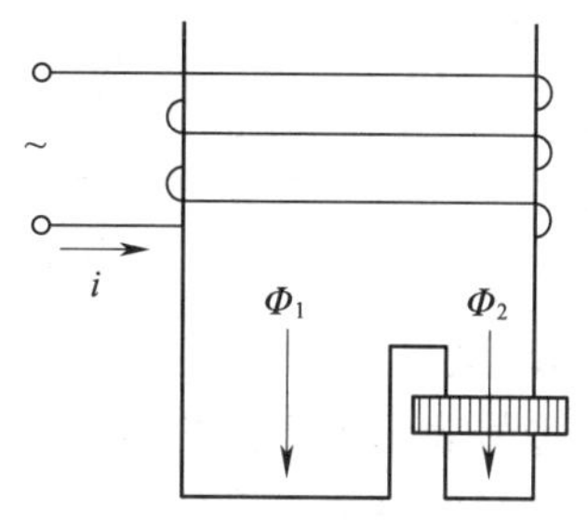

图2—1—11　凸极式定子铁芯产生的磁通

2) 功率较大。采用隐极式定子铁芯，磁场分布与一般电动机相似，工作绕组也分布在各槽中；罩极不用短路环，而用较粗的绝缘导线嵌于槽中作启动绕组，并串联成交替的极性，将头、尾短接自成闭路。各启动绕组与工作绕组的极性相同，如图2—1—12a所示。一般启动绕组只有一匝到几匝，它的分布如图2—1—12b所示。

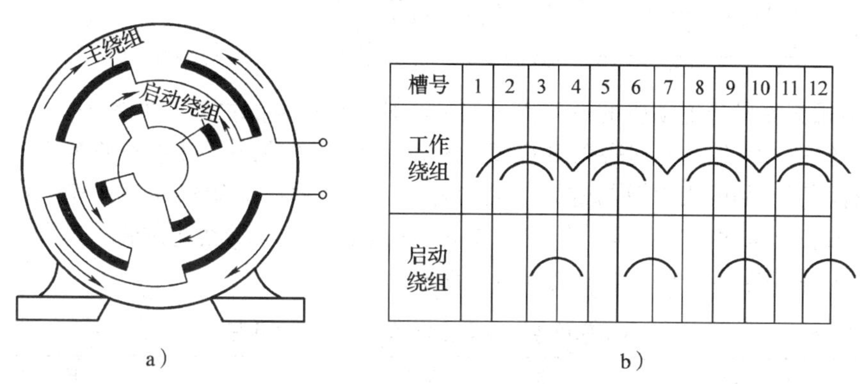

图2—1—12　用分布磁场的罩极电动机定子绕组分布排列
a) 定子绕组　b) 绕组排列

(2) 特点及应用

单相罩极式电动机的主要优点是结构简单、制造方便、成本低、运行噪声小、维护方便。缺点是启动和运行性能较差，转向只能由未罩部分向被罩部分旋转，主要用于小功率空载启动的场合，如台扇、各种仪表风扇、换气扇、录音机、电动工具及计算机的散热风扇等。

四、单相交流电动机的铭牌

在单相交流异步电动机机座上均装有铭牌，供正确使用电动机时参考，如图2—1—13所示。

电容运行单相交流异步电动机			
型号	DO2－6314	电流	0.94 A
电压	220 V	转速	1 400 r/min
频率	50 Hz	工作方式	连续
功率	90 W	标准号	
编号、出厂日期×××	×××电动机厂		

图 2—1—13　单相交流异步电动机的铭牌

1. 型号

型号表示该产品的种类、技术指标、防护结构形式及使用环境等。

型号的具体含义如下：

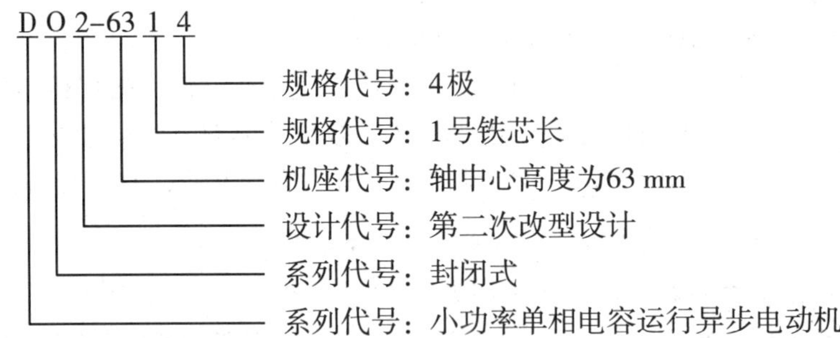

我国单相交流异步电动机的系列代号前后经过三次较大的更新，见表 2—1—6。目前生产的 BO2、CO2、DO2 系列均采用 IEC 国际标准，其功率等级与机座号的对应关系与我国通用，这有利于产品的出口及与进口产品的替代。该系列产品的电动机外壳防护形式均为 IP44（封闭式），采用 E 级绝缘，接线盒在电动机顶部，便于接线与维修。近期又研制生产了新型的 YC 系列电容启动单相交流异步电动机。

表 2—1—6　小功率单相交流异步电动机产品系列代号

基本系列产品名称	20 世纪 50～60 年代	20 世纪 70 年代	20 世纪 80～90 年代
电阻启动单相交流异步电动机	JZ	BO	BO2
电容启动单相交流异步电动机	JY	CO	CO2
电容运行单相交流异步电动机	JX	DO	DO2
电容启动与运行单相交流异步电动机	—	—	E
单相罩极电动机	—	—	F

2. 功率

功率是指单相交流异步电动机轴上输出的机械功率，单位为 W。铭牌上标出的功率是指电动机在额定电压、额定频率和额定转速下运行时输出的功率，即额定功率。

我国常用单相交流异步电动机的标准额定功率为 6 W、10 W、16 W、25 W、40 W、60 W、90 W、120 W、180 W、250 W、370 W、550 W 及 750 W。

3. 电压

电压是指电动机在额定状态下运行时加在定子绕组上的电压，单位为 V。国家标准规定，电源电压在 5% 范围内变动时，电动机应能正常工作。电动机使用的电压一般均为标准电压。我国单相交流异步电动机的标准电压有 12 V、24 V、36 V、42 V 和 220 V。

4. 电流

在额定电压、额定功率和额定转速下运行的电动机，流过定子绕组的电流值称为额定电流，单位为 A。电动机长期运行时不允许超过该电流值。

5. 转速

转速是指电动机在额定状态下运行时的转速，单位为 r/min。每台电动机在额定运行时的实际转速与铭牌规定的额定转速有一定的偏差。

6. 工作方式

工作方式是指电动机的工作是连续式还是间断式。连续运行式的电动机可以间断工作，但间断运行式电动机不能连续工作，否则会烧损电动机。

任务实施

单相交流电动机的拆装

一、实训目的

1. 能使用拆卸工具，按照工艺要求对家用台扇进行拆装。
2. 通过对家用台扇的拆装，进一步熟悉单相交流异步电动机的结构组成。

二、主要实训器材的认识

拆装单相交流异步电动机时主要实训器材的作用及使用注意事项见表 2—1—7。

表 2—1—7　　主要实训器材的作用及使用注意事项

序号	实训器材名称	图例	作用
1	家用转页扇		实训操作对象
2	活扳手或呆扳手		紧固和拧松螺母

续表

序号	实训器材名称	图例	作用
3	锤子		用来传递力量，可避免直接敲击而造成轴或轴承等金属表面的损伤
4	旋具		紧固和拆卸螺钉
5	钢丝钳		拔出开口销
6	刷子		清扫灰尘和油污
7	记号笔		做标记

三、实训内容

拆卸电风扇是对其进行维修操作前的必要环节，也是确保检修顺利进行的重要步骤。常用台式转页扇（格力 KYT－2501A）如图 2—1—14 所示。该转页扇主要由风扇电动机、调速开关、导风轮、风叶等构成。其中，风扇电动机为电容运行单相交流异步电动机，如图 2—1—15 所示。

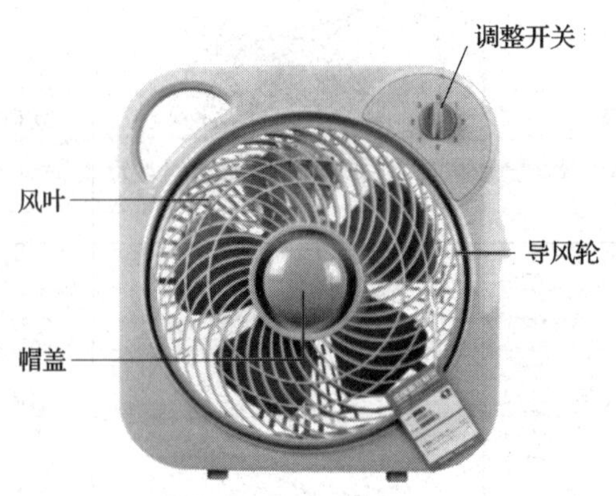

图 2—1—14　台式转页扇结构

图 2—1—15　风扇电动机用电容运行单相交流异步电动机

1. 台式转页扇的拆卸

操作前，用软布垫好操作台，然后观察电风扇的外观，查看并分析拆卸的入手点以及螺钉或卡扣的紧固部位。台式转页扇拆卸流程见表 2—1—8，其他类型排风扇（换气扇）的拆卸与此类同。

表 2—1—8　台式转页扇拆卸流程

序号	步骤	图例	操作说明
1	拆导风轮		逆时针方向拧下装饰圈
			用一字旋具撬出导风轮转轴的 E 形挡圈

续表

序号	步骤	图例	操作说明
1	拆导风轮		取下白色塑料固定圈
			将导风轮、离合盘一并拆下
2	拆后罩		将转页扇平放在工作台面上（最好垫上干净毛巾或软布，防止损伤外壳），拧下后罩上的两个自攻螺钉
			卸下后罩

续表

序号	步骤	图例	操作说明
3	拆扇叶	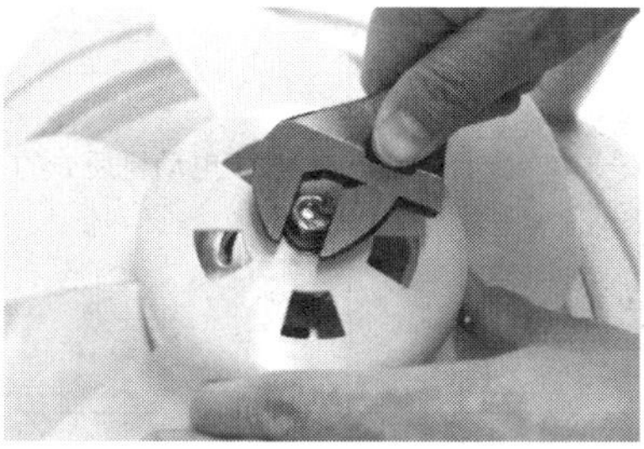	用手按住扇叶根部，用扳手逆时针方向拧下电动机转轴上 M8 的六角螺母
		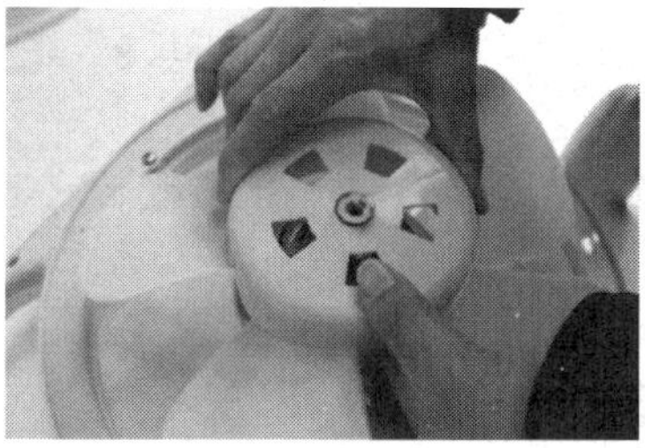	双手配合，均匀用力
		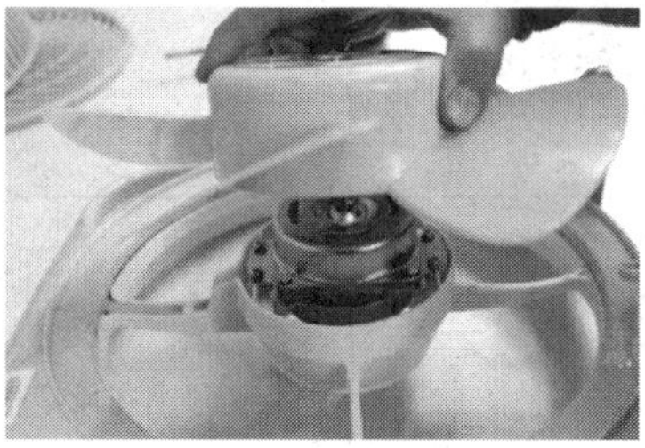	拔出扇叶
4	拆前、后外壳	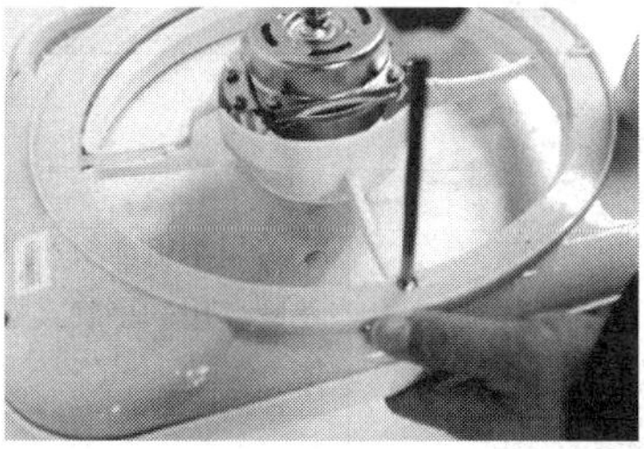	拧下后外壳的 7 个自攻螺钉，前外壳、后外壳即可解体

续表

<table>
<tr><th>序号</th><th>步骤</th><th>图例</th><th>操作说明</th></tr>
<tr><td rowspan="5">5</td><td rowspan="5">拆风扇电动机</td><td>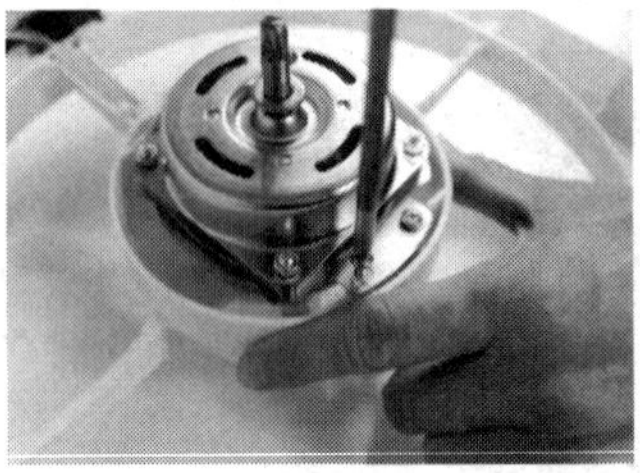</td><td>拧下电动机后壳的 4 个自攻螺钉</td></tr>
<tr><td>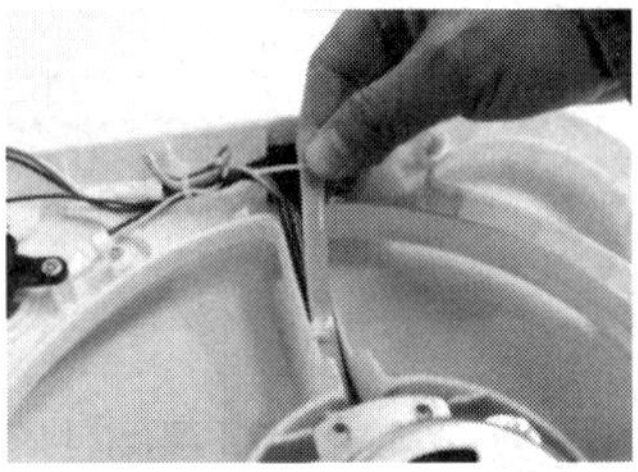</td><td>抽出压线条</td></tr>
<tr><td>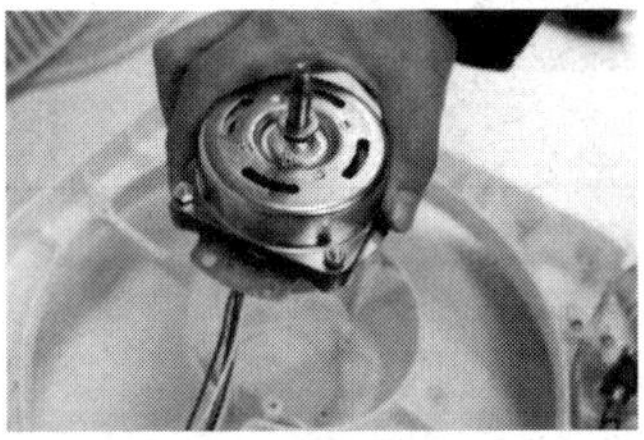</td><td>取出风扇电动机</td></tr>
<tr><td>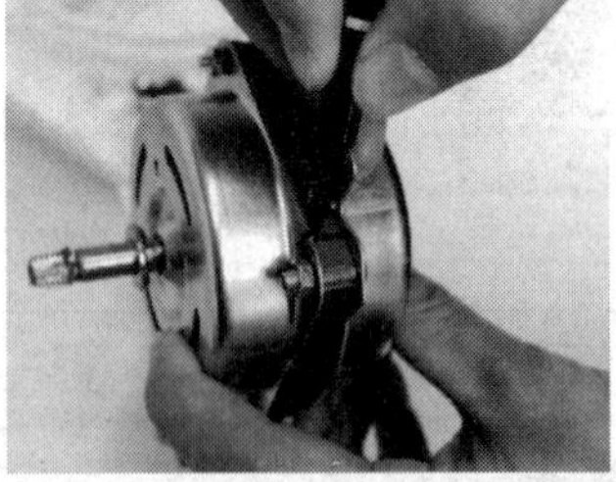</td><td>用记号笔在风扇电动机的定子、外壳、螺钉桩处画个记号，便于维修后按原样装好电动机，防止出错</td></tr>
<tr><td>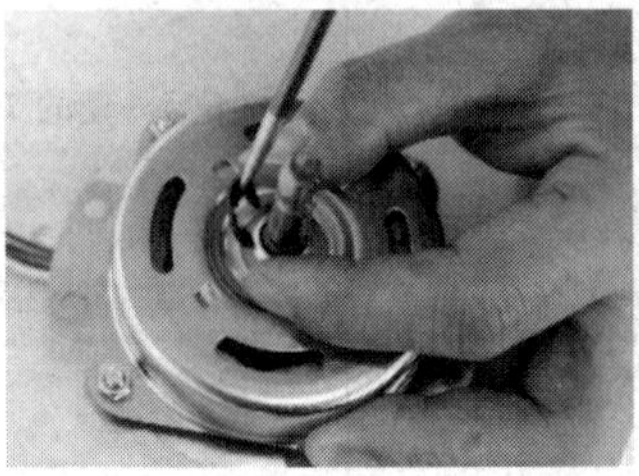</td><td>将风扇电动机平放在工作台面上，取下平垫圈，用一字旋具撬出电动机转轴的 E 形挡圈</td></tr>
</table>

续表

序号	步骤	图例	操作说明
5	拆风扇电动机	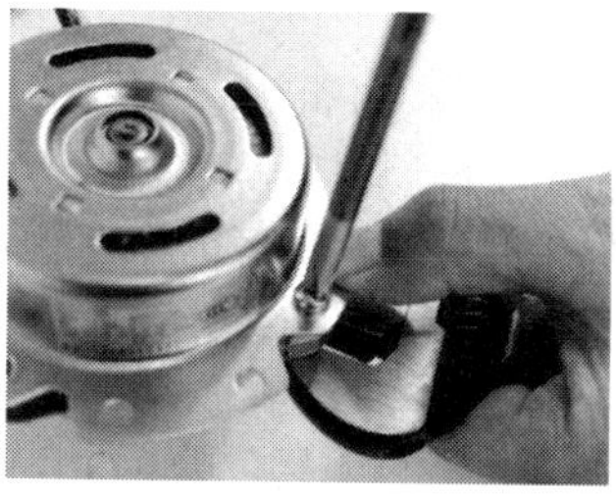	拧下前、后壳 4 个 M4 的机用螺钉
		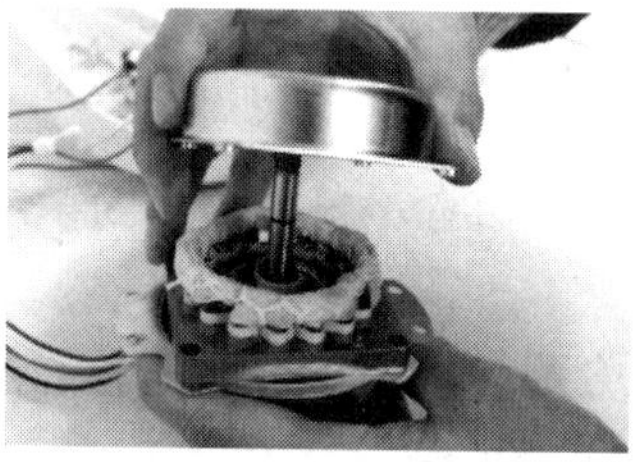	轻轻取下前端盖，防止碰伤定子绕组，必要时可用木锤轻敲转轴端
			抽出转子
			取出定子
			前端盖、定子、转子、后端盖即可解体

注意：拆下的零件，特别是细小零件（如螺钉、压片等）必须保管好，防止丢失；否则装配时将遇到困难。

2. 台式转页扇的安装

台式转页扇的安装正好与拆卸顺序相反，这里不再赘述，需要特别注意以下两点：

（1）安装电动机时，需将后端盖切弦部分向上，与手持平，并注意对好记号。

（2）安装扇叶时，需将扇叶、电动机转轴键槽对正，方能装入扇叶。

小词典

格力 KYT－2501A 型台式转页扇的结构

（1）外壳分前、后两部分，用工程塑料制成。前壳右上角装有调速开关，前壳中央支座上装有风扇电动机。

（2）调速开关用于风扇调速，采用陶瓷式 4 位旋转开关，顺时针或逆时针方向旋转旋钮，便可以开、停风扇及选择 1 ~3 挡风速。

（3）导风轮开关是塑料帽盖，逆时针旋转解锁，顺时针旋转锁住，开关的松紧可控制导风轮的转动和停止。

（4）导风轮用工程塑料制成，装在底座片上，形状为圆形弧面，布满不同角度的栅格，实现 360°循环导向送风。导风轮旋转时，由扇叶吹出的风穿过栅格，按导风轮不断变化的方向送风。

（5）风扇电动机是转页扇核心部件，驱动扇叶转动产生风源。采用单相电容运转式电动机，由前端盖、后端盖、轴承、定子、转子等组成。工作电压为 220 V，功率为 40 W，转速为 1 150 r/min。

（6）跌倒安全开关装在前外壳内部左下角固定桩上，由一对倒八字形触片及触发片内圆柱重锤等组成。风扇正常使用时，重锤压住触片接通电源，风扇电动机运转；当风扇意外跌倒或摆放位置过于倾斜时，重锤改变位置，离开触片，电源自动断开，使风扇电动机停转。风扇恢复正常位置时，风扇电动机继续运转。

3. 注意事项

（1）拆装电风扇电动机前一定要切断电源。

（2）拆装时应特别注意，严禁用铁锤猛烈敲击，只许使用木锤和塑胶锤。

（3）由于小功率电动机零部件小，结构刚度低，易变形，因此，若装配操作受力不当会使其精度降低，影响电动机装配质量，所以在装配时要合理使用工具，用力适当。

（4）在装配过程中尽量少用修理工具修理，如刮刀、砂纸、锉刀等。因为这些工具会将碎屑带入电动机内部，影响电动机零部件的精度。

（5）拆除电源线及电容器时必须记录接线方法，以免出错。

知识拓展

家用吊扇电动机

按转子内外形式不同，单相交流异步电动机可分为内转子结构和外转子结构两种。家用吊扇用电容运行单相异步电动机，其定子和转子的布置位置采用外转子结构，即定子铁芯及定子绕组置于电动机内部，转子铁芯、转子绕组装在下端盖内。上、下端盖用螺钉连接，并借助滚动轴承与定子铁芯及定子绕组一起组合成一台完整的电动机。电动机工作时，上、下端盖及转子铁芯与转子绕组一起转动。电容运行吊扇电动机的结构如图 2—1—16 所示。

吊扇扇头的拆卸方法如下：

（1）先切断电源。

（2）旋松固定扇叶的螺钉，拆下三片扇叶。

（3）旋松固定上护罩的螺钉，取下上护罩，拆开电源线。

（4）用手托住扇头，拔出电动机轴与吊杆轴间的开口销，拆下整个扇头。

（5）旋松固定扇头上、下端盖的三个紧固螺钉。把吊杆旋出一段，再把扇头倒回，吊杆朝地，连敲几下，可将上、下端盖分开。也可以把扇头吊起来，用木锤或硬木块沿四周轻轻敲打，如图 2—1—17 所示。下端盖便会慢慢下落。注意，敲击时地上要垫上棉花或泡沫塑料，以免下端盖落下时表面的漆被碰伤。

（6）接着可拆开吊杆、上端盖、外转子、定子和下端盖。

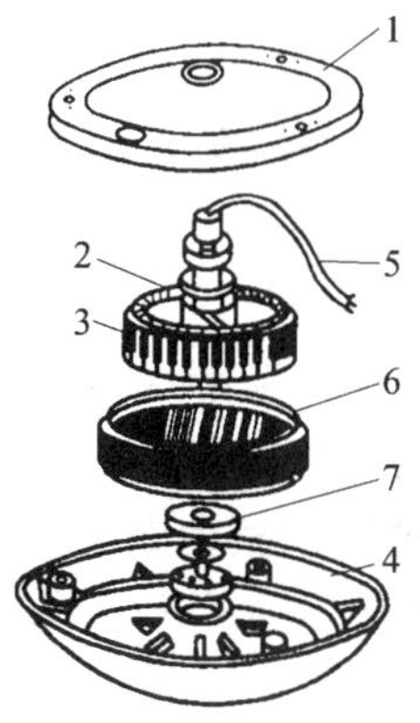

图 2—1—16　电容运行吊扇电动机的结构
1—上端盖　2、7—挡油罩　3—定子
4—下端盖　5—引出线　6—外转子

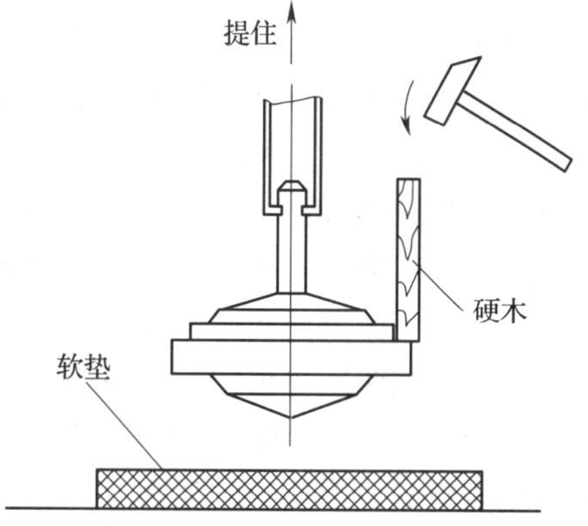

图 2—1—17　吊扇下端盖的拆除方法

学习活动 2　单相交流电动机的运行

学习目标

1. 能说出单相交流异步电动机的常用调速方法和改变转向的方法。
2. 学会用万用表区分单相交流异步电动机的启动绕组和运行绕组。
3. 通过对吊扇及台扇的接线训练，学会对单相交流异步电动机的正确接线。
4. 学会单相交流异步电动机启动、调速及反转的实现方法，并能正确接线和操作。

知识准备

在实际应用中，单相交流异步电动机往往需要得到不同的转速（如电风扇等）及反复改变转向（如洗衣机等）。常用的调压调速方法有哪几种？一般通过什么方法来改变单相异步交流电动机的转向？

一、单相交流电动机的调速

单相交流异步电动机的调速原理与三相交流异步电动机一样，平滑调速比较困难。一般可以采用的调速方法有改变电源频率（变频调速）、电源电压（调压调速）及绕组磁极对数（变极调速）等多种。目前普遍使用的是改变电源电压调速。调压调速有两个特点：一是电源电压只能从额定电压往下调，因此电动机的转速也只能从额定转速往低调；二是因为异步电动机的电磁转矩与电源电压的平方成正比，因此电压降低时，电动机的转矩和转速都下降，所以这种调速方法只用于转矩随转速下降而下降的负载（称为风机型负载），如风扇、鼓风机等。

常用的调压调速有自耦变压器调速、串电抗器调速、串电容器调速、定子绕组抽头调速、双向晶闸管调速等多种。

1. 自耦变压器调速

自耦变压器供电方式呈多样化，可以连续调节电压，采用不同的供电方式可以改变电动机性能。自耦变压器的调速电路如图 2—2—1 所示。加到单相交流异步电动机上的电压调节可以通过自耦变压器来实现。图 2—2—1a 所示电路调速时使整台电动机降压运行，因此低速挡启动性能较差。图 2—2—1b 所示电路调速时仅使工作绕组降压运行，所以它的低速挡启动性能较好，但接线较复杂。

2. 串电抗器调速

将电抗器与电动机定子绕组串联，利用电流在电抗器上产生的压降，使加到电动机定子绕组上的电压低于电源电压，从而达到降低电动机转速的目的。因此，用串电抗器调速时电动机的转速只能由额定转速往低调。如图 2—2—2 所示为吊扇串电抗器的调速电路。启动绕组 LF 中串入电容器 C 后与运行绕组 LZ 并联在单相电源上。当接入单相交流电时，将在绕组中形成旋转磁场。通过调节串入电抗的大小，可以控制定子绕组上的电压，从而达到调速的目的。改变电抗器的抽头连接可得到高低不同的转速。

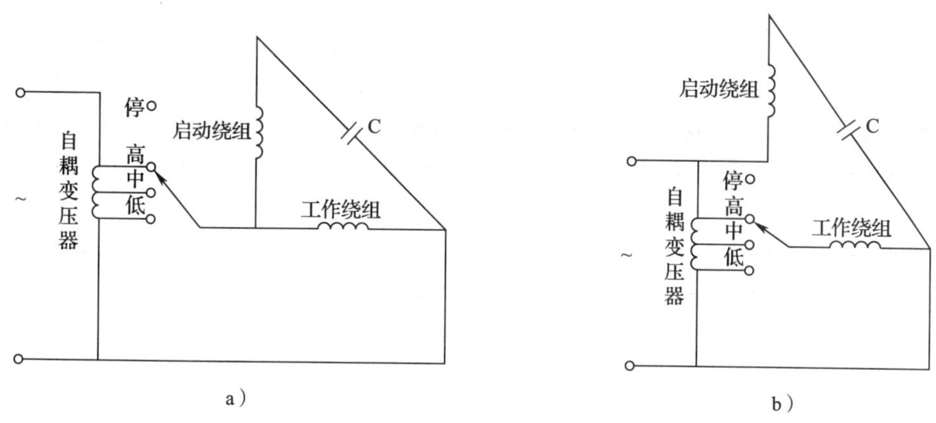

图 2—2—1　自耦变压器的调速电路

a）电动机降压运行　b）工作绕组降压运行

3. 串电容器调速

将不同容量的电容器串入单相异步交流电动机电路中也可调节转速。由于电容器容抗与电容量成反比，故电容量越大，容抗就越小，相应的电压降也低，电动机转速就高；反之，电容量越小，容抗就越大，电动机转速就低。如图 2—2—3 所示为具有三挡速度的串电容调速电路，图 2—2—3 中电阻 R1 及 R2 为泄放电阻，在断电时将电容器中的电能泄放掉。

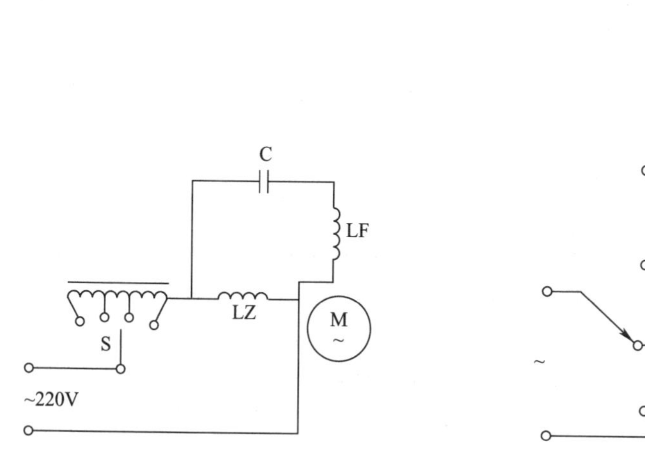

图 2—2—2　串电抗器的调速电路

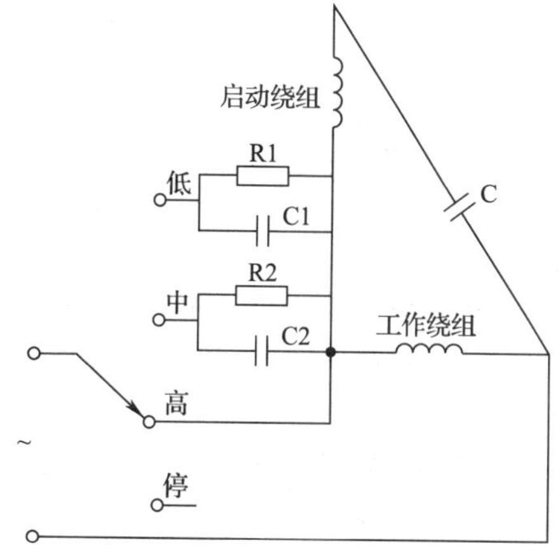

图 2—2—3　串电容调速电路

由于电容器具有两端电压不能突变这一特点，在电动机启动瞬间，调速电容器两端电压为零，即电动机启动电压为电源电压，因此电动机启动性能好。正常运行时，电容器上无功率损耗，效率较高。

4. 定子绕组抽头调速

定子绕组抽头调速方法是在单相交流异步电动机定子铁芯上再嵌放一个中间绕组 LL（又称调速绕组）。为了节约材料，降低成本，可把调速绕组与定子绕组做成一体。通过调速开关改变调速绕组与启动绕组 LF 及工作绕组 LZ 的接线方法，从而达到改变电动机内部旋转磁场的强弱，实现调速的目的。这种调速方法有 L 形接法和 T 形接法两种，如图 2—2—4所示。其中，T 形接法在低挡时启动性能差，且中间绕组的电流较大。L 形接法调速在低挡时中间绕组只与工作绕组串联，启动时直接加电源电压，因此启动性能好，目前使用较多。

这种调速方法的优点是不需要电抗器，节省材料，耗电少。缺点是绕组嵌线和接线比较复杂，电动机与调速开关接线较多，不适用于吊扇。

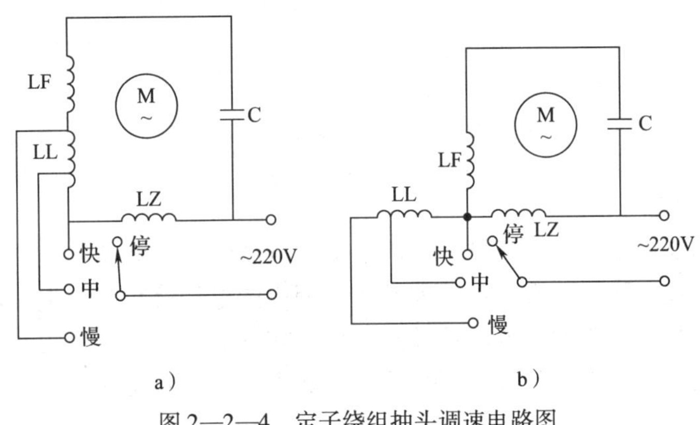

图 2—2—4 定子绕组抽头调速电路图

a）L 形接法 b）T 形接法

小贴士

美的 KYT5—30 型转页扇的调速

由电容运行单相交流异步电动机组成的台扇和落地扇普遍采用定子绕组抽头调速的方法。美的 KYT5—30 型转页扇电路如图 2—2—5 所示。局部面板结构如图 2—2—6 所示。

接通 220 V 交流电源，定时器旋钮向右旋转到所需要的定时时间位置上（0 ~ 120 min），定时器接通电源倒计时，风扇电动机开始运转。顺时针或逆时针方向旋转调速开关旋钮，可以开、停风扇及选择风扇转速：0 挡—停止，1 挡—微风，2 挡—低速，3 挡—中速，4 挡—高速。其中 C1 为启动电容，C2 为 1 挡调速电容。闭合导风轮开关，同步电动机转动，带动导风轮转动，风扇按 360°循环导向送风。如需要风扇定向送风，可开、停导风轮开关数次，让导风轮停在一个适当的位置上。当定时器倒计时结束时，定时器断开电源，风扇停转。

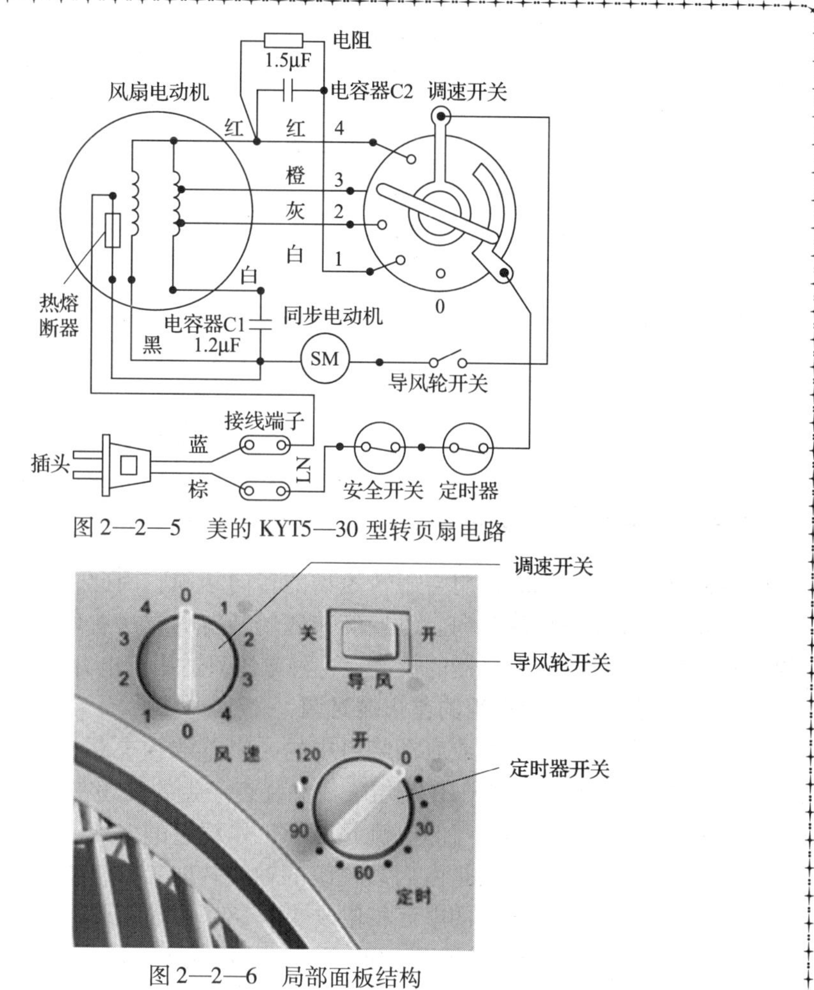

图 2—2—5　美的 KYT5—30 型转页扇电路

图 2—2—6　局部面板结构

热熔断器为电动机的热保护元件。当风扇电动机因各种意外引起过热，电动机温度升高达到熔丝熔断温度时即自动熔断，切断风扇电源，防止事故发生，起到安全保护的作用。

5. 双向晶闸管调速

前面介绍的各种调压调速电路都是有级调速，单相交流异步电动机还可采用双向晶闸管实现无级调速。调速时，旋转控制线路中的带开关电位器，就能改变双向晶闸管的控制角，使电动机得到不同的电压，达到调速的目的。双向晶闸管调速电路如图 2—2—7 所示。这种调速方法可以实现无级调速，控制简单，效率较高。缺点是电压波形差，存在电磁干扰。目前这种调速方法常用于吊扇上。

近年来，随着微电子技术及绝缘栅双极晶体管（IGBT）的迅速发展，作为交流电动机主要调速方式的变频调速技术也获得了前所未有的发展。单相变频调速已在家用电器上应用，如变频空调器等。变频调速是交流调速控制的发展方向。

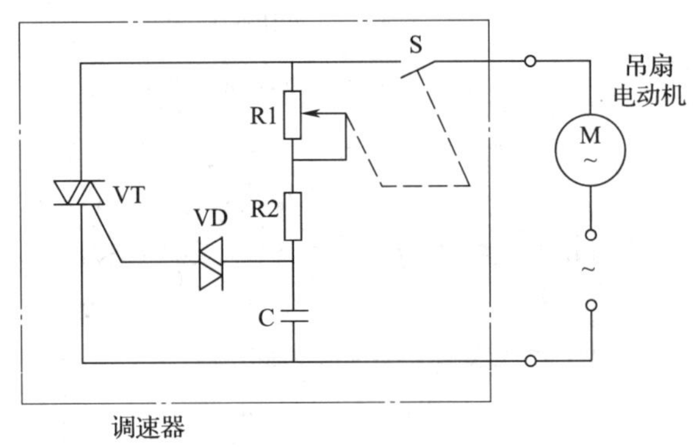

图 2—2—7　双向晶闸管调速电路

二、单相交流电动机的反转

单相交流异步电动机的转向与旋转磁场的转向相同，因此，要使单相交流异步电动机反转就必须改变旋转磁场的转向。改变旋转磁场转向的方法有两种：一种是改变绕组与电源的接线；另一种是改变电容器的接法，这种方法只适用于电容运行单相交流异步电动机。

1．将工作绕组或启动绕组的首末端对调

首末端对调即把工作绕组或启动绕组中的一组首端和末端与电源的接线对调。因为单相交流异步电动机的转向是由工作绕组、启动绕组产生的磁场在时间上有近于90°的相位差决定的，一般情况下，启动绕组的电流超前于工作绕组的电流，从而启动绕组的磁场也超前于工作绕组，所以旋转磁场是由启动绕组的轴线转向工作绕组的轴线。如果把其中的一个绕组反接，等于把这个绕组的电流相位改变了180°，若原来这个绕组是超前90°，则改接后变成滞后90°，旋转磁场的方向随之改变，电动机反转。这种方法一般用于不需要频繁反转的场合。

2．改变电容器的接法

改变电容器即把电容器从一组绕组中改接串到另一组绕组中。在电容运转单相交流异步电动机中，若两相绕组做成完全对称，即匝数相等，空间相位相差90°电角度，则串联电容器绕组中的电流超前于电压，而不串联电容器的那组绕组中的电流滞后于电压。旋转磁场的转向由串联电容器的绕组转向不串联电容器的绕组。电容器的位置改接后，旋转磁场和转子的转向自然也跟着改变。这种方法电路比较简单，适用于需要频繁正、反转的场合。

普通罩极式单相交流异步电动机的旋转方向由磁极的未罩部分转向被罩部分。一般情况下，不能用改变外部接线的方法改变电动机的转向，尤其是凸极式，罩极部分已经固定，如果一定要改变转向，在允许和可能的情况下将定子铁芯从机座中抽出来，调转180°再装进去，这样就可以使凸极式罩极异步电动机反转。

小贴士

普通波轮式洗衣机的正、反转

洗衣机以电动机为动力，驱动波轮或滚筒等搅拌类的轮盘，形成特殊的水流以除去衣物的污垢。洗衣机的类型很多，按照水流情况分类可分为波轮式、滚筒式和搅拌式。其中，波轮式洗衣机的洗涤用电动机和脱水用电动机均采用电容运转单相交流异步电动机，其额定电压均为 220 V，额定转速为 1 360 ~ 1 400 r/min，输出功率为 90 ~ 370 W，效率为 49% ~ 62%。洗涤时，电动机需要自动正、反转工作。洗衣机电动机的正、反转控制如图 2—2—8 所示。当定时转换开关处于图 2—2—8 中所示位置 1 时，电容器串联在 LZ 绕组上，电流 I_{LZ} 超前于 I_{LF} 相位约 90°；电动机转子转动起来后，经过一定时间，定时转换开关切换到位置 2，将电容从 LZ 绕组切断，串联到 LF 绕组上，则电流 I_{LF} 超前于 I_{LZ} 相位约 90°。这样就改变了旋转磁场的转向，从而实现了电动机的反转。这种单相交流异步电动机的工作绕组与启动绕组可以互换，所以工作绕组、启动绕组的线圈匝数、粗细、占槽数都应相同。

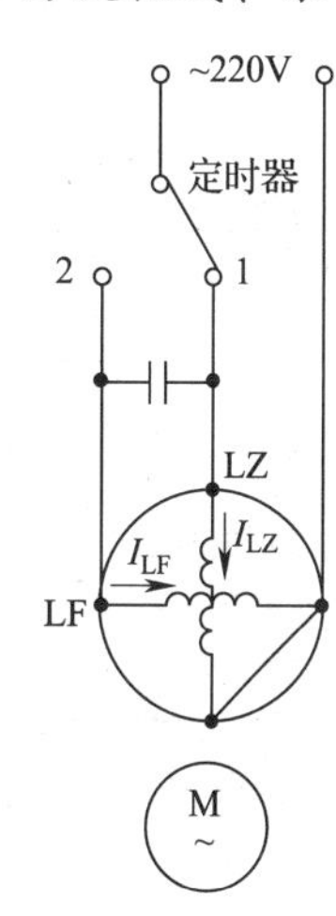

图 2—2—8　洗衣机电动机的正、反转控制

任务实施

单相交流电动机的调速和反转

一、实训目的

1. 能用万用表区分单相交流异步电动机的主绕组和启动绕组。
2. 能通过对吊扇及台扇的接线训练，学会对单相交流异步电动机的正确接线。
3. 能学会单相交流异步电动机启动、调速及反转的实现方法，并能正确接线和操作。

二、主要实训器材的认识

单相交流异步电动机的调速和反转主要实训器材的作用及使用注意事项见表 2—2—1。

表 2—2—1　　　　主要实训器材的作用及使用注意事项

序号	实训器材名称	图例	作用	备注
1	家用吊扇电动机	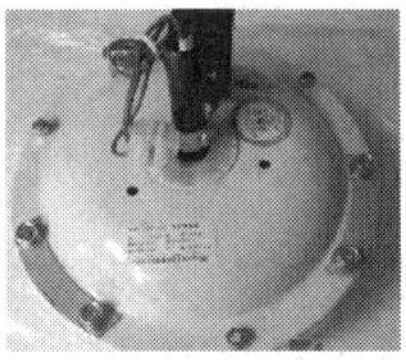	实训操作对象	正确区分启动绕组、运行绕组
2	转页扇用单相电容运行电动机		实训操作对象	正确区分启动绕组、运行绕组
3	电容器		启动电容	正确选择合适的容量
4	吊扇用调速器	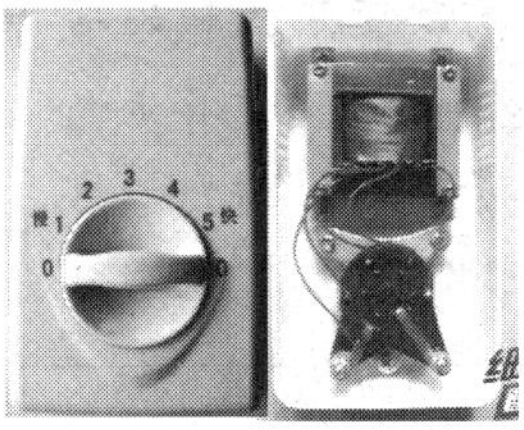	调整风扇转速	吊扇串电抗器调速
				吊扇双向晶闸管调速
5	万用表		工作绕组和启动绕组的区分及测量电压	注意选择挡位
6	旋具		接线用	
7	测电笔		判断零线和火线	

三、实训内容

1. 单相交流异步电动机的调速——家用吊扇

（1）工作绕组和启动绕组的区分

吊扇电路接线如图 2—2—9 所示，各引出线的颜色为红、绿、黑。从图 2—2—9 中可以看出红色引出线接的是工作绕组，绿色引出线接的是启动绕组（因为电容器是串在启动绕组上的），黑色引出线接的是公共端。

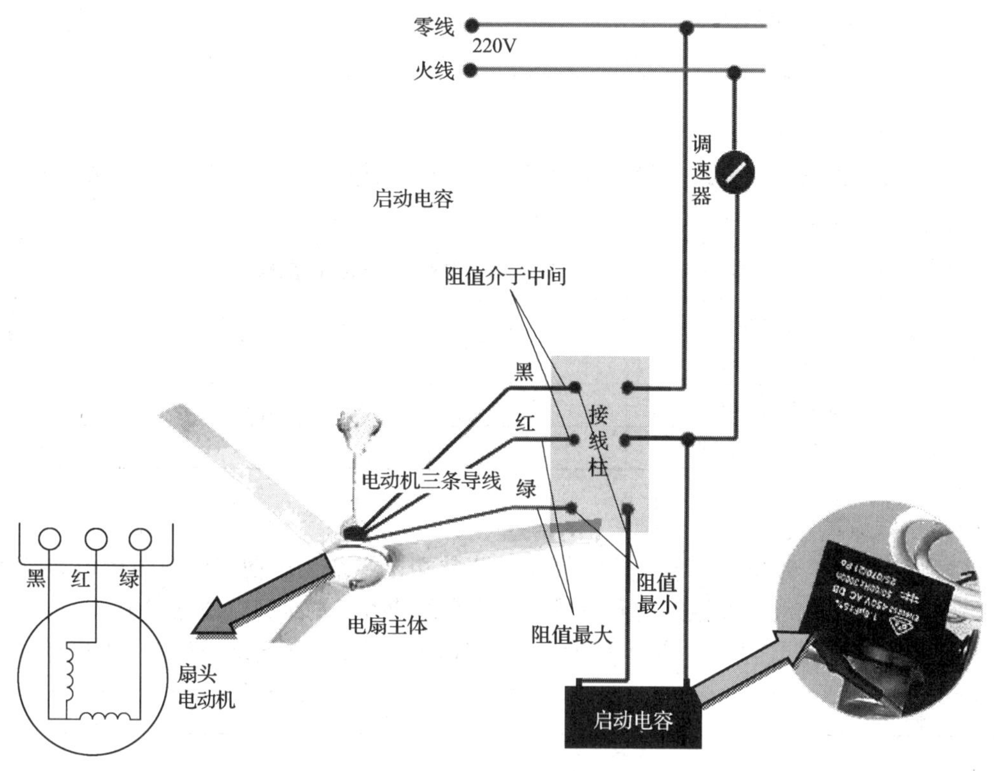

图 2—2—9　吊扇电路接线

不同品牌的吊扇引出线的颜色可能不同。如果说明书遗失或不能从引出线的颜色来判断各端的功能时，则要先对工作绕组和启动绕组进行区分，然后才能接线。

1）先测公共端。用万用表电阻挡轮流测量吊扇电动机三根引出线之间的电阻，当测得电阻值最大时（不同电扇电动机绕组的电阻值有所不同），则它就是电动机的工作绕组和启动绕组串联后的总电阻值。剩下的一根线头就是公共端。

2）再判断工作绕组和启动绕组。将万用表的一根表笔搭在公共端上，用另一根表笔分别接触另外两端，分别测出两个绕组的电阻值。吊扇电动机工作绕组由于绕在外圈，导线长，所以电阻值较大；而启动绕组绕在内圈，导线比工作绕组短，所以电阻值较小，由此可判别电阻值较大的绕组是工作绕组，电阻值较小的是启动绕组。

3）记录表格。家用吊扇工作绕组和启动绕组的有关数据记录于表 2—2—2 中。

表 2—2—2　家用吊扇工作绕组和启动绕组的区分

阻值大小	任意两引线间的阻值	两根引线的颜色
最大阻值		
较大的阻值		
最小的阻值		
结论	工作绕组引出线的颜色是：________	
	启动绕组引出线的颜色是：________	
	公共端引出线的颜色是：________	

（2）绝缘电阻的测量

用兆欧表分别测量工作绕组和启动绕组的对地绝缘电阻值及绕组之间的绝缘电阻值，记录于表 2—2—3 中。

表 2—2—3　家用吊扇工作绕组和启动绕组绝缘电阻值的测量

序号	测量项目	测量值（MΩ）
1	工作绕组—地	
2	启动绕组—地	
3	工作绕组—启动绕组	

（3）接线调试

在教师指导下，按图 2—2—9 所示接线，公共端接零线，启动绕组引线接电容器后再接到调速器上，工作绕组直接接到调速器上，调速器的另一端接到电源火线上。

1）采用电抗器调速开关，调节调速开关至各挡位，观察并记录吊扇转速的变化情况：

____

____

____。

2）采用无级调速开关，转动调速开关至各挡位，观察电动机转速的变化情况：

____

____

____。

2. 单相交流异步电动机的调速——家用台扇

有一台格力转页扇，风扇电动机定子绕组因过热烧毁，需更换，经市场调研，采用新型具有可恢复式热保护器功能的风扇电动机，如图 2—2—10 所示，可实现超温断电，降温续开，保护电动机免受温度异常的损害，可避免电动机在低电压、过负载情况下易烧坏而造成的经济损失。该电动机标签上标有接线方法说明，如图 2—2—11 所示，共有 6 根引线，红色接高挡，白色接中挡，蓝色接低挡，黄色和灰色之间接电容，黑色与红色之间接电源。也就是说，灰色和黑色均可视为公共线。

图 2—2—10　台扇电动机

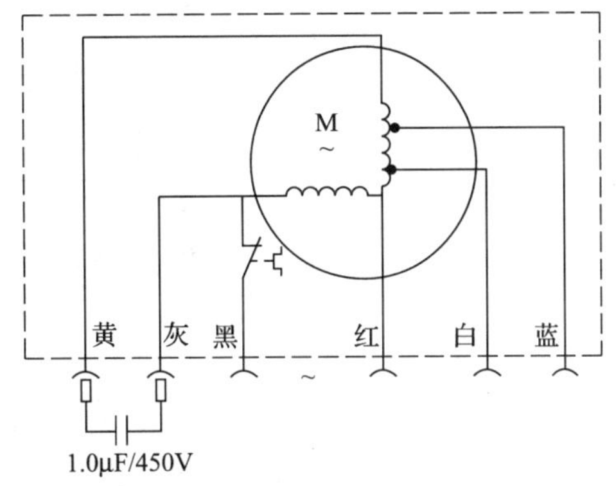

图 2—2—11　台扇电动机接线图

（1）工作绕组、启动绕组和调速绕组的确认

用万用表电阻挡测量转页扇电动机各引线间的电阻值，判别出 5 根引线的功能，并将有关数据记录于表 2—2—4 中。一般来说，黑色（灰色）导线与其他各导线之间的阻值为几百欧至几千欧，并且检测时黑色导线与黄色导线之间的阻值始终为最大阻值，黑色（灰色）导线与红、白、蓝（各调速挡）各导线间电阻值差约 100 Ω，表明该风扇电动机正常。

表 2—2—4　　家用台扇 5 根引线功能的区分

序号	两引线的颜色	两引线间的电阻值	接线关系
1	黑—灰		
2	灰—红		
3	灰—白		
4	灰—蓝		
5	灰—黄		

（2）绘制电路图

建议自行设计并绘制转页扇电路接线图，采用具有可恢复式热保护器功能的风扇电动机（6 线）。参考电路如图 2—2—12 所示。

（3）接线调试

在教师指导下正确接线，单相交流异步电动机的蓝、白、红线分别接调速开关的 1 挡、2 挡、3 挡并形成通路，将调速开关由 0 挡拨至各挡，观察电动机的转速变化情况：0 挡________，1 挡________，2 挡________，3 挡________。

3. 单相交流异步电动机的反转

（1）按图 2—2—13 所示电路进行接线，当开关 S 与下面的触头 2 接通时，电容器 C 串入启动绕组支路，电动机正转，观察电动机转向：从上部往下看，电动机________时针方向转动。

（2）当开关 S 与上面的触头 1 接通时，电容器 C 串入工作绕组支路，电动机反转，观察电动机的转向：从上部往下看，电动机________时针方向转动。

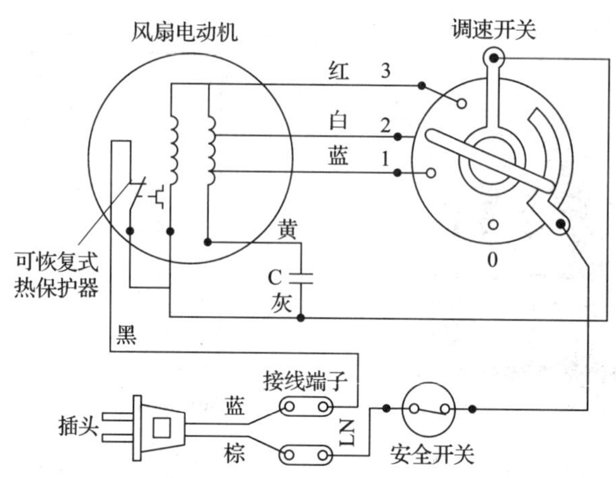

图 2—2—12　格力 KYT—2501A 型转页扇电路接线

注意：

（1）使用万用表测量绕组电阻时要选择适当的挡位，而且要注意调零。

（2）接线时要注意区分火线和零线。

（3）在使用摇表（兆欧表）过程中，不能用手接触摇表的两根测量端。

（4）实训内容——家用吊扇的调速，应拆去扇叶后调试，并设法将电动机固定好。

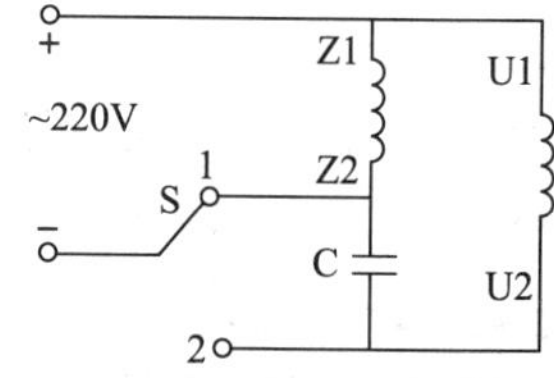

图 2—2—13　单相交流异步电动机正、反转电路

（5）本技能训练采用 220 V 交流电压，应在教师监护下正确操作，注意安全用电。

学习活动 3　单相交流电动机的检修

学习目标

1. 能根据任务要求，合理制订工作计划，列出并准备好工具材料，在教师指导下，正确运用所学知识，合理使用仪表，对变压器进行检测。

2. 能通过对单相交流异步电动机常见故障的分析，初步懂得故障现象的判别，知道单相交流异步电动机常见故障检测的步骤、方法和工艺。

3. 能按电工作业规程，在作业完成后清理现场，达到任务验收要求。

知识准备

单相交流异步电动机的检修与三相交流异步电动机相类似，可通过听、看、闻、摸等手段随时检查电动机的运行状态，要经常注意电动机转速是否正常，能否正常启动，温升是否过高，声音是否正常，振动是否过大，有无焦味等。根据故障现象推断可能的故障部位，并通过一定的检查方法找出损坏的地方，进行故障排除。

一、单相交流异步电动机的使用和维护方法

单相交流异步电动机的使用和维护与三相交流异步电动机相同，但要注意以下几点：

1. 单相交流异步电动机接线时，需正确区分工作绕组与启动绕组，并注意它们的首、尾端，如果出现标志脱落，则电阻大的为启动绕组。

2. 更换电容器时，电容器的容量与工作电压必须与原规格相同，启动用的电容器应选用专用的电解电容器，其通电时间一般不得超过 3 s。

3. 对于单相启动式电动机，只有在电动机静止或转速降低到使离心开关闭合时，才能改变其接线方法。

4. 额定频率为 60 Hz 的电动机不得使用 50 Hz 电源，否则将引起电流增大，造成电动机过热甚至烧毁。

二、分相式单相交流异步电动机的检修

1. 启动元件的检修

启动元件是分相式单相交流异步电动机特有的元件，应用较多的启动元件是离心开关和电容器。维修实践中发现，启动元件的故障率非常高，应引起维修人员的高度重视。

（1）离心开关的检查

1）离心开关短路。离心开关短路后，会使触头不能断开二次绕组与电源的连接，从而使二次绕组发热烧坏。引起离心开关短路的原因较多，主要原因有机械结构件磨损、变形，动、静触头烧熔黏结，簧片过热失效，弹簧过硬，甩臂式开关的铜环极间绝缘击穿等。判断离心开关是否短路，可采用以下方法进行检查：在二次绕组线路中串入电流表，运行时如仍有电流通过，则说明离心开关的触头失灵未断开，这时应查清原因进行修复。

2）离心开关断路。引起离心开关断路的原因主要有触头簧片过热失效，触头烧坏脱落，弹簧失效或无足够张力使触头闭合，机械机构卡死，动、静触头接触不良，接线螺钉松动或线端断开，以及触头绝缘板断裂使触头不能闭合等。离心开关断路后，启动时二次绕组不能接入电源，电动机将无法启动。

判断离心开关是否断路，可用万用表电阻挡测量电动机的接线盒进行检查，如图 2—3—1 所示。用万用表电阻挡测量离心开关的两个接线柱，在电动机未工作的情况下，离心开关应闭合，电阻应很小，如果电阻很大，说明离心开关接触不良；如果阻值为无穷大，说明离心开关断路。此时，应查清原因，找出故障点并予以修复。

（2）电容器的检查

电容分相单相交流异步电动机不能正常工作时，常是由电容器故障引起的，在实践中，电容器的故障率远大于电动机绕组的故障率。在电容分相单相交流异步电动机中，启动电容器只在电动机启动时接入，启动完毕即从电源上切除。为产生足够大的启动转矩，电容

器的电容一般较大，为几十到几百微法，通常采用价格较便宜的电解电容器。运行电容器长期接在电源上参与电动机的运行，其容量较小，一般为油浸金属箔型或金属化薄膜型电容器。由于该电容器长期参与运行，因此电容器容量的大小及质量的好坏对电动机的启动情况、功率损耗及调速情况等都有较大的影响，需要更换电容器时，应尽量保持原规格。

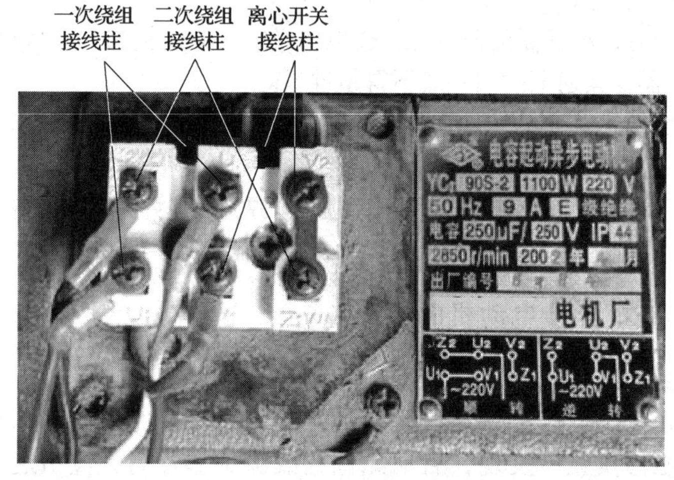

图 2—3—1　电动机的接线盒

电容器常见的故障主要有电容器无容量失效、短路、电容量不足、漏电等。当电容量不足、漏电时，会出现电动机带负载时不能启动，但空载时可以启动的故障；当电容器无容量已失效时，电动机不能启动，但这时如用手拨动转轴，电动机便能沿手动的方向转起来；当电容器短路时，电动机两绕组通过同相电流，电动机发出很大的“嗡嗡”声，发热很快，拨动转轴，电动机也不能启动。电容器是否正常，可用以下方法检查：

1）万用表检查法。这是最常用的一种方法，用万用表检查是利用电容器对直流电的充、放电特性来进行的，对交流电容器接线无正、负极之分。把万用表转换到 R×1 k 挡，对于刚使用的电容器，先用一个表笔把电容器两接线端短接，使之放电，然后将两表笔接电容器两接线端子，如图 2—3—2 所示。对于正常的电容器，用万用表测量时表针应大幅度摆动，然后又慢慢回到电阻值很大的位置。

①若表针不摆动，如处于图 2—3—2 中①位置时，表示电容器无容量，已失效。

②若表针摆动到电阻为零，如图 2—3—2 中③位置后，不再返回，则是电容器短路。

③若表针摆动到某一位置后不能返回无穷大位置，而停在某一刻度，如图 2—3—2 中②位置，说明电容器漏电流很大，表针所指示的电阻值就是漏电电阻值，此值越小，说明漏电现象越严重。

2）充放电法。如一时没有万用表可用此法。将电容器接到一个 3～9 V 的直流电源上，时间在 2 s 左右，取下电容器。将电容器两端短接，若听到“啪”的放电声，或看到放电火花，则说明该电容器良好，否则是坏的。对电解电容，电源正极接电容“+”极性端。

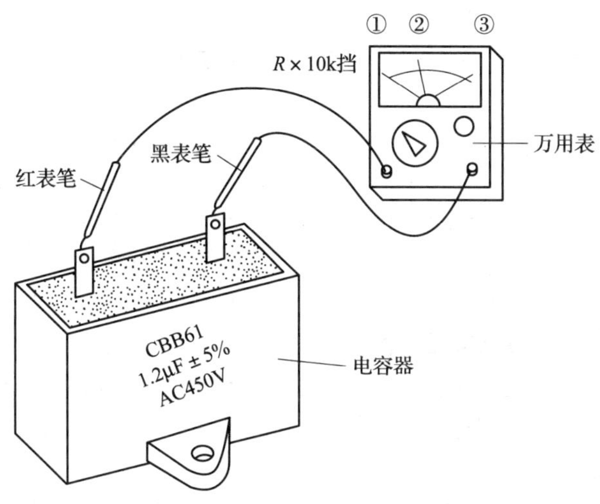

图 2—3—2 用万用表检测电容器

3）替换法。将怀疑有故障的电容器从电路中拆下，用一个正常的电容器替换，如果电动机工作正常，则可断定原电容器已损坏。经上述检查如发现电容器有短路、失效、漏电等故障，应更换新的电容器。替换时必须注意其容量、耐压、工作温度、外形尺寸等，否则会影响电动机正常工作。

小贴士

电容器电容量的测定

一般用专用的仪器（电桥）测量电容器的电容量。也可用伏安法进行测量，即按图 2—3—3 所示接好线路，接通电源后尽快读取仪表的读数，则电容器的电容量为：

$$X_C = \frac{1}{\omega C} = \frac{U}{I} \tag{2—3—1}$$

$$C = \frac{I}{\omega U} = 3\ 183\ \frac{I}{U} \tag{2—3—2}$$

式中 X_C——容抗，Ω；

C——被测电容器的电容量，μF；

U——电压表读数，V；

I——电流表读数，A。

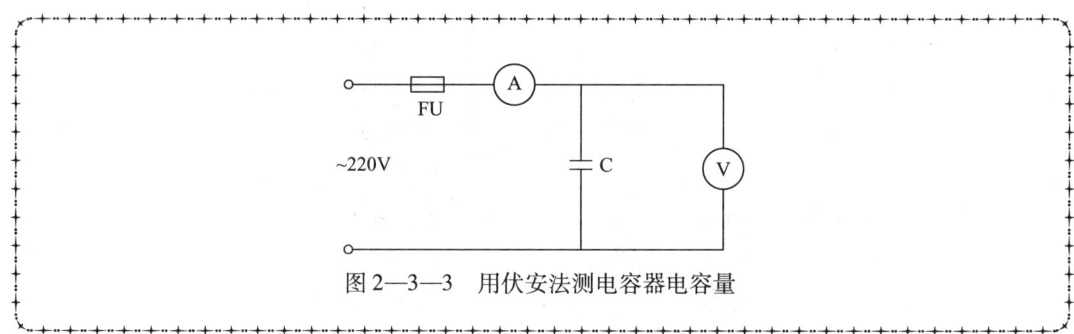

图 2—3—3　用伏安法测电容器电容量

2. 分相式单相异步电动机常见故障分析

同一种故障现象既可由电气故障引起，也可由机械原因引起，维修之前必须先分析可能出现的故障原因，然后根据先机外、后机内的原则逐一排查和维修。

（1）电动机不能启动

出现这类故障可以从两方面找原因：一是电动机电气方面的故障；二是电动机机械方面的故障。

1）电气故障

①检查电源电压是否正常。当电源电压时有时无或电压过低时，将会导致电动机启动转矩过小而不能启动。电源电压的有无可用万用表进行测量。若无电压，应仔细检查电源开关、供电电路直至变配电柜，查看是否有接头接触不良的现象。

②检查绕组是否断路。若电源正常，则检查绕组是否断路。一次、二次绕组回路均有断路的可能，但一般二次绕组电路因元器件较多，发生断路故障的机会多一些。这时，可用万用表电阻挡测量启动绕组的直流电阻，一般均应小于几十欧姆。如电阻值太大，说明启动绕组本身断路。如断路点在槽外较明显处，则可用焊接法予以恢复，否则需拆除部分绕组或全部予以更换。

③检查离心开关故障。

④检查启动或运行电容器故障。

⑤转子断条。这种故障一般少见，若转子绕组断路时，此时用手拨动转轴，电动机往往也不旋转。

2）机械故障

①轴承被卡住。其原因可能是轴承磨损、转轴弯曲、定子铁芯松动、端盖装配不好等。

②定子与转子相碰。其原因可能是轴承磨损、转轴弯曲、定子铁芯松动、端盖装配不好等。

（2）电动机转速达不到额定值

这类故障主要表现为电动机启动转矩小，空载时或在外力帮助下能启动，但启动迟缓，电动机稳定运行的转速低于正常转速等，其原因如下：

1）电路方面的故障。电源电压太低；电动机启动绕组断路；离心开关在启动时触头未闭合；启动电容器损坏或电容量变小；转子绕组电阻过大或局部断路；定子绕组中有个别线圈接线错误等。此外，还可能由于二次绕组在启动后未切除，这时电动机电流增大、发热并发出噪声。

2）机械方面的故障。如轴承润滑脂凝固或有灰尘等进入；轴承磨损、转轴变形或铁芯松动，造成定子与转子之间轻度相擦；电动机拖动的负载过大或负载不平衡等。

(3）电动机接通电源后熔丝很快熔断

电气方面的原因有定子绕组内部接线错误；启动绕组与工作绕组之间的绝缘损坏，或本身有匝间短路、对地短路等故障。另外，如电源电压过高或过低，熔丝选得太细也可能导致上述故障出现。机械方面的原因则是有卡死现象；电动机拖动的负载过大造成电动机不转；启动电流过大。

(4）电动机在运行中温度过高或冒烟

电动机定子绕组出现温度过高或冒烟的原因是电流长期超过额定电流。其原因主要包括：定子绕组中有局部的匝间短路或对地短路；电容启动单相异步电动机在启动完毕后离心开关没有断开，使启动绕组参与运行；启动绕组与工作绕组接错，即电容器串在工作绕组内，使启动绕组长期运行；电源电压过高或过低；电动机正、反转过于频繁等。也可能是电动机拖动的负载较大或轴承不良，定子、转子轻度相擦等原因造成。

(5）电动机在运行时噪声大或振动较大

这主要是机械方面的原因所致：电动机装配不良或转子轴的变形造成定子与转子偏心，使定子、转子之间的空气隙不均匀甚至轻度相擦；轴承安装不好或轴承磨损；不小心在电动机内部遗留杂物等。也可能是电动机与所拖动的负载之间连接不好，负载阻力太大或负载本身不平衡（如风扇中的变形等）。

(6）电动机绝缘不良造成绝缘电阻太低或外壳带电

主要是电气方面的原因，如定子绕组与铁芯槽之间的绝缘损坏；定子绕组与端盖相碰；电动机接线或出线绝缘不良；电动机过热后造成定子绕组绝缘老化；电动机受潮或内部灰尘、异物太多等。

小贴士

判断二次绕组在电动机启动后是否脱离电源的方法

将二次绕组的两个引出线端子拆开，脱离电源，将一根线绳绕在转轴上，如图2—3—4所示，用力将绳子猛地一拉，电动机立即转动，同时迅速将一次绕组接通电源，若电动机运转正常（转速达正常值，噪声也消失），则说明电动机启动后不能脱离电源是二次绕组的故障所引起的。

若二次绕组在启动后不能脱离电源，其原因及排除方法如下：

(1）可能是启动继电器或离心开关的触头熔焊、黏结在一起，或因灰屑阻塞使触头不能断开。若为触头烧坏应立即更换；若为灰屑阻塞应进行清理。

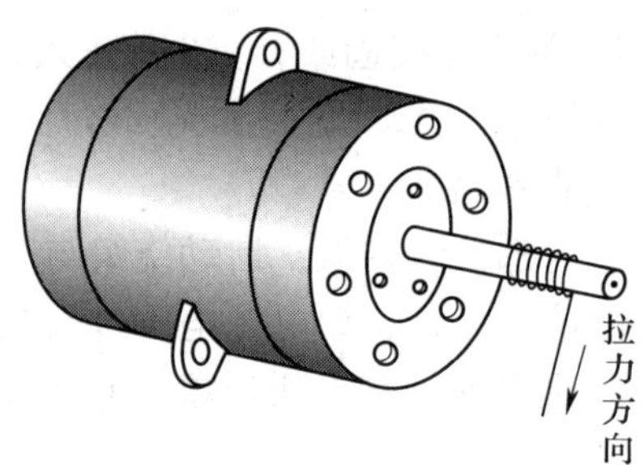

图 2—3—4　用外力启动单相电动机

（2）转轴的轴向位置调整得不好，将使离心开关压得太紧，以致无法断开。应适当调整所加的纸垫圈厚度，使离心开关能在规定的速度时切断二次绕组电源。

三、罩极式单相交流异步电动机的检修

罩极式电动机的电气结构比较简单，其检修比分相式单相异步电动机容易。现将常见故障及其排除方法介绍如下：

1. 不启动，无电磁振动声

最常见故障原因是一次绕组断线。这时用万用表检查电动机两引线间的电阻值，读数是无穷大。罩极式电动机没有专用的防护外壳，一次绕组的漆包线匝数多、线径细，容易因受外力损伤而折断；另因一次绕组自身短路或通地，也会烧断线圈。若一次绕组烧坏，必须更换绕组。

2. 不启动，发出“嗡嗡”声，用手拨动转子后，可慢慢启动，转动方向同拨动方向

这种情况说明一次绕组正常，故障是罩极绕组（短路环）断路造成的。只要找到断裂的罩极绕组，将它重新焊好，电动机就能正常启动。

3. 转速低于额定值

在排除了电源电压低、轴承缺油、轴承损坏的原因后，可能原因是一次绕组有轻度短路及转子导条断开。对于更换过一次绕组的电动机，如果出现转速低的故障，应首先检查更换过的一次绕组，是否线径太细、匝数太多及接线是否正确等。

4. 带负载时转速低或难以启动

一般原因是一次绕组存在匝间短路或通地故障，严重时还会熔断熔丝；另外，也可能是罩极绕组绝缘损坏。若是新修电动机，可能是罩极绕组的位置、线径或匝数有误。

5. 运转正常，但总有很大的“嗡嗡”声

主要原因是罩极环松动，与定子铁芯贴合不紧。可以在罩极环上滴一些环氧树脂类的黏合剂，将它粘牢。如果定子铁芯松动，也会发出“嗡嗡”声，可以拆开电动机，将铁芯铆紧，在 110℃左右温度下烘烤 3 h 后再浸渍绝缘漆，最后烘干。装配前要清除定子铁芯内圈中残留的绝缘漆。

四、单相交流异步电动机常见故障分析及处理方法

单相交流异步电动机常见故障产生原因及处理方法见表 2—3—1。

表 2—3—1　　单相交流异步电动机常见故障产生原因及处理方法

故障现象	产生原因	处理方法
电源电压正常，但通电后电动机不转	（1）定子绕组或转子绕组开路 （2）离心开关触点未闭合 （3）电容器失效或短路 （4）轴承卡住 （5）定子与转子相碰	（1）定子绕组开路可以用万用表查找，转子绕组开路用短路测试器查找 （2）检查离心开关触头、弹簧等，加以调整或修理 （3）更换电容器 （4）清洗或更换轴承 （5）找出原因，对症处理
电动机接通电源后熔丝熔断	（1）定子绕组内部接线错误 （2）定子绕组有匝间短路或对地短路 （3）电源电压不正常 （4）熔丝选择不当	（1）用指南针检查绕组接线 （2）用短路测试器检查绕组是否有匝间短路，用兆欧表测量绕组对地绝缘电阻 （3）用万用表测量电源电压 （4）更换合适的熔丝
电动机温度过高	（1）定子绕组有匝间短路或对地短路 （2）离心开关触点不断开 （3）启动绕组与工作绕组接错 （4）电源电压不正常 （5）电容器变质或损坏 （6）定子与转子相碰 （7）轴承不良	（1）用短路测试器检查绕组是否有匝间短路，用兆欧表测量绕组对地绝缘电阻 （2）检查离心开关触点、弹簧等，加以调整或修理 （3）测量两组绕组的直流电阻，电阻大者为启动绕组 （4）用万用表测量电源电压 （5）更换电容器 （6）找出原因，对症处理 （7）清洗或更换轴承
电动机运行时噪声大或振动过大	（1）定子与转子轻度相碰 （2）转轴变形，轴向游动距离超过正常值或转子不平衡 （3）轴承故障 （4）电动机内部有杂物 （5）电动机装配不良	（1）找出原因，对症处理 （2）在转轴上适当加几片硬纸垫圈，如无法调整，则需更换转子 （3）清洗或更换轴承 （4）拆开电动机，检查绕组及各线槽，清除杂物 （5）重新装配
电动机外壳带电	（1）定子绕组在槽口处绝缘损坏 （2）定子绕组端部与端盖相碰 （3）引出线或接线处绝缘损坏与外壳相碰 （4）定子绕组槽内绝缘损坏	（1）~（3）寻找绝缘损坏处，再用绝缘材料与绝缘漆加强绝缘 （4）一般需重新嵌线
电动机绝缘电阻过低	（1）电动机受潮或灰尘较多 （2）电动机过热后绝缘老化	（1）拆开后清扫并进行烘干处理 （2）重新浸渍绝缘漆

任务实施

单相交流异步电动机的检修

一、实训目的

1. 能在教师指导下，正确运用所学知识，合理使用测量仪表，对台扇电动机进行故障检查。

2. 通过家用台扇电动机的检修，了解单相交流异步电动机常见故障检修流程和工艺要求。

二、主要实训器材的认识

单相交流异步电动机故障检修主要实训器材的作用及使用注意事项见表 2—3—2。

表 2—3—2　主要实训器材的作用及使用注意事项

序号	实训器材名称	图例	作用	备注
1	家用转页扇		实训操作对象	
2	转页扇用单相电容运行电动机		故障电动机的替换	型号：DY30CC
3	电容器		故障启动电容的替换	CBB61　1.2 μF ±5% AC 450 V
4	万用表		测量电压，判断电容器的好坏	注意选择挡位
5	电烙铁		更换电容，进行引线处理	

续表

序号	实训器材名称	图例	作用	备注
6	机油		减少噪声	
7	万能除锈润滑剂		（1）清洁、润滑及保护电动机，防止生锈 （2）迅速渗透生锈部位，使锈蚀物松脱	

三、实训内容

由于电风扇内的组成部件较少，各部分也都具有很明显的功能特征，因此，电风扇出现故障后，检修的关键在于对电风扇内的主要部件进行检修。以常用台式转页扇（格力KYT－2501A）为例，常见故障包括风扇不运转或风扇转速变慢。由分相式单相异步电动机的工作原理可知，如果启动支路中的电容失效、无容量，电动机不会旋转，只有“嗡嗡”声。有时，由于电动机使用时间过长，这一电容电量变质或短路，也会造成转矩不够，电动机旋转缓慢或不转的故障，当然启动支路故障也可能是电动机的启动绕组断开或短路。电容和绕组的性能及大量的维修实践表明，一般情况下，电容器出故障的概率远大于电动机绕组。在确认电容及其接线没有故障而电动机外部与电动机绕组有问题时，才应拆开电动机进行检修。

1．故障现象的检查

（1）外观检查

用手拨动扇叶，看其转动是否灵活。

（2）运转性能检查

正常运转时，扇叶应平衡，噪声小，无振动，各速度挡的风量有明显差异。停止运转时无振颤现象，运转时不应产生翻倒现象，各速度挡运转时除风声外，不应有明显的电磁声（“嗡嗡”声）及机械杂音。

（3）控制机构检查

插上电源，将调速开关拨至1挡，电风扇应能正常启动和运转，观察从启动到正常运转的时间，一般应在1 min以内；将调速开关拨至2挡和3挡，电风扇正常运转；将调速开关拨至0挡，电风扇停止运行。电风扇在正常运转过程中，使其倾倒，跌倒开关起保护作用，电风扇停止运转；复位后，风扇继续运转。

2．单相交流异步电动机运转无力，转速没有达到本身转速的故障检修

（1）常见故障现象

电风扇转速变慢，用手拨动扇叶很费力。

（2）故障分析

故障原因多为机械方面的故障。如轴承润滑脂凝固或有灰尘等进入；轴承磨损或转轴变形；铁芯松动造成定子与转子之间轻度相擦等。

（3）故障检修

拆开电动机，用干布蘸少许万能除锈润滑剂，擦去一些锈蚀物，涂上机油（有流动性），如图2—3—5所示，然后拧紧电动机端盖螺钉，用手转动转轴，如果转动灵活、顺滑，问题可能已排除。

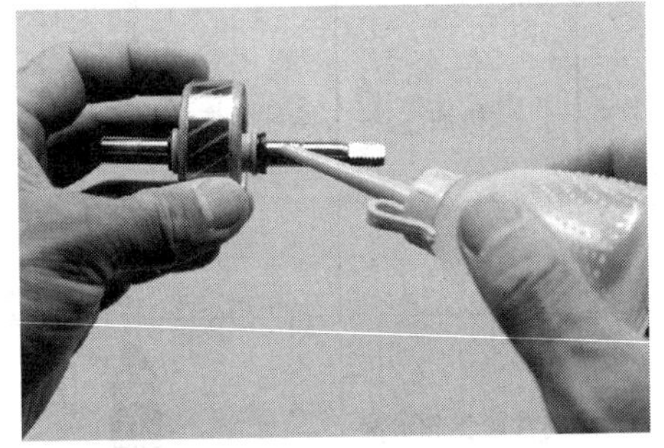

图2—3—5　给轴承加机油

3. 单相交流异步电动机通电后不转的故障检修

（1）常见故障现象

接通电源，风扇不运转，电动机发出“嗡嗡”声。

（2）故障分析

多数是机械故障、电动机的启动、运行绕组开路、启动电容失效或漏电所致。

（3）故障检修

1）按单相交流异步电动机运转无力，转速没有达到本身转速的故障检修方法排除机械方面故障。

2）启动电容的测量

①找到风扇电动机上的启动电容器。

②用记号笔记录电容器引接线在电路中的连接位置，以防检测后接错位置。

③取下导线上的接头护套，解开启动电容器两引线的连接线头，取下电容器。

④然后用万用表红、黑表笔分别接触电容器两引出线。观察万用表指针偏摆情况，以判断电容器的好、坏，并记录于表2—3—3中。

表2—3—3　　电容器电阻的测量

序号	测量内容	测量数据
1	电容规格	型号：__________，容量__________μF、耐压AC______V/AC
2	万用表电阻挡	将万用表拨至__________挡进行测量
3	指针偏转情况	
测量结论：电容__________（正常、短路、无容量、漏电）		

⑤将根据测量结果，如电容已损坏，需更换同容量规格无极性电容器。

3）风扇电动机的测量

①分别找到风扇电动机六根引出线的连接点。

②将万用表置于$R\times100$挡，黑表笔接风扇电动机公共端黑色或灰色引线，红表笔分别

接风扇电动机红、白、蓝、黄引线，观察测量数据，以判断风扇电动机的好坏，并记录于表格2—3—4中。

表2—3—4　　　风扇电动机的测量

序号	测量内容	测量数据
1	家用台扇电动机的额定值	型号：________，P_N =________W，U_N =________V，C =________μF/500 V，n_N =________r/min。
2	公共端与其他引线电阻值	黑—黄：________，黑—蓝：________，黑—白：________，黑—红：________
测量结论：风扇电动机________（正常、短路、断路）		

③根据测量结果，黑色导线与其他各导线之间的阻值为几百欧至几千欧，并且检测时黑色导线与黄色导线之间的阻值始终为最大阻值，黑色导线与红、白、蓝（各调速挡）各导线间电阻差在100 Ω左右，表明该风扇电动机正常；如万用表指针指向零或无穷大，或者检测时所测得的阻值与正常值偏差很大，均表明所检测的引脚之间绕组有损坏，不能自行修复的情况下，需要更换风扇电动机。

4）用万用表电压挡逐级测量电动机回路电压，测到哪个部位没有电压时，再用万用表电阻挡测量不能使电压通过的元件的电阻，即可找到故障元件。

注意：

（1）在检修过程中，应确保在电动机断电状态进行。

（2）严禁用砂纸打磨电动机转轴生锈部位。

（3）用万用表测电动机输入电压时，一定要选择交流电压挡，量程一定要大于被测电压。

（4）检查和排除故障时不能损坏绕组绝缘。

（5）故障排除后，按顺序装配好转页扇，试运转。

四、评价

1. 项目评价

项目评价表

评价项目	考核内容	配分	评分标准	自我评价（20%）	小组评价（30%）	教师评价（50%）	总分
单相交流电动机的拆卸	工具使用	10	拆卸步骤不正确扣2～3分				
	拆卸步骤	20	接线错误不正确扣3～5分				

续表

评价项目	考核内容	配分	评分标准	自我评价（20%）	小组评价（30%）	教师评价（50%）	总分
单相交流电动机的测试	工作绕组和启动绕组的确认	15	测量不正确每处扣2～3分				
	台扇电动机线路的安装	20	接线不正确每处扣3～5分				
单相交流电动机的检修	故障判断	15	故障范围描述不正确等扣2～3分				
	故障检测	20	故障检测步骤不正确每处扣3～5分				
安全文明生产	安全用电规范		违反安全操作规程，酌情扣5～10分				
总评							

2. 综合评价

评价考核分四个等级：A（100～90）、B（89～75）、C（74～60）、D（59～0）。

评价表

项目名称	评价内容	配分	评价分数		
			自评	互评	教师评
职业素养考核项目（40%）	劳动保护穿戴整洁	6			
	安全意识、责任意识、服从意识	6			
	积极参加教学活动，按时完成学生工作页	10			
	团队合作、与人交流能力	6			
	劳动纪律	6			
	生产现场管理6S标准	6			
专业能力考核项目（60%）	专业知识查找及时、准确	12			
	操作符合规范	18			
	操作熟练，工作效率	12			
	成品的验收质量	18			
总分					
总评	自评（20%）+互评（20%）+师评（60%）	综合等级：	教师签名：		

任务三　直流电动机的安装与检修

学习目标

1. 能正确描述直流电动机的用途、基本工作原理、类型、结构特点，识读铭牌参数。

2. 能正确描述直流电动机的电枢电动势、电磁转矩、电磁功率的概念及电枢反应的意义。

3. 能正确判别直流电动机的各种励磁方式，并描述其原理。

4. 能根据任务要求合理制订工作计划，列出并准备好工具材料，在教师指导下，正确使用拆卸工具，按照工艺要求完成直流电动机的拆卸和装配工作。

5. 能在教师指导下，正确使用仪表完成直流电动机电枢和励磁绕组的直流冷态电阻的测量。

6. 能在教师指导下，运用合理的测量仪表，测试电动机绕组之间以及绕组与机壳之间的绝缘强度。

7. 能在教师指导下，正确使用工具和仪表，完成直流电动机的故障检修和维护，学会分析和处理直流电动机的常见故障。

8. 能正确使用工具和仪表对电动机进行检测和参数测量，完成试运转测试。

建议课时

60 课时

任务描述

在现代工业中，直流电机占有重要的地位，直流电机具有可逆性，它可以作发电机用，也可以作电动机用。它具有良好的启动性能和调速性能，是交流异步电动机无可比拟的，因此直流电动机的应用相当广泛。精密金属切削机床、电气机车、室内电车以及起重机械等都采用直流电动机。

电气技术工作者往往需要合理使用和检修直流电动机，以应对因电动机故障而引起设备不能正常运行的故障情况，因此，掌握直流电动机的相关知识和应用技能是电气技术人员必须做到的。

现某学校实训室的直流调速设备不能正常运行，经排查确定为直流电动机故障造成，现委派电工班对该台直流电动机按安装规程要求拆卸、检测故障部位并进行维修，要求 3 个工作日内完成。

工作流程与活动

学习活动 1　直流电动机的认识

学习目标

1．能正确描述直流电动机的用途、基本工作原理、类型、结构特点，识读铭牌参数。

2．能正确判别直流电动机的各种励磁方式，并描述其原理。

3．能根据任务要求合理制订工作计划，列出并准备好工具材料，在教师指导下，正确使用拆卸工具，按照工艺要求完成直流电动机的拆卸和装配工作。

知识准备

一、直流电动机的用途

与变压器不同，直流电动机是一种旋转电动机，是最早得到实际应用的电动机，它既可作电动机用，又可作发电机用。

直流电动机具有良好的启动性能，能在宽广的范围内平滑、经济地调速，适用于对调速性能和启动性能要求非常高的场合。例如，汽车用启动电动机、刮水器电动机、吹风机电动机等，直流电动机都是最为经济的选择。在大功率驱动设备的运用中，如在城市轨道交通、钢厂轧钢机、挖掘设备、大型起重机等驱动系统中，直流电动机有着广泛的应用空间。

二、直流电动机基本工作原理

直流电动机工作原理如图 3—1—1 所示。N 和 S 是一对固定的磁极，可以是电磁铁，也可以是永久磁铁。磁极之间有一个可以转动的铁质圆柱体，称为电枢铁芯。铁芯表面固定一个用绝缘导体构成的电枢线圈 abcd，线圈的两端分别接到相互绝缘的两个半圆形铜片（换向片）上，它们组合在一起称为换向器，在每个半圆铜片上又分别放置一个固定不动而与之滑动接触的电刷 A 和 B，线圈 abcd 通过换向器和电刷接通外电路。

1．直流电动机工作原理

将外部直流电源加在电刷 A（正极）和 B（负极）上，则线圈 abcd 中流过电流，在导体 ab 中，电流由 a 指向 b，在导体 cd 中，电流由 c 指向 d。导体 ab 和 cd 分别处于 N、S 极磁场中，受到电磁力的作用。用左手定则可知导体 ab 和 cd 均受到电磁力的作用，且形成

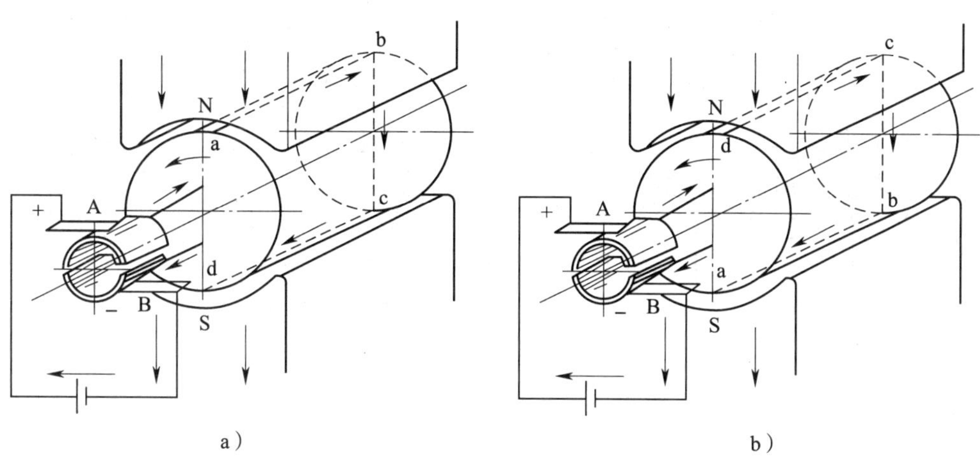

图 3—1—1　直流电动机工作原理

的转矩方向一致，这个转矩称为电磁转矩，为逆时针方向。这样，电枢就顺着逆时针方向旋转，如图 3—1—1a 所示。当电枢旋转 180°时，导体 cd 转到 N 极下，ab 转到 S 极下，如图 3—1—1b 所示，由于电流仍从电刷 A 流入，使 cd 中的电流变为由 d 流向 c，而 ab 中的电流由 b 流向 a，从电刷 B 流出，用左手定则判别可知，电磁转矩的方向仍是逆时针方同。由此可见，加在直流电动机上的直流电源，借助于换向器和电刷的作用，使直流电动机电枢线圈中流过的电流方向是交变的，从而使电枢产生的电磁转矩的方向恒定不变，确保直流电动机朝确定的方向连续旋转。这就是直流电动机的基本工作原理。

2. 直流发电机工作原理

直流发电机的模型与直流电动机模型相同，不同的是用原动机（如汽轮机等）拖动电枢朝某一方向（如逆时针方向）旋转，如图 3—1—2a 所示。这时导体 ab 和 cd 分别切割 N 极和 S 极下的磁感线，感应产生电动势，电动势的方向用右手定则确定，可知导体 ab 中电动势的方向由 b 指向 a，导体 cd 中电动势的方向由 d 指向 c，在一个串联回路中相互叠加，电刷 A 为电源正极，电刷 B 为电源负极。电枢转过 180°后，导体 cd 与导体 ab 交换位置，但电刷的正、负极性不变，如图 3—1—2b 所示。可见，同直流电动机一样，直流发电机电枢线圈中感应电动势的方向也是交变的，而通过换向器和电刷的整流作用，在电刷 A、B 上输出的电动势是极性不变的直流电动势。在电刷 A、B 之间接上负载，发电机就能向负载供给直流电能。这就是直流发电机的基本工作原理。

从以上分析可以看出：一台直流电动机原则上可以作为电动机运行，也可以作为发电机运行，取决于不同的外界条件。将直流电源加于电刷，输入电能，电机能将电能转换为机械能，拖动生产机械旋转，作为电动机运行；如用原动机拖动直流电机的电枢旋转，输入机械能，电机能将机械能转换为直流电能，从电刷上引出直流电动势，作为发电机运行。同一台电机，既能作为电动机运行，又能作为发电机运行的原理称为电动机的可逆原理。

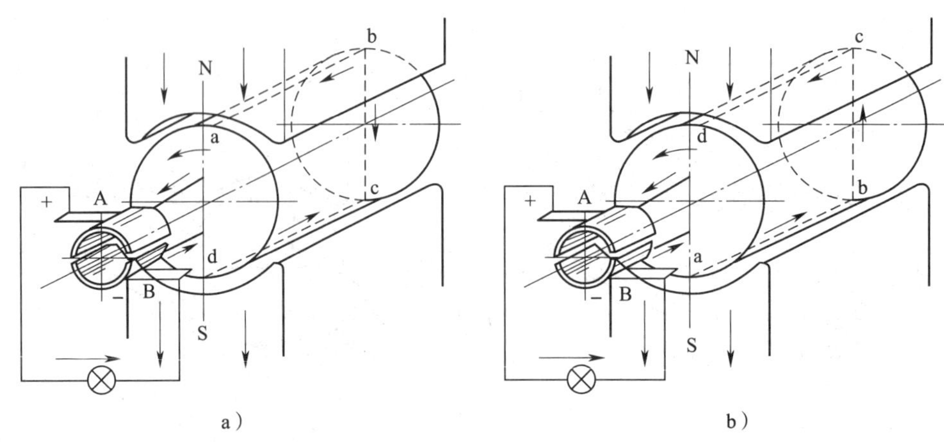

图 3—1—2　直流发电机工作原理

三、直流电动机的结构

一些常见的直流电动机外形如图 3—1—3 所示。直流电动机主要由定子和转子两大基本结构部件组成。定子用来固定磁极和作为电动机的机械支撑，转子中用来产生感应电动势从而实现能量转换的部件称为电枢，使交流电变成直流电的部件称为换向器。

图 3—1—3　常见直流电动机的实物外形

1. 定子部分

直流电动机的定子由主磁极、换向极、机座、端盖、轴承和电刷装置等组成。直流电动机的结构如图 3—1—4 所示。

（1）主磁极

主磁极的作用是产生主磁场。在一般中、小型直流电动机中，主磁极是一种电磁铁，由主磁极铁芯和套在铁芯上的励磁绕组构成。主磁极的结构如图 3—1—5 所示。主磁极的铁芯用 1 ~ 1. 5 mm 厚的钢板冲片叠压紧固而成，分成极身和极靴两部分，上面套励磁绕组的部分称为极身，下面扩宽的部分称为极靴，极靴宽于极身，既可以调整气隙中磁场的分布，又便于固定励磁绕组。励磁绕组用绝缘铜线绕制而成，套在主磁极铁芯上，励磁绕组之间可串联，也可并联。整个主磁极用螺钉固定在机座上。

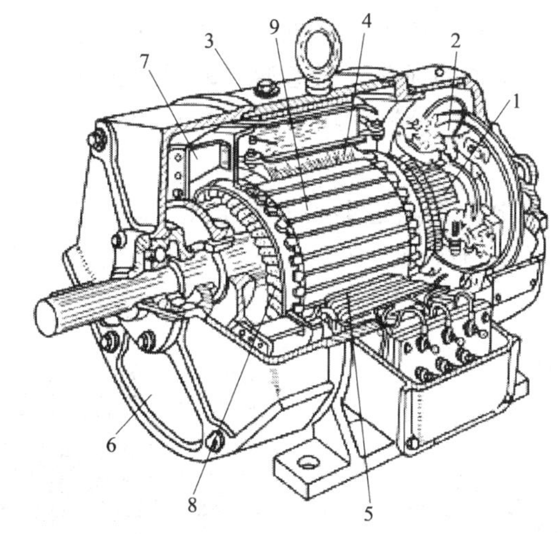

图 3—1—4　直流电动机的结构
1—换向器　2—电刷装置　3—机座　4—主磁极　5—换向极
6—端盖　7—风扇　8—电枢绕组　9—电枢铁芯

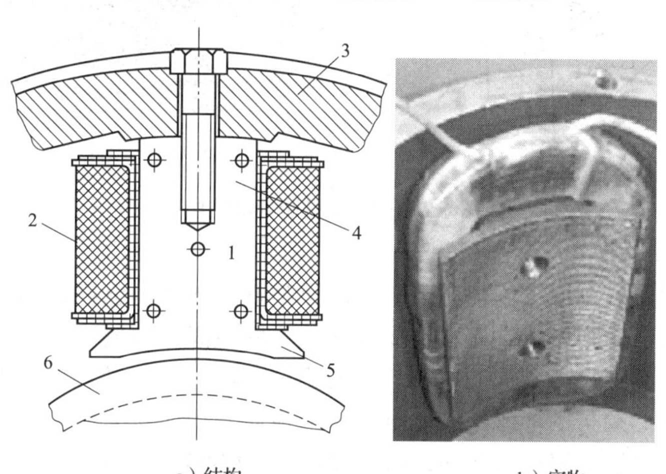

a）结构　　b）实物

图 3—1—5　主磁极的结构
1—主磁极铁芯　2—励磁绕组　3—基座　4—极身　5—极靴　6—转子

（2）换向极

换向极的作用是改善换向，减小电动机运行时电刷与换向器之间可能产生的换向火花，一般装在两个相邻主磁极之间，由换向极铁芯和换向极绕组组成，如图 3—1—6 所示。换向极绕组用绝缘导线绕制而成，套在换向极铁芯上。换向极数目一般与主磁极相同，但是在小功率直流电动机中，换向极的数目可少于主磁极，甚至不装换向极。

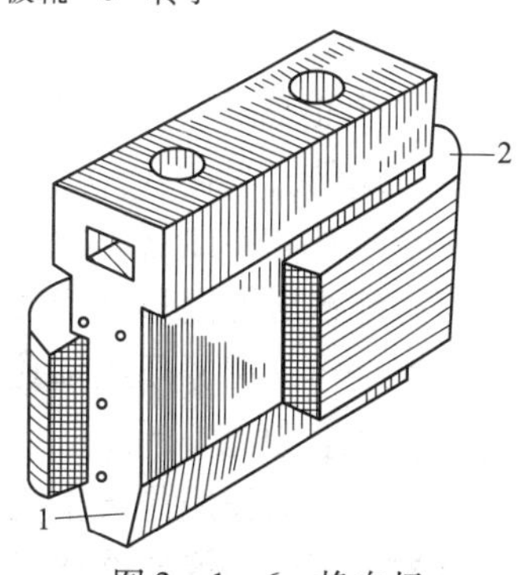

图 3—1—6　换向极
1—换向极铁芯　2—换向极绕组

（3）机座

电动机定子的外壳称为机座。机座的作用有两个：一是固定主磁极、换向极和端盖，并起整个电动机的支撑和固定作用；二是机座本身也是磁路的一部分，借以构成磁极之间磁的通路，磁通通过的部分称为磁轭。为保证机座具有足够的强度和良好的导磁性能，一般为铸钢件或由钢板焊接而成。

（4）电刷装置

电刷的作用是将旋转的电枢与固定不动的外电路相连，把直流电压和直流电流引入。因此，它与换向片既要有紧密的接触，又要有良好的相对滑动。如图 3—1—7 所示为电刷装置的结构。

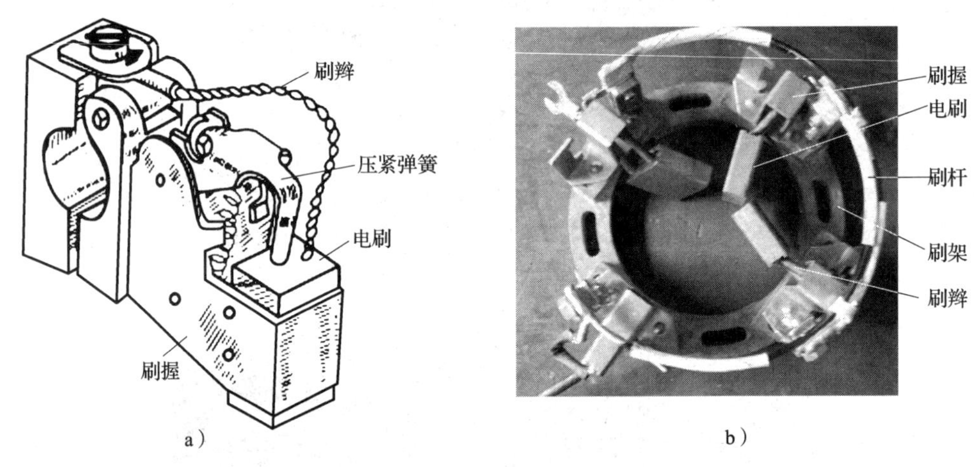

图 3—1—7　电刷装置的结构

a）电刷装置　b）电刷结构图

电刷装置由电刷、刷握、刷杆、刷架和压弹弹簧等组成。电刷是用石墨等做成的导电块，放置在刷盒内，用弹簧将它压紧在换向器上。刷握固定在刷杆上，对于容量大的电动机，同一刷杆上可并接一组刷握和电刷。一般刷杆数与主磁极数相等。由于电刷有正、负极之分，因此刷杆必须与刷杆座绝缘。电刷组在换向器表面应对称分布，刷架可与端盖或机座相连接。整个电刷装置可以移动，用以调整电刷在换向器上的位置。

2. 转子部分

直流电动机的转子通称为电枢，由电枢铁芯、电枢绕组、换向器、转轴、风扇等部分组成。

（1）电枢铁芯

电枢铁芯（见图 3—1—8）是主磁路的组成部分，同时用以嵌放电枢绕组。为了减少电枢旋转时铁芯中磁通方向不断变化而产生的涡流和磁滞损耗，电枢铁芯通常用 0.5 mm 厚的表面有绝缘层的圆形硅钢冲片叠压而成。图 3—1—8a 所示的铁芯冲片外圆均匀地分布着嵌放电枢绕组的槽，环绕轴孔的一圈小圆孔为轴向通风孔。

（2）电枢绕组

电枢绕组的作用是产生电磁转矩和感应电动势，是直流电动机进行能量变换的关键部件。电枢绕组由绝缘导体绕成线圈嵌放在电枢铁芯槽内，每一个线圈有两个端头，按一定规律连接到相应的换向片上，全部线圈组成闭合的电枢绕组。这种线圈通常用高强度聚酯漆

a）

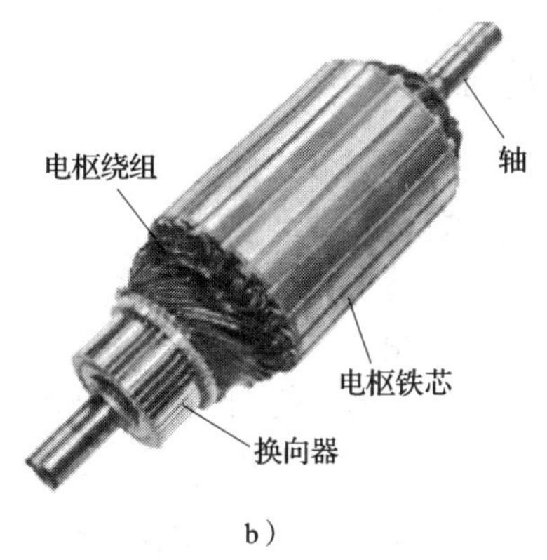

b）

图 3—1—8　直流电动机电枢铁芯

a）电枢铁芯冲片　b）电枢铁芯装配图

包线绕制而成，它的一条有效边（线圈的直导线部分，因切割磁场而产生感应电动势的有效部分）嵌入某个槽中的上层，称为上层边，另一有效边则嵌入另一槽中的下层，称为下层边。电枢线圈在槽内的安放方法如图 3—1—9 所示。

（3）换向器

换向器由许多彼此绝缘的换向片组合而成，如图 3—1—10 所示。它的作用是将电枢绕组中的交流电动势用机械换向的方法转变为电刷间的直流电动势，或反之亦然。换向片可为燕尾形，升高部分分别焊入不同线圈的两个端点引线，片间用云母片绝缘，排成一个圆筒形，目前，小型直流电动机改用塑料热压成形，简化了工艺，节省了材料。

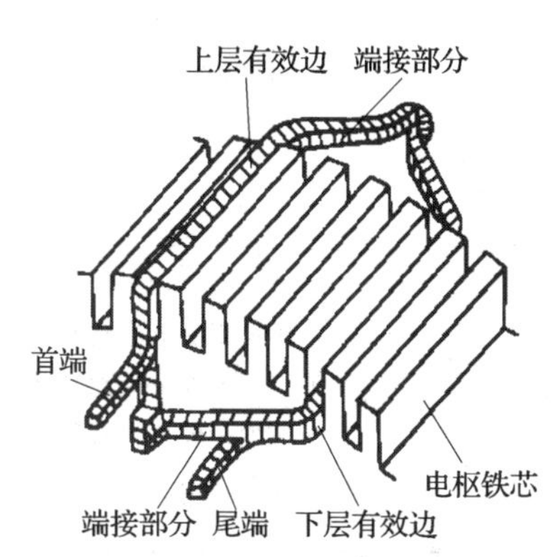

图 3—1—9　电枢线圈在槽内的安放方法

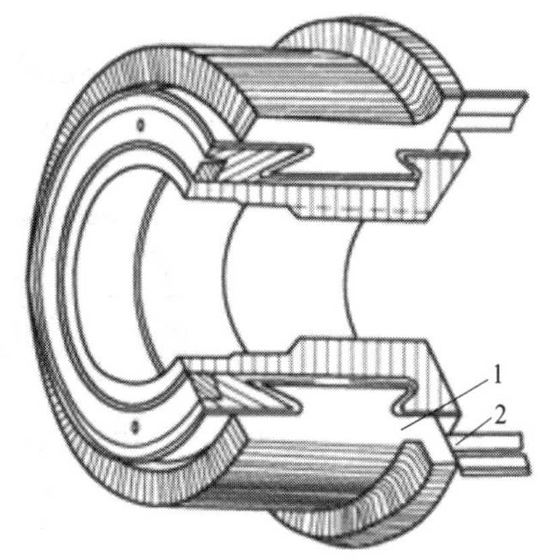

图 3—1—10　换向器的结构

1—换向片　2—连接部分

（4）转轴

转轴的作用是传递转矩，为了使电动机能可靠地运行，转轴一般用合金钢锻压加工而成。

（5）风扇

风扇用来降低运行中电动机的温度。

四、直流电动机的分类

直流电动机的种类较多，性能各异，分类方法也有多种。

1. 按励磁方式分类

励磁方式是指直流电动机主磁场产生的方式。按照直流电动机主磁场的不同，一般可分为两大类，一类是由永久磁铁作为主磁极；另一类是利用给主磁极绕组通入直流电产生主磁场。后一类根据主磁极绕组与电枢绕组连接方式的不同，可分为他励电动机、并励电动机、串励电动机、复励电动机。具体见表 3—1—1。

表 3—1—1　　　　直流电动机按励磁方式分类

名称		电动机绕组接线图	特点
直流他励电动机		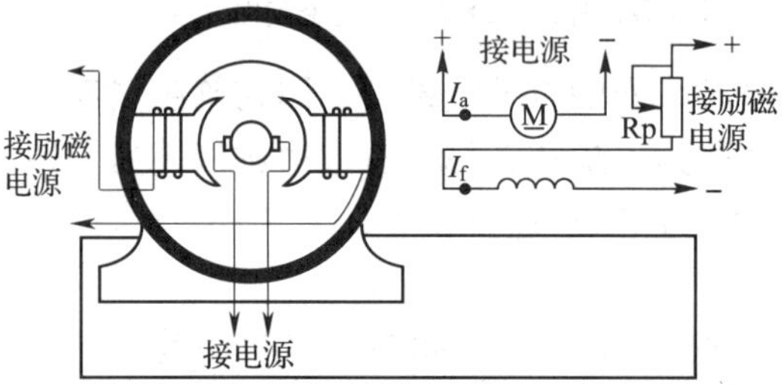 接励磁电源；接电源；+ 接电源 −；I_a；M；I_f；+ 接励磁电源 −；Rp	励磁绕组（主磁极绕组）与电枢绕组由各自的直流电源单独供电，在电路上没有直接联系
直流电动机	并励	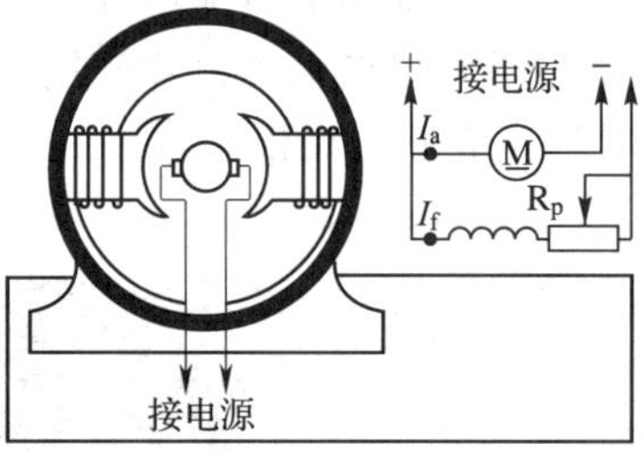 接电源；+ 接电源 −；I_a；M；I_f；R_p	（1）励磁绕组与电枢绕组并联，加在这两个绕组上的电压相等，通过调节电阻 R_P 的大小可调节励磁电流 I_f。$I = I_a + I_f$ （2）励磁绕组匝数多，导线截面积较小，励磁电流只占电枢电流的一小部分
	串励	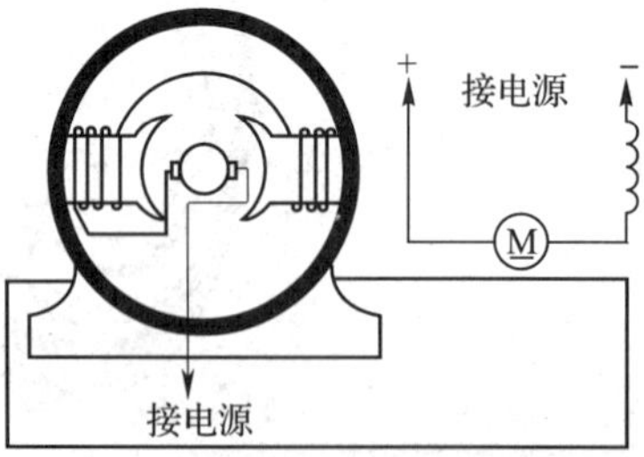 接电源；+ 接电源 −；M	（1）励磁绕组与电枢绕组串联，因此励磁绕组的电流与电枢绕组的电流相等 （2）励磁绕组匝数少，导线截面积较大，励磁绕组上的电压降很小
	复励	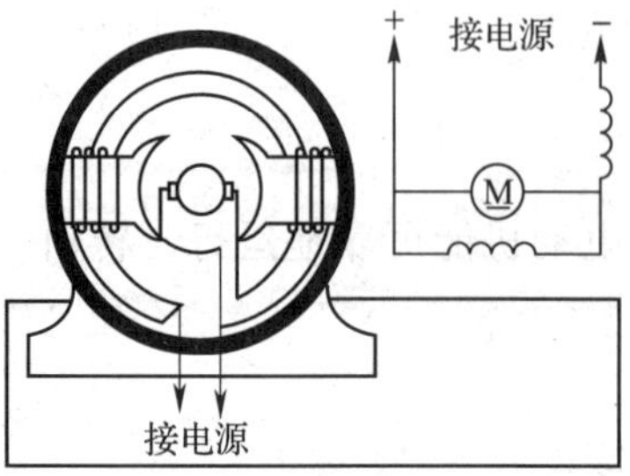 接电源；+ 接电源 −；M	（1）复励电动机的励磁绕组有两组，一组与电枢绕组串联，另一组与电枢绕组并联 （2）当两个绕组产生的磁通方向一致时，称为积复励电动机 （3）当两个绕组产生的磁通方向相反时，称为差复励电动机

续表

名称	电动机绕组接线图	特点
永磁直流电动机	转子 磁铁 N S 接电源	（1）永磁直流电动机由永久磁铁提供固定磁通，不再需要外部的励磁电源。永磁直流电动机没有励磁绕组及相关的功率损耗，效率较高 （2）永久磁铁所需要的空间比励磁绕组所需空间小，电动机尺寸较小

2. 按用途分类

直流电动机按用途分类见表3—1—2。

表3—1—2　　直流电动机按用途分类

序号	产品名称	主要用途	型号	代号意义
1	直流电动机	基本系列，一般工业应用	Z	直
2	广调速直流电动机	用于大范围、恒功率调速系统	ZT	直调
3	起重冶金直流电动机	冶金辅助传动机械	ZZJ	直重金
4	直流牵引电动机	电力传动机车、工矿电动机车和蓄电池车	ZQ	直牵
5	船用直流电动机	船舶上各种辅助机械	ZH	直船
6	精密机床用直流电动机	磨床、坐标镗床等精密机床	ZJ	直精
7	汽车起动机	汽车、拖拉机、内燃机等	ZT	直拖
8	挖掘机用直流电动机	冶金矿山挖掘机	ZKJ	直矿掘
9	龙门刨直流电动机	龙门刨床	ZB	直刨
10	无槽直流电动机	快速动作伺服系统	ZW	直无
11	防爆增安型直流电动机	矿井和有易燃气体场所	ZA	直安
12	力矩直流电动机	作为速度和位置伺服系统的执行元件	ZLJ	直力矩
13	直流测功机	测定原动机效率和输出功率	CZ	测直

3. 按电枢直径分类

电枢直径为1 000 mm以上的，称为大型直流机；电枢直径为425～1 000 mm的，称为中型直流机；电枢直径小于425 mm的，称为小型直流机。

4. 按防护方式分类

按防护方式分为开启式、防护式、防滴式、全封闭式和封闭防水式等。

五、直流电动机的铭牌和额定值

每台直流电动机的机座上都钉有一块铭牌，如图3—1—11所示，它类似于每个人的身份证，上面标注了直流电动机的型号和一些重要技术数据，这些技术数据叫作额定值。额定值是正确选择和合理使用电动机的依据。

直流电动机			
型号	Z4－200－21	励磁方式	他励
额定功率	75 kW	励磁电压	180 V
额定电压	440 V	励磁电流	0.4 A
额定电流	188 A	额定效率	81.2%
额定转速	1 500 r/min	绝缘等级	F 级
定额	连续	出厂日期	××××年××月
××××电机厂			

图 3—1—11　直流电动机的铭牌

1. 型号

电动机型号由若干字母和数字所组成，用以表示电动机的系列和主要特点。根据电动机的型号，便可以从相关手册及资料中查出该电动机的有关技术数据。电动机型号的含义如下：

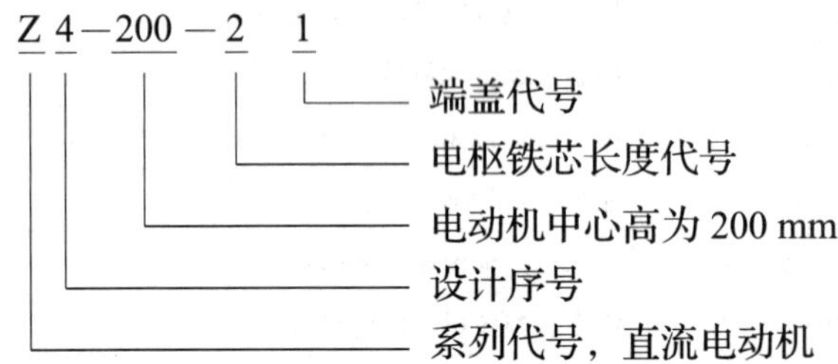

2. 额定功率 P_N

额定功率是指电机在额定情况下允许输出的功率。对于发电机是指输出的电功率；对于电动机是指轴上输出的机械功率，单位一般都为 kW 或 W。

3. 额定电压 U_N

额定电压是指在额定情况下电刷两端输出或输入的电压，单位为 V。

4. 额定电流 I_N

额定电流是指在额定情况下电机流出或流入的电流，单位为 A。

额定功率 P_N、额定电压 U_N和额定电流 I_N三者之间的关系如下：

直流发电机　$$P_N = U_N I_N \tag{3—1—1}$$

直流电动机　$$P_N = U_N I_N \eta_N \tag{3—1—2}$$

式中　η_N——额定效率，%。

5. 额定转速 n_N

额定转速是指在额定功率、额定电压、额定电流时的转速，单位为 r/min。

6. 定额

定额是指电动机在额定值允许的持续运行时间。电动机定额一般分为连续、短时和断续三种工作方式，分别用 S1、S2、S3 表示。

（1）连续定额（S1）

S1 表示电动机在额定工作状态可以长期连续运行。

（2）短时定额（S2）

S2 表示电动机在额定工作状态时只能在规定时间内短期运行，我国规定的短时运行时间有 10 min、30 min、60 min 和 90 min 四种。

（3）断续定额（S3）

S3 表示电动机运行一段时间后就要停止一段时间，只能周期性地重复运行，每一周期为 10min。我国规定的负载持续率有 15%、25%、40% 和 60% 四种。例如，持续率为 25% 时，2.5 min 为工作时间，7.5 min 为停车时间。

7. 励磁方式

励磁方式是指电动机励磁绕组连接和供电方式，通常有他励和自励，自励又包括并励、串励、复励等。

8. 额定励磁电压 U_{fN}

额定励磁电压是指在额定情况下励磁绕组所加的电压，单位为 V。

9. 额定励磁电流 I_{fN}

额定励磁电流是指在额定情况下通过励磁绕组的电流，单位为 A。

10. 额定温升

额定温升是指电动机在额定运行时所允许的温升，即电动机允许的工作温度减去环境温度的数值，单位用 K 表示。

11. 绝缘等级

绝缘等级是指电动机所采用绝缘材料的耐热等级，一般有 B 级、F 级、H 级、C 级。

有些物理量虽然不标在铭牌上，但它们也是额定值，例如，在额定运行状态时的转矩、效率分别称为额定转矩、额定效率等。若电动机运行时各物理量都与额定值一样，称为额定状态。电动机在实际运行时，由于负载的变化，往往不是总在额定状态下运行。如果流过电动机的电流小于额定电流，称为欠载运行；超过额定电流，称为过载运行。长期过载或欠载运行都不好。长期过载有可能因过热而烧坏电动机；长期欠载，电动机没有得到充分利用，效率降低，不经济。电动机在接近额定的状态下运行才是最经济、合理的。

任务实施

直流电动机的简单操作

一、实训目的

能使用拆卸工具，按照工艺要求对直流电动机进行拆装。

二、主要实训器材的认识

直流电动机的简单操作主要实训器材的作用及使用注意事项见表 3—1—3。

表 3—1—3　主要实训器材的作用及使用注意事项

序号	实训器材名称	图例	作用
1	直流他励电动机		实训操作对象
2	锤子		用来传递力量，可避免直接敲击而造成轴或轴承等金属表面的损伤
3	旋具		用来紧固和拆卸螺钉
4	记号笔		做标记

三、实训内容

1. 直流电动机的拆卸

直流电动机的拆卸步骤见表 3—1—4。

表 3—1—4　直流电动机的拆卸步骤

序号	步骤	图例	操作说明
1	拆接线		拆除电动机的所有接线，同时做好复位标记和记录
2	拆换向器的端盖螺栓		拆除换向器的端盖螺栓，并取下轴承外盖

续表

序号	步骤	图例	操作说明
3	取电刷		打开端盖的通风窗，从刷握中取出电刷，并做好标记
4	拆除两端盖的紧固螺栓	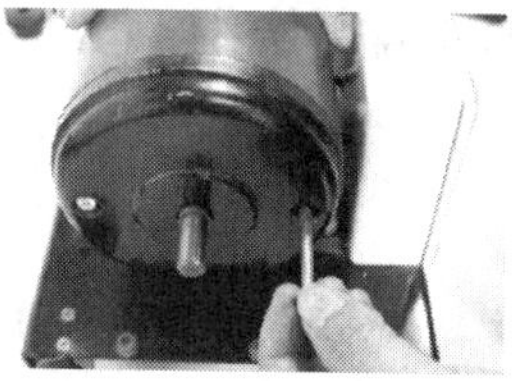	拆除两端盖的紧固螺栓
5	拆换向器端的端盖		拆卸时先在端盖与机座的接合处打上复位标记，然后在端盖边缘处垫上木楔，用锤子沿端盖的边缘均匀地敲打，使端盖止口慢慢地脱开机座及轴承外圈
6	抽出电枢		用厚牛皮纸把换向器包好。拆除轴伸端的端盖螺栓，连同端盖一起将电枢从定子内小心地抽出。操作过程中要防止擦伤绕组、铁芯和绝缘层
7	拆除轴伸端的端盖		用锤子均匀敲打后端盖四周，拆除电枢轴伸端的端盖。轴承只有损坏时才需取下来更换，一般情况下不需要拆卸

2. 直流电动机的装配

直流电动机的装配步骤与拆卸步骤相反，这里不再赘述。

知识拓展

直流电动机的电枢绕组简介

电枢绕组线圈间的连接方法有单叠、复叠、单波、复波、混合（蛙）等。

一、单叠绕组

如图3—1—12所示为线圈数、槽数、换向片数均等于16的单叠绕组。

单叠绕组元件的上层边和下层边分别接在相邻的两个换向片上，同时第一个元件的下层边与第二个元件的上层边接在同一换向片上。

单叠绕组具有以下特点：

1. 直流绕组是一闭合绕组，通过电刷分成若干条支路，且元件数＝换向片数＝虚槽数。

2. 为得到最大感应电动势，并联支路数等于磁极数、等于电刷数，即 $2a=2p$。式中 p 为磁极对数，a 为支路对数。

3. 正、负电刷之间引出的电动势为每一支路的电动势。

4. 由正、负电刷引入的电枢电流 I_a 为各支路电流之和，即 $I_a=2ai$。式中 i 为每一条支路的电流，即绕组元件中流过的电流。

对于极对数 $p>1$ 的电动机，由于材质不均匀及制造误差，会使各个磁极下的磁通不完全相等，导致各支路电动势不等，从而在并联支路之间产生环流。为了抑制这种环流，可将绕组理论上的等位点用导线连接起来。这种连接线称为均压线，如图3—1—12c所示。

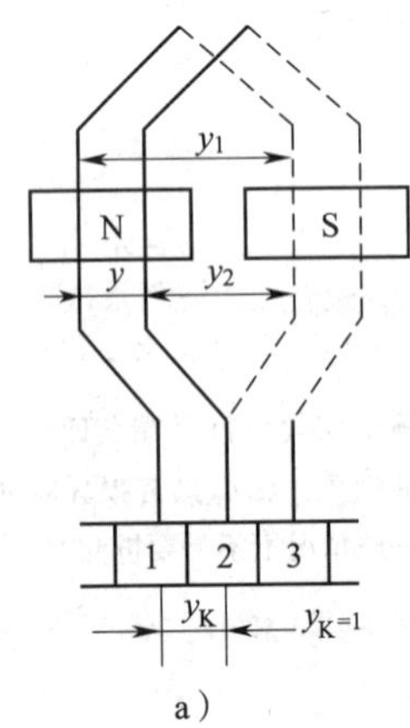

a）

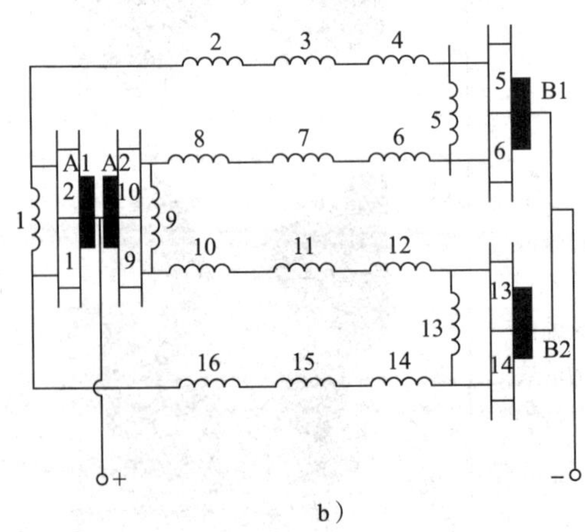

b）

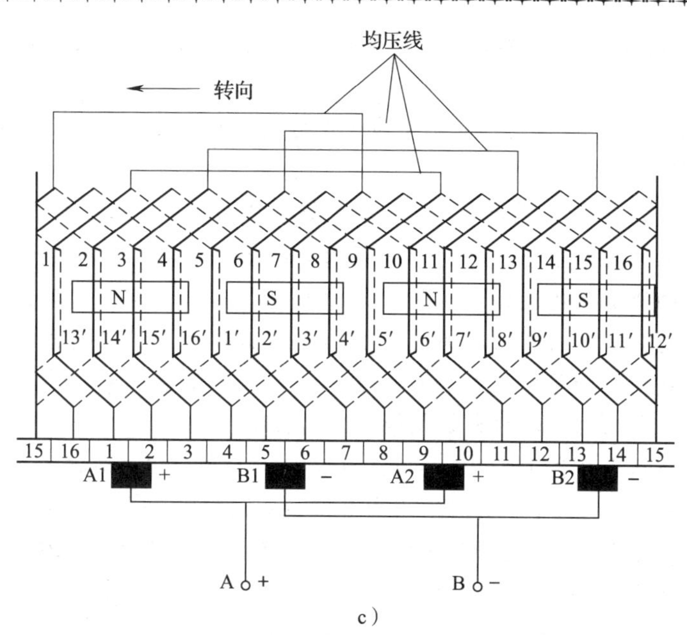

c）

图 3—1—12　单叠绕组

a）绕组元件图　b）并联支路　c）绕组的展开图

二、单波绕组

如图 3—1—13 所示为线圈数、槽数、换向片数均等于 15 的单波绕组。

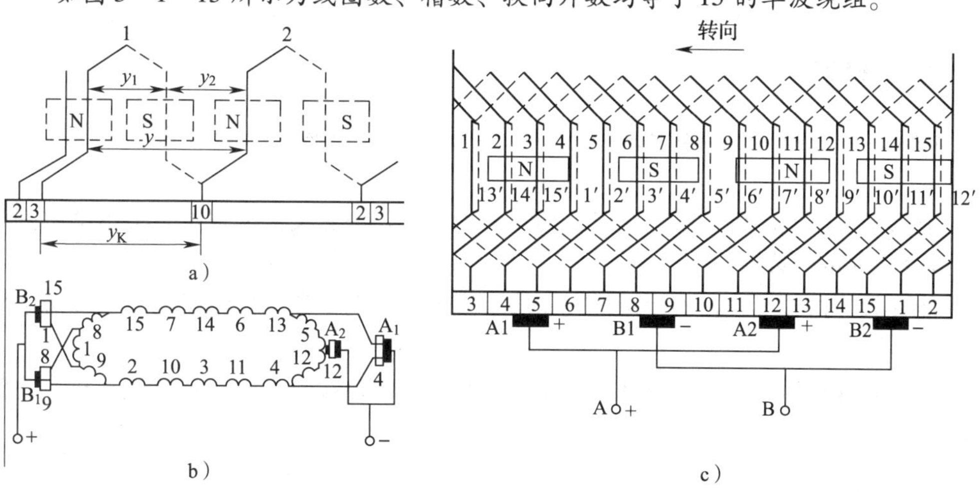

a）　b）　c）

图 3—1—13　单波绕组

a）绕组元件图　b）并联支路　c）绕组的展开图

单波绕组有以下特点：

1. 同极性下各元件串联起来组成一条支路，支路对数 $a=1$，与磁极对数 p 无关。

2. 当元件的几何形状对称时，电刷在换向器表面的位置对准主磁极中心线，支路电动势最大。

3. 原理上只需一对正、负电刷。为了保持支路的对称，实际电刷组数应等于极数，仍安置四组电刷。

4. 电枢电流 $I_a = 2i$，式中 i 为每一条支路的电流，即绕组元件中流过的电流。

直流电动机电枢绕组是闭合的。所谓闭合绕组，是指从电枢绕组中某一导体出发，将绕组中的所有导体连接后，仍回到出发的导体上，自成回路，无固定的引出端。当电枢旋转时，各线圈依次通过电刷作为引出端。为了在闭合绕组中不产生环流，绕组所有线圈电动势的代数和应等于零。因此，从电刷两端看进去，至少要有两条并联支路，它们的电动势大小相等、方向相反。

单叠绕组一般适用于较大电流的直流电动机，单波绕组一般适用于较高电压的直流电动机。在大型电动机中，有时采用由叠绕组和波绕组混合而成的电枢绕组，称为混合绕组。由于其绕组元件的外形很像青蛙，故又称为蛙形绕组。蛙形绕组的主要特点是波绕组和叠绕组之间互相起到均压线的作用，无须另接均压线，从而节省用铜量。

学习活动 2　直流电动机的基本特性

学习目标

1. 能正确描述直流电动机电枢电动势、电磁转矩、电磁功率的概念及电枢反应的意义。

2. 能理解直流电动机功率、电压、转矩平衡方程式的意义，能根据直流电动机的机械特性曲线分析其运行特点。

3. 能在教师指导下，正确使用仪表完成直流电动机电枢和励磁绕组的直流冷态电阻的测量。

4. 能在教师指导下，运用合理的测量仪表测试电动机绕组之间以及绕组与机壳之间的绝缘强度。

知识准备

一、电枢电动势

直流电动机运行时，电枢绕组元件在磁场中运动，切割磁感线产生电动势，称为电枢电动势。电枢电动势是指直流电动机正、负电刷之间的感应电动势，也就是每个支路的感应电动势。其表达式为：

$$E_a = \frac{pN}{60a}\Phi n = C_e \Phi n \qquad (3\text{—}2\text{—}1)$$

式中　E_a——电枢电动势，V；

N——电枢导体总数；

a——电枢绕组并联支路对数；

$C_e = \frac{pN}{60a}$——与电动机结构有关的电动势常数；

Φ——每个磁极的磁通量，Wb；

n——电动机的转速，r/min。

例 3—2—1　已知某直流发电机 $2p=4$，单波绕组，电枢绕组导体总数 $N=648$，电机的转速 $n=1\ 450$ r/min，$\Phi=0.005\ 1$ Wb，求发出的电动势 E_a。如果保持 Φ 不变，转速减至 $n'=1\ 000$ r/min，此时的电动势 E'_a 为多少？

解：$C_e = \frac{pN}{60a} = \frac{2\times648}{60\times1} = 21.6$

$n=1\ 450$ r/min 时，$E_a = C_e\Phi n = 21.6\times0.005\ 1\times1\ 450\approx160$ V

$n'=1\ 000$ r/min 时，$E'_a = C_e\Phi n' = 21.6\times0.005\ 1\times1\ 000\approx110$ V

二、电磁转矩

当电枢绕组中有电流流过时，它与电动机磁场相互作用，将产生电磁力和电磁转矩。电磁转矩表达式为：

$$T = \frac{pN}{2\pi a}\Phi I_a = C_T\Phi I_a \qquad (3\text{—}2\text{—}2)$$

式中　p——磁极对数；

N——电枢导体总数；

a——支路对数；

Φ——每个磁极的磁通量，Wb；

I_a——电枢电流，A；

$C_T = \frac{pN}{2\pi a}$——电动机转矩常数，仅与电动机结构有关。

例 3—2—2　某 4 极直流电动机，单波绕组，电枢导体总数 $N=186$，每极磁通为 6.98×10^{-2} Wb，电枢电流 $I_a=331$ A。求电磁转矩。

解：4 极电动机 $p=2$，单波绕组 $a=1$，则电磁转矩为：

$$T = \frac{pN}{2\pi a}\Phi I_a = \frac{2\times186\times6.98\times10^{-2}\times331}{2\times3.14\times1} \approx 1\ 368.6\ \text{N}\cdot\text{m}$$

三、电磁功率

在直流电动机中通过电磁转矩的传递，实现机械能和电能的相互转换，通常把电磁转矩所传递的功率称为电磁功率。

由力学知识可知，电动机的电磁功率表示为：

$$P = T\omega \tag{3—2—3}$$

式中 ω——电枢转动的角速度，$\omega = \frac{2\pi n}{60}$ r/min。

由于 $T = C_T \Phi I_a$，$E_a = C_e \Phi n$，$C_T = \frac{pN}{2\pi a}$和 $C_e = \frac{pN}{60a}$

因此电磁功率表示为：

$$P = E_a I_a \tag{3—2—4}$$

式（3—2—4）表明电磁功率这个物理量从机械角度讲是电磁转矩与角速度的乘积；从电的角度讲是电枢电动势与电枢电流的乘积。这两者是同时存在、互相转换的。

实际中的直流电动机是有功率损耗的，因此，电磁功率总是小于输入功率而又大于输出功率。

四、直流电动机运行的基本方程式

直流电动机与电源接通，当负载恒定时，直流电动机将以恒定的速度旋转，即电动机处于稳定运行状态。该状态下电动机的电枢电动势、功率、转矩保持平衡关系。直流电动机的电压平衡关系可按其接线方式，根据电路定律列出相关方程。现以并励直流电动机为例进行说明，其电路如图 3—2—1 所示。

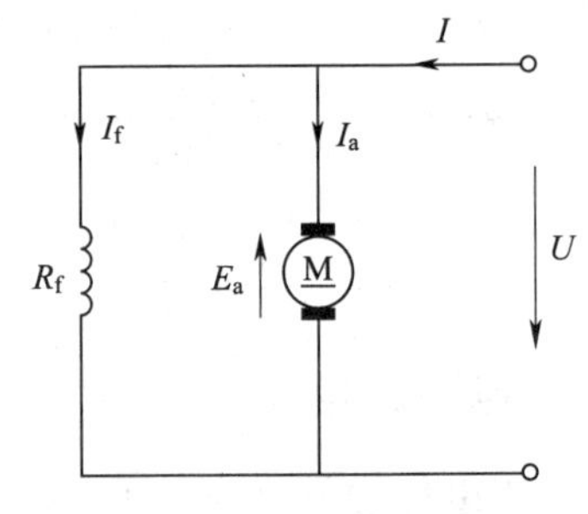

图 3—2—1 并励直流电动机电路图

1. 电压平衡方程

根据直流电动机他励、并励接线图的电路基本规律可以写出他（并）励直流电动机的电路平衡方程式为：

$$U = E_a + I_a R_a + 2\Delta U \tag{3—2—5}$$

式中，ΔU 为每一电刷的接触电压降，通常可认为 ΔU 为常数，一般石墨电刷取 $\Delta U = 1$ V，一对电刷压降 $2\Delta U = 2$ V，忽略电刷压降 $2\Delta U$，可得：

$$U = E_a + I_a R_a \tag{3—2—6}$$

式中 U——电动机外加直流电压；

E_a——电动机的反电动势，$E_a = C_e \Phi n$；

I_a——电动机的电枢电流；

R_a——电动机电枢绕组电阻。

2. 转矩平衡方程

根据牛顿力学定律，稳态运行时电动机应满足转矩平衡方程：

$$T = T_2 + T_0 \tag{3—2—7}$$

式中 T——电动机的电磁转矩，为拖动性质；

T_2——电动机轴上输出的机械转矩，为制动性质；

T_0——空载时电动机损耗所形成的制动性转矩。

对于并励直流电动机，输入电流 I、电枢电流 I_a和励磁电流 I_f之间的关系为：

$$I = I_a + I_f \tag{3—2—8}$$

3. 功率平衡方程

（1）输入功率、电磁功率和铜损耗

如图 3—2—2 所示为直流电动机功率流程。

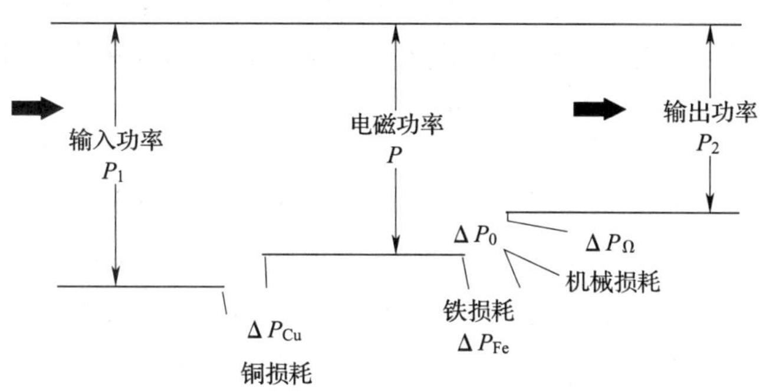

图 3—2—2　直流电动机功率流程

对于直流电动机来说，电磁功率 P 是指电能转变成机械能的这部分功率，直流电动机从电源吸取的电功率称为输入功率 P_1；由于直流电动机的电枢绕组、电刷、电刷与换向器的接触处等都存在着电阻，统称为电枢电阻 R_a，电枢电流流过时，就会发热，产生损耗，称为铜损耗 ΔP_{Cu}。铜损耗是随着负载电流的变化而变化的，所以也称为可变损耗，即：

$$P_1 = P + \Delta P_{Cu} \tag{3—2—9}$$

（2）机械损耗、铁损耗、空载损耗和输出功率

转变成机械功率的电磁功率 P 中有一小部分消耗在电动机的机械损耗上，机械损耗常常产生于电刷与换向器之间，旋转部分与空气的摩擦，轴承、风扇等处，机械损耗用 ΔP_Ω 表示。

在电枢铁芯中还存在着由于磁滞和涡流引起的能量损耗，由于它存在于铁磁回路中，所以称为铁损耗，铁损耗用 ΔP_{Fe}表示。

直流电动机通电并且转动起来后，不管它有没有带负载，机械损耗和铁损耗就会存在。所以，这两项损耗合起来称为空载损耗，它与负载大小基本无关，是一个常量，所以空载损耗也叫作不变损耗，用符号 ΔP_0表示：

$$\Delta P_0 = \Delta P_{Fe} + \Delta P_\Omega \tag{3—2—10}$$

电磁功率和输出功率的关系如下：

$$P = P_2 + \Delta P_0 = P_2 + \Delta P_{Fe} + \Delta P_\Omega \tag{3—2—11}$$

式中　P_2——电动机的输出功率，kW。

直流电动机接上电源后，绕组中便有电流流过，由电源输入的功率是 P_1，从输入功率除去铜损耗 ΔP_{Cu}，余下的是被电动机转换的电磁功率 P，电动机在转动中要产生机械损耗 ΔP_Ω及铁损耗 ΔP_{Fe}。从电磁功率中减去这部分空载损耗 ΔP_0后，就是直流电动机的输出功率 P_2。直流电动机的功率平衡方程式也可以写为：

$$P_1 = P_2 + \Delta P_{Fe} + \Delta P_\Omega + \Delta P_{Cu} \tag{3—2—12}$$

直流电动机的效率为：

$$\eta = \frac{P_2}{P_1} \times 100\% = \frac{P_2}{P_2 + \Delta P_{Cu} + \Delta P_{\Omega} + \Delta P_{Fe}} \times 100\% \tag{3—2—13}$$

例 3—2—3 一台 Z2—51 型直流他励电动机，额定功率（输出功率）$P_2 = 3$ kW，$U_N = 220$ V，$I_a = 16.4$ A，电枢回路电阻 $R_a = 0.84$ Ω，求输入功率 P_1、铜损耗 ΔP_{Cu}、空载损耗 ΔP_0、反电动势 E_a 和电动机的效率 η。

解：

$$P_1 = U_N I_a = 220 \times 16.4 = 3\,608 \text{ W} = 3.608 \text{ kW}$$

$$\Delta P_{Cu} = I_a^2 R_a = 16.4^2 \times 0.84 \approx 226 \text{ W} = 0.226 \text{ kW}$$

$$\Delta P_0 = P_1 - P_2 - \Delta P_{Cu} = 3.608 - 3 - 0.226 = 0.382 \text{ kW}$$

$$E_a = U - I_a R_a = 220 - 16.4 \times 0.84 \approx 206.2 \text{ V}$$

$$\eta = \frac{P_2}{P_1} \times 100\% = \frac{3}{3.608} \times 100\% \approx 83\%$$

五、机械特性

与交流异步电动机一样，当电动机的电源电压 U、励磁电流 I_f、电枢回路总电阻 R 都等于常数时，转速 n 与电磁转矩 T 之间的关系称为直流电动机的机械特性。

1. 他励直流电动机的机械特性

分析他励直流电动机的机械特性，可以从公式 $E_a = C_e\Phi n$、$U = E_a + I_a R_a$ 得到：

$$n = \frac{U - I_a R_a}{C_e \Phi} \tag{3—2—14}$$

再把 $T = C_T \Phi I_a$ 代入上式得：

$$n = \frac{U}{C_e \Phi} - \frac{R_a}{C_e C_T \Phi^2} T = n_0 - \alpha T \tag{3—2—15}$$

上式称为他励直流电动机的机械特性方程，它具有以下特性：

（1）$T = 0$ 时，$n = n_0 = \dfrac{U}{C_e \Phi}$ 称为理想空载转速。由于 C_e 是电动机结构常数，所以 n_0 与 U 成正比，与 Φ 成反比，当 U 和 Φ 不变时，n_0 是一个定值。

（2）他励直流电动机的机械特性是一条过 n_0 点并稍向下倾斜的直线，其斜率 α 为：

$$\alpha = \frac{R_a}{C_e C_T \Phi^2} \tag{3—2—16}$$

式中 C_e、C_T 是由电动机结构决定的常数。他励直流电动机的机械特性如图 3—2—3 所示，其电路如图 3—2—4 所示。

（3）在电源电压、励磁电流均为额定值，电枢回路不串入附加电阻的条件下作出的特性曲线称为自然（固有）机械特性。斜率 α 较小，他励直流电动机的自然机械特性具有硬的机械特性，即电动机负载转矩增大时，转速的下降并不大。按照我国电动机技术标准规定，电动机的转速调整率 Δn 为：

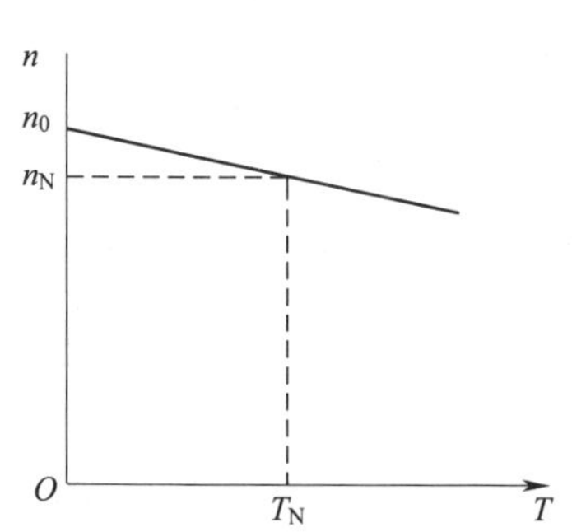

图 3—2—3　他励直流电动机的机械特性

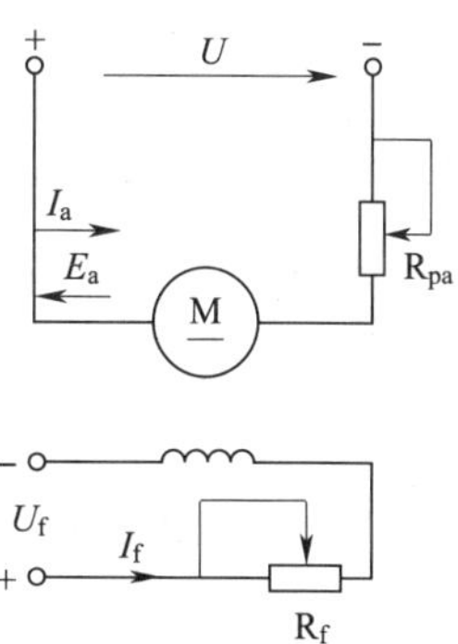

图 3—2—4　他励直流电动机电路图

$$\Delta n = \frac{n_0 - n_N}{n_N} \times 100\% \tag{3—2—17}$$

式中　n_N——电动机的额定转速，r/min。

一般他励直流电动机的转速调整率 Δn 为 3% ~8%。这种特性适用于在负载变化时要求转速比较稳定的场合，经常用于金属切削机床、造纸机械等要求恒速的地方。

2. 并励直流电动机的机械特性

并励直流电动机具有与他励直流电动机相似的“硬的”机械特性，由于并励直流电动机的励磁绕组与电枢绕组并联，共用一个电源，电枢电压的变化会影响励磁电流的变化，使机械特性比他励直流电动机稍软。

3. 串励直流电动机的机械特性

串励直流电动机电路如图 3—2—5 所示，由于串励直流电动机的励磁绕组与电枢绕组串联，故励磁电流 I_f 等于电枢电流 I_a，它的主磁通随着电枢电流的变化而变化，这是串励直流电动机最基本的特点。

当磁极未饱和时，磁通 Φ 与电枢电流 I_a 成正比，即 $\Phi \propto I_a$，又因 $T = C_M \Phi I_a = (C_M/C)\ \Phi^2$，即有：

$$\Phi = \sqrt{\frac{C}{C_M}} \times \sqrt{T}$$

代入公式 $n = \dfrac{U - I_a R_a}{C_e \Phi} = \dfrac{U}{C_e \Phi} - \dfrac{I_a R_a}{C_e \Phi}$

$$n = C_1 \frac{U}{\sqrt{T}} - C_2 R_a \tag{3—2—18}$$

式中　C_1 及 C_2 均为常数，串励励磁绕组电阻较小，可忽略不计。

在磁极未饱和的条件下，串励直流电动机的机械特性如图 3—2—6 所示，它具有以下特性：

（1）串励直流电动机的转速随转矩变化而剧烈变化，这种机械特性称为软特性。在轻负载时，电动机转速很快；负载转矩增加时，其转速较慢。

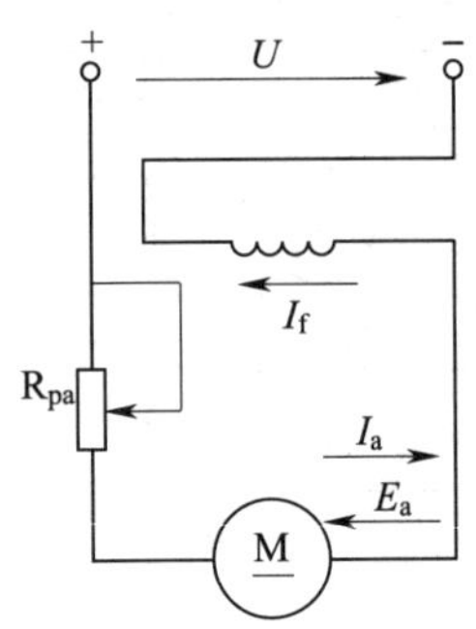

图 3—2—5　串励直流电动机电路图

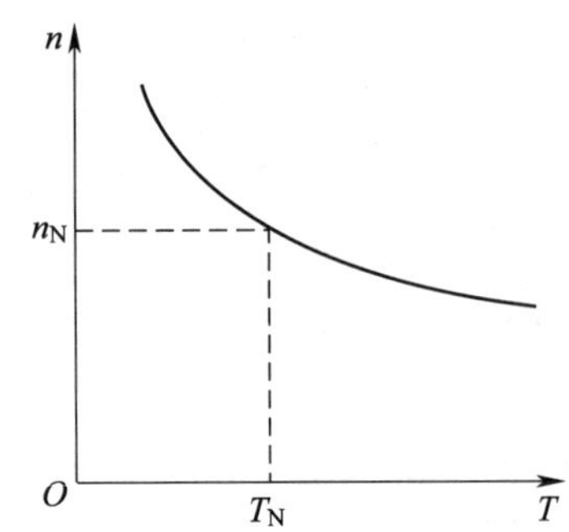

图 3—2—6　串励直流电动机的机械特性

（2）串励直流电动机的转矩和电枢电流的平方成正比，因此，它的启动转矩大，过载能力强。

（3）电动机空载时，理想空载转速 n_0 为无限大，实际中 n_0 也可达到额定转速 n_N 的 5 ~ 7 倍（也称为飞车），这是电动机的机械强度所不允许的。因此，串励直流电动机不允许空载或轻载运行。

（4）串励直流电动机也可以通过电枢串电阻、改变电源电压、改变磁通达到人为机械特性适应负载和工艺的要求。

串励直流电动机适用于负载变化比较大且不可能空转的场合，如电动机车、地铁电动车组、城市电车、电瓶车、挖掘机、铲车、起重机等。

4. 积复励直流电动机

积复励直流电动机的机械特性介于他励与串励直流电动机之间。它具有串励直流电动机的启动转矩大、过载倍数强的优点，而没有空载转速很高的缺点。这种电动机的用途也很广泛，如无轨电车就是用积复励直流电动机拖动的。

5. 人为机械特性

直流电动机可以通过改变电枢回路电阻、电枢电源电压、励磁磁通等方法使机械特性发生变化，以适应负载和工艺的要求。参数改变后对应的机械特性称为人为机械特性。下面以他励直流电动机为例说明三种人为机械特性。

（1）电枢回路串电阻的人为机械特性

电枢加额定电压 U_N，每极磁通为额定值 Φ_N，电枢回路串入电阻 R 后，机械特性表达式为：

$$n = \frac{U_N}{C_e\Phi_N} - \frac{R_a + R}{C_e C_T \Phi_N^2}T \qquad (3—2—19)$$

电枢串入电阻阻值不同时的人为机械特性如图 3—2—7 所示。

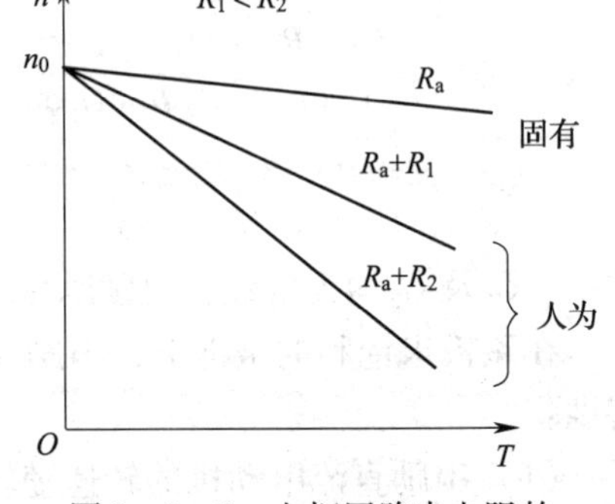

图 3—2—7　电枢回路串电阻的人为机械特性

显然，理想空载转速 $n_0 = \dfrac{U}{C_e\Phi}$，与固有机械特性

的 n_0 相同，斜率 $\alpha = \dfrac{R_a}{C_e C_T \Phi^2}$ 与电枢回路电阻有关，串入的阻值越大，机械特性越倾斜。

电枢回路串电阻的人为机械特性是一组放射形直线，都过理想空载转速点。

（2）改变电枢电压的人为机械特性

保持每极磁通为额定值不变，电枢回路不串电阻，只改变电枢电压时，机械特性表达式为：

$$n = \frac{U}{C_e \Phi_N} - \frac{R_a}{C_e C_T \Phi_N^2} T \tag{3—2—20}$$

电压 U 的绝对值大小不能比额定值高，否则绝缘将承受不住，但是电压方向可以改变。改变电枢电压的人为机械特性如图 3—2—8 所示。

显然，U 不同，理想空载转速 $n_0 = \dfrac{U}{C_e \Phi}$ 随之变化，并成正比关系，但是斜率都与固有机械特性斜率相同，因此，各条机械特性彼此平行。

改变电压 U 的人为机械特性是一组平行直线。

（3）减少气隙磁通量的人为机械特性

减少气隙每极磁通的方法是用减小励磁电流来实现的。由于电动机磁路接近于饱和，增大每极磁通难以做到，改变磁通时，都是减少磁通。

电枢电压为额定值不变。电枢回路不串电阻，仅改变每极磁通的人为机械特性表达式为：

$$n = \frac{U_N}{C_e \Phi} - \frac{R_a}{C_e C_T \Phi^2} T \tag{3—2—21}$$

显然，理想空载转速 $n_0 \propto \dfrac{1}{\Phi}$，$\Phi$ 越小，n_0 越高；而斜率 $\alpha \propto \dfrac{1}{\Phi^2}$，$\Phi$ 越小，特性越倾斜。减少气隙磁通量的人为机械特性如图 3—2—9 所示，是既不平行又不呈放射形的一组直线。

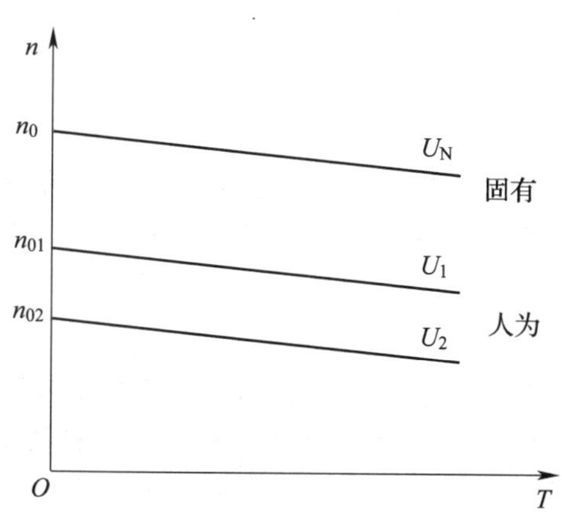

图 3—2—8　改变电枢电压的人为机械特性

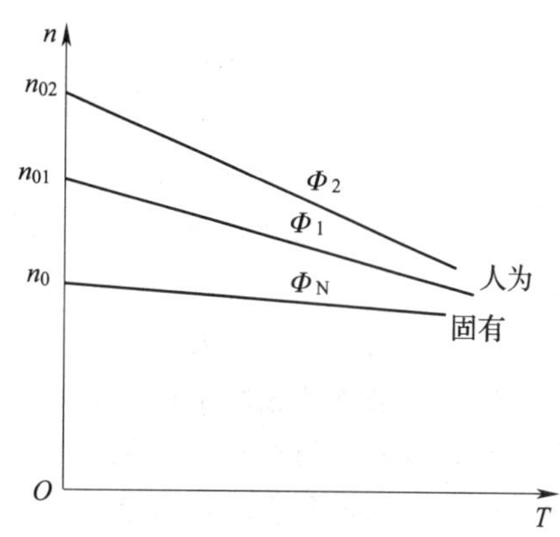

图 3—2—9　减少气隙磁通量的人为机械特性

知识拓展

直流电动机的换向问题

一、换向过程

直流电动机的结构中存在着它特有的部件——电刷和换向器，它们的作用是将外部的直流电变成内部的交流电。这套装置在工作中有一个换向过程，当电枢旋转时，电枢绕组每条支路里所含的元件数目是基本不变的，但组成每条支路的元件在依次循环着更换。一条支路中的某个元件在经过电刷后就成为另一条支路的元件，并且在电刷的两侧，元件中的电流方向是相反的，如图 3—2—10c 所示。因此直流电动机在工作时，绕组元件连续不断地从一条支路退出而进入相邻的支路。电枢绕组元件从一条支路经过电刷转入另一条支路，元件中的电流改变方向，称为换向。单叠绕组的换向过程如图 3—2—10 所示。

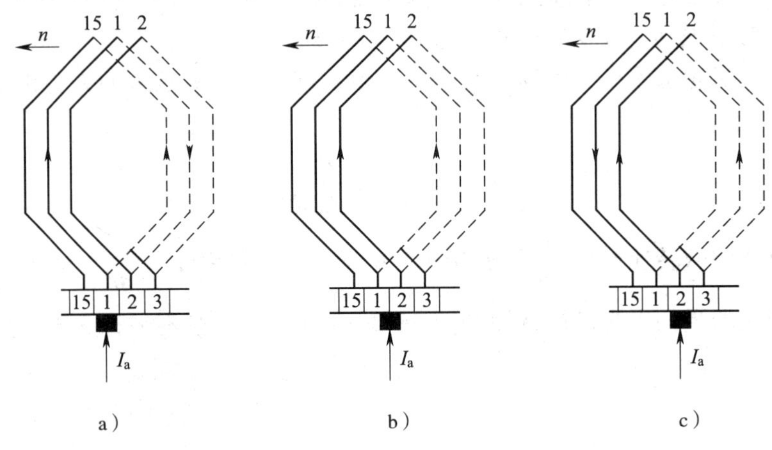

图 3—2—10　单叠绕组的换向过程

如果换向不良，将会在电刷与换向片之间产生有害的火花，直接影响电动机的安全运行。当火花超过一定程度，就会烧坏电刷和换向器表面，使电动机不能正常工作。

二、产生火花的原因

直流电动机的电路中由于存在电刷和换向器之间的动接触，因此在运行时难免会出现或多或少的火花。产生火花的原因是多方面的，除了电磁原因外，还有机械的原因，换向过程中还伴随有电化学、电热等因素，它们互相交织在一起，所以相当复杂。

1. 电磁原因

电抗电动势和电枢反应电动势都在换向元件中产生阻碍换向的附加电流，使得换向元件出现延迟换向的现象，造成换向元件离开一个支路瞬间尚有较大的电磁能量，这部分能量以火花形式释放出来，因而在电刷与换向片之间出现火花。

2. 机械原因

直流电动机的电枢绕组与外电路之间是通过电刷和换向器进行连接的，因此，电刷与换向器之间的接触不良也是产生火花的重要原因。电刷压力过小肯定会造成接触电阻过大而产生火花；电刷压力过大除了增大机械阻力外，同样会使得电刷跳动而产生火花。换向器存在一定的圆度误差、与转轴不同轴、表面不光滑等原因，这些都会使电刷的压力时大时小而产生火花。换向器表面灰尘多也会使电刷接触不良而产生火花。

三、改善换向的方法

改善换向、减小火花就是要设法减小换向元件中的附加电动势和附加电流，越小越好，常用的方法有以下几种：

1. 安装换向极

这是目前改善换向最有效的方法。从产生火花的电磁原因看，要有效地改善换向，就必须减小甚至抵消换向元件中的电抗电动势和电枢反应电动势。换向极装设在相邻两个主磁极之间，如图 3—2—11 所示。换向极绕组产生的磁动势方向与电枢反应磁动势的方向相反，大小比电枢磁动势略大。这样换向极磁动势除了抵消电枢反应磁动势在几何中性线处的作用外，剩余的磁动势在换向元件中产生感应电动势，这个电动势可以抵消换向元件中的电抗电动势，这样就能消除电刷产生的火花，达到改善换向的目的。现在容量在 1 kW 以上的直流电动机都装有换向极。

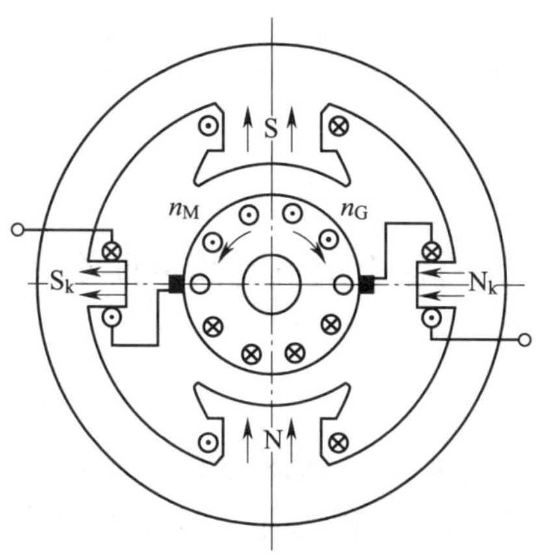

图 3—2—11　直流电动机换向极电路与极性

2. 正确移动电刷

在小容量没有安装换向极的直流电动机中，常用适当移动电刷位置的方法来改善换向。将电刷从电枢几何中性线移动一个适当角度，用主磁场来代替换向极磁场，也可改善换向。正确移动电刷的方法如下：当电机运行于电动机状态时，电刷应逆着电枢旋转方向移动；而运行于发电机状态时，电刷则应顺着电枢旋转方向移动。如电刷移动的方向不正确，不但起不到改善换向的作用，反而会使电机换向更加恶化。

3. 正确选用电刷

不同牌号的电刷具有不同的接触电阻，选择合适的电刷能改善换向。例如，小容量直流电机用石墨电刷，在换向问题突出的场合，采用硬质电化石墨电刷。在更换电机的电刷时，应注意选用同一牌号的电刷，以免造成电刷间电流分配不均匀。

4. 装设补偿绕组

直流电动机负载时的电枢反应使主磁极下的气隙磁场发生了畸变，这样就增大了某几个换向片之间的电压，在负载变化剧烈的大型直流电动机中可能出现环火现象。

所谓环火，是指直流电动机正、负电刷之间出现电弧，电弧被拉长后，直接从一种极性的电刷跨过换向器表面到达相邻的另一极性的电刷，使整个换向器表面布满环形火花。直流电动机出现环火，可在很短时间内损坏电动机。

为避免出现环火现象，采用补偿绕组是有效方法之一。补偿绕组嵌置在主磁极表面的槽内，其中流过的是电枢电流，所以补偿绕组应与电枢绕组串联，其电流方向与对应磁极下电枢绕组的电流方向相反，显然它产生的磁动势与电枢反应磁动势方向相反，从而抵消了电枢反应的影响。装设补偿绕组由于大大增加了成本，因此只用于大型直流电机中。

任务实施

直流电动机的简单操作

一、实训目的

1. 能运用合理的测量仪表测量直流电动机电枢绕组和励磁绕组的直流冷态电阻。
2. 能运用合理的测量仪表测试电动机绕组之间以及绕组与机壳之间的绝缘强度。

二、主要实训器材的认识

直流电动机的简单操作主要实训器材的作用及使用注意事项见表3—2—1。

表 3—2—1　　主要实训器材的作用及使用注意事项

序号	实训器材名称	图例	作用
1	他励直流电动机		实训操作的对象
2	500 V 兆欧表		测量各绕组对机壳之间绝缘电阻、刷握对机壳之间的绝缘电阻
3	直流电流表		用伏安法测量电枢绕组的直流电阻
4	直流电压表		用伏安法测量电枢绕组的直流电阻
5	直流电动机电枢调压电源		给励磁绕组提供励磁电源
6	电枢调节电阻	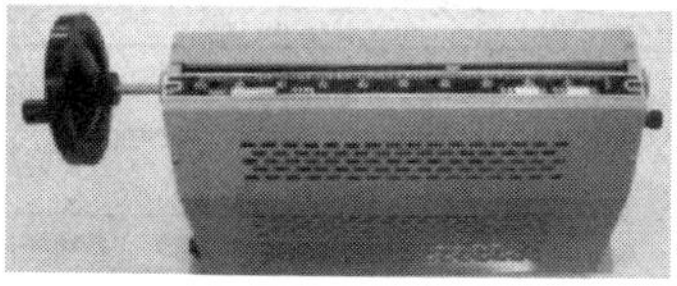	调节电动机电枢电流
7	万用表		检测电压

三、实训内容

1. 测量直流电动机的绝缘电阻

绝缘电阻包括各绕组对机壳之间的绝缘电阻、刷握对机壳之间的绝缘电阻。直流电动机在冷态时，绝缘电阻值最低要求不低于1 MΩ/kV，一般额定电压在500 V以下的电动机在热态时（绕组温升接近额定温升时）绝缘电阻最低不低于0.5 MΩ。绝缘电阻用兆欧表检测。额定电压在500 V以下的电动机选用500 V兆欧表，额定电压在500～3 000 V的电动机选用1 000 V兆欧表，额定电压在3 000 V以上的电动机选用2 500 V兆欧表。

（1）测量方法

如图3—2—12所示，对低压电动机，将500 V兆欧表的“E”端接在电枢轴（或机壳）上，“L”端分别接在电枢绕组、励磁绕组、刷握上，以120 r/min的转速摇动1 min后读出其指针指示的数值，测量出电枢绕组对机壳、励磁绕组对机壳和刷握对机壳的绝缘电阻。

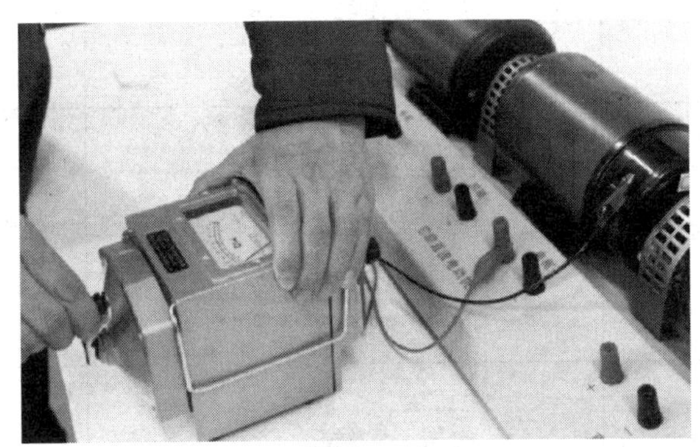

图3—2—12 测量直流电动机绝缘电阻

（2）记录表格

将数据记录于表3—2—2中。

表3—2—2 **直流电动机绝缘电阻的测定**

测量内容	测量值	是否合格
电枢绕组对机壳的绝缘电阻		
励磁绕组对机壳的绝缘电阻		
刷握对机壳的绝缘电阻		

2. 测量电枢绕组和励磁绕组的直流冷态电阻

测量绕组的直流电阻常用电桥法和伏安法。单叠绕组采用电桥法，应在换向器之间两端的两片换向片上进行测量，对于单波绕组应在等于极距的两片换向片上进行测量。测量时要提起电刷，然后用单臂电桥测量直流电动机的励磁绕组、用双臂电桥测量直流电动机的电枢绕组，方法同变压器一次、二次绕组的测量方法。这里重点介绍用伏安法测量电枢绕组的直流电阻。

（1）用伏安法测电枢绕组直流电阻原理

如图 3—2—13 所示，由于电枢绕组电阻值小，电流表的内阻就将影响测量精度，采用电流表外接时，电压表测量得到的电压值不包含电流表内阻的电压降，故测量较精确。此时被测电阻值 R_a 为：

$$R_a = \frac{U}{I}$$

（2）连接工作电路

按图 3—2—13 接线，电阻 R 用 380 Ω 阻值并调至最大。连接的实物线路如图 3—2—14 所示。选用直流电流表，量程选用 1.5 A 挡。经检查无误后接通电枢电源，并调至220 V。调节电阻使电枢电流达到 0.2 A（如果电流太大，可能由于剩磁的作用使电动机旋转，测量无法进行；如果此时电流太小，可能由于接触电阻产生较大的误差），迅速测取电动机电枢两端电压 U 和电流 I。将电动机分别旋转三分之一和三分之二周，同样测取 U、I 另外两组数据，记录于表 3—2—3 中。取三次测量的平均值作为实际冷态电阻值。

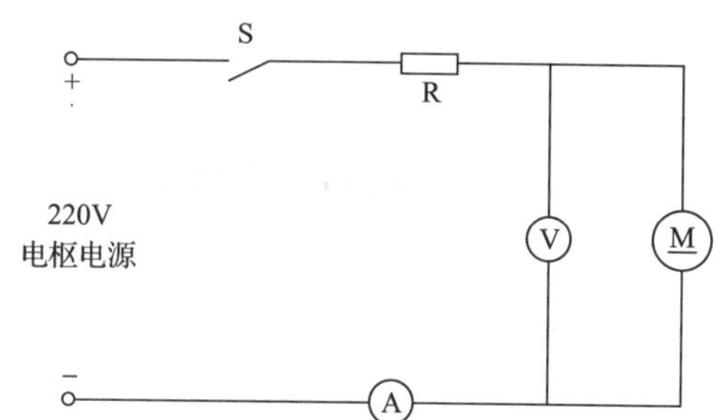

图 3—2—13　用伏安法测电枢绕组的直流电阻原理

图 3—2—14　用伏安法测电枢绕组的直流电阻实物接线图

由实验直接测得电枢绕组电阻为实际冷态电阻值，冷态温度为室温。按下式换算成基准工作温度时的电枢绕组电阻值：

$$R_{aref} = R_a \times \frac{235 + \theta_{ref}}{235 + \theta_a}$$

式中　R_{aref}——换算到基准工作温度时电枢绕组电阻，Ω；

R_a——电枢绕组的实际冷态电阻，Ω；

θ_{ref}——基准工作温度，对于 E 级绝缘为 75℃；

θ_a——实际冷态时电枢绕组的温度，℃。

（3）记录表格

将数据记录于表 3—2—3 中。

表 3—2—3　　直流电动机电枢绕组直流电阻的测量数据　　室温_______℃

序号	U（V）	I（A）	R_a（Ω）	R_a（平均值）（Ω）	R_{aref}（换算）（Ω）	测量结果判定
1			R_{a1} =			一般要求测得的电阻值 R_{aref} 与电动机出厂值比较不超过 ±2%
2			R_{a2} =			
3			R_{a3} =			

知识拓展

直流电动机的电枢反应

一、主磁极磁场

当直流电动机的主磁极绕组中通入励磁电流后，在电动机中即建立起主磁极磁场，如图 3—2—15a 所示为两极电动机的主磁极磁场。

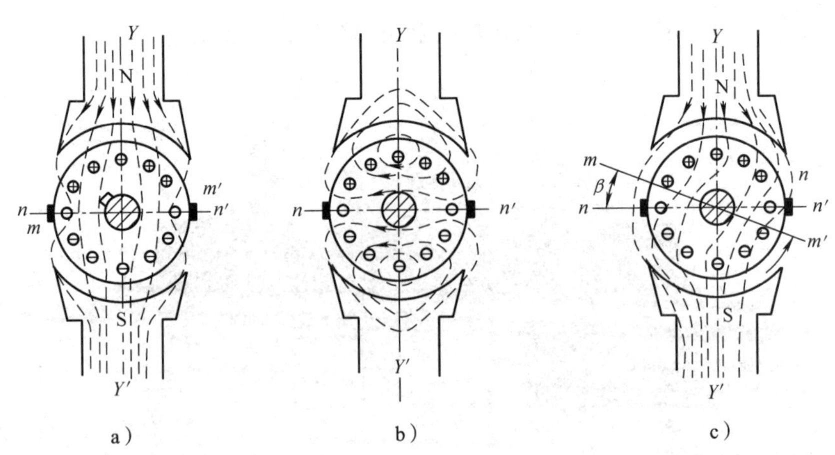

图 3—2—15　直流电动机的电枢反应

a）主磁极磁场分布图　b）电枢磁场分布图　c）合成磁场分布图

在主磁极 N、S 之间并通过电枢轴中心的平分线称为几何中性线。用 nn' 表示。通过电枢轴中心，电枢铁芯圆周上磁通为零的两点连线称为物理中性线，用 mm' 表示。

在电枢电流为零的情况下，主磁场的几何中性线和物理中性线是重合的。

二、电枢磁场

当电动机在负载下运行时，电枢绕组中有负载电流流过，电枢电流产生的磁场称为电枢磁场，其分布情况如图 3—2—15b 所示。从图 3—2—15b 中可以看出电枢磁场的轴线和几何中性线 nn' 是重合的。

三、电枢反应

直流电动机在负载情况下运行，主磁极磁场和电枢磁场同时存在，它们之间互相影响，直流电动机中气隙磁场是主磁极磁场和电枢磁场叠加后的磁场。

假定电枢逆时针转动，主磁极磁场和电枢磁场叠加后的合成磁场如图 3—2—13c 所示。在主磁极的右侧（即电枢旋转时进入的一端），由于主磁极磁场和电枢磁场方向相同，磁通增加；而在主磁极的左侧，主磁极磁场和电枢磁场方向相反，磁通减少。因此，电枢反应使合成磁场的物理中性线 mm' 逆着电枢转动方向移过了一个 β 角。同样，β 角的大小取决于电枢电流的大小，电枢电流越大，电枢磁场越强，β 角就越大，合成磁场就扭曲得越厉害。

综上所述，电枢磁场对主磁场的影响就叫作电枢反应。

直流电动机电枢反应结果如下：

（1）合成磁场发生畸变，物理中性线逆电枢转动方向转过了一个角度，使换向火花增大。

（2）主极磁通受到削弱，使电动机发出的电磁转矩有所减小。

因此，电枢反应对直流电动机是不利的，必须采取措施来减少电枢反应的影响。

学习活动 3　直流电动机的运行与检修

学习目标

1. 能说出直流电动机的启动和反转原理及其实现的方法。
2. 学会直流电动机启动和反转的接线及操作。
3. 能说出直流电动机各种调速方法的特点及应用场合。
4. 能说出直流电动机的制动原理及实现的方法、各种制动方法的特点及应用场合。
5. 能对直流电动机进行日常维护，学会分析和处理直流电动机的常见故障。

知识准备

一、直流电动机的启动

直流电动机接入电源后转速从零逐渐上升到稳定转速的过程称为启动过程。

直流电动机启动的基本要求：

(1) 有足够大的启动转矩，一般为额定转矩的1.5～2.5倍，以便快速启动，缩短启动时间。

(2) 启动电流限制在安全的范围内。一般规定启动电流应不超过额定电流的1.5～2.5倍；此外，启动时间要短，启动设备应安全、可靠、经济。

启动过程是个过渡过程，在启动瞬间电动机接上电源，电枢仍在静止状态，转速未变化，$n=0$，所以 $E_a=C_e\Phi n=0$，此时电枢电流 I_a 为：

$$I_a=\frac{U-E_a}{R_a}=\frac{U}{R_a}=I_{st} \qquad (3—3—1)$$

此时的电流称为启动电流，用 I_{st} 表示。由于 R_a 很小，直接加额定电压启动，启动电流很大，可达额定电流的10～20倍，对电动机本身及电网均产生严重的影响。由 I_{st} 产生的电磁转矩称启动转矩 T_{st}，启动转矩与启动电流成正比，故启动转矩也很大。

直流电动机的启动方法有直接启动、电枢回路串变阻器启动和降压启动。

直接启动无须其他启动设备，操作简便，启动转矩大，但启动电流很大，只适用于小容量直流电动机启动。

1. 电枢回路串变阻器启动

串变阻器启动就是在启动时将一组启动电阻 R_{st} 串入电枢回路，以限制启动电流。待转速上升以后，再逐段将启动电阻切除。此法启动时的启动电流为：

$$I_{st}\approx\frac{U}{r_a+R_{st}} \qquad (3—3—2)$$

因此，只要 R_{st} 的阻值选择得当就能将启动电流限制在允许的范围内。

并励直流电动机和串励直流电动机的串变阻器启动电路如图3—3—1所示。

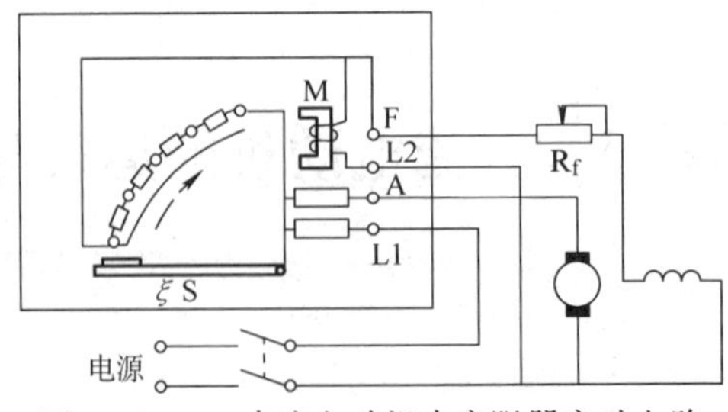

图3—3—1　直流电动机串变阻器启动电路

通常把启动电流限制在（1.5～2.5）I_N 的范围内来选择启动电阻的大小。一般150 kW以下的直流电动机启动电流可取上限；150 kW以上的直流电动机则取下限。

变阻器启动用于各种中、小型直流电动机，大容量直流电动机启动器较笨重，且能耗较大，一般不采用这种方法，而用降压启动。

2. 降压启动

降压启动是降低启动电流的有效方法，启动时励磁绕组电压不受降压的影响，保证有足够的启动转矩，启动过程中逐渐升高电源电压，升速平稳，能耗小，但是需要专用电源，投资较大。

例题 3—3—1 某他励直流电动机额定功率 $P_N = 150$ kW，额定电压 $U_N = 220$ V，额定电流 $I_N = 250$ A，额定转速 $n_N = 500$ r/min，电枢回路电阻 $R_a = 0.078\ \Omega$，拖动额定恒转矩负载运行，忽略空载转矩。

（1）若采用电枢回路串变阻器启动，启动电流 $I_{st} = 2I_N$时，计算应串入的电阻值及启动转矩。

（2）若采用降压启动，条件同上，电压应降至多少？并计算启动转矩。

解：（1）电枢回路串电阻启动：

$$R_{st} = \frac{U_N}{I_{st}} - R_a = \frac{220}{2 \times 250} - 0.078 = 0.362\ \Omega$$

$$T_{st} = 2T_N = 2 \times 9.55 \frac{P_N}{n_N} = 2 \times 9.55 \times \frac{50 \times 10^3}{500} = 1\ 910\ \text{N} \cdot \text{m}$$

（2）降压启动：

$$U_{st} = I_{st}R_a = 2 \times 250 \times 0.078 = 39\ \text{V}$$

$$T_{st} = 2T_N = 2 \times 9.55 \frac{P_N}{n_N} = 2 \times 9.55 \times \frac{50 \times 10^3}{500} = 1\ 910\ \text{N} \cdot \text{m}$$

二、直流电动机的正、反转

电力拖动系统在工作过程中常常需要改变转动方向，为此需要电动机反方向启动和运行。在电动状态下，电磁转矩是拖动性质的转矩，电动机的转向由电磁转矩的方向决定，即反转就是要改变电动机产生的电磁转矩的方向。因为电磁转矩是由主磁通与电枢电流相互作用而产生的，$T = C_T \Phi n$，根据左手定则，任意改变两者之一时，作用力方向就改变。所以，直流电动机改变转向的方法有两种：

1. 在励磁电流方向不变即磁场方向不变的条件下，将电枢电压的正负极反接，从而改变电枢电流和电磁转矩的方向，使直流电动机反转，如图 3—3—2a 所示。

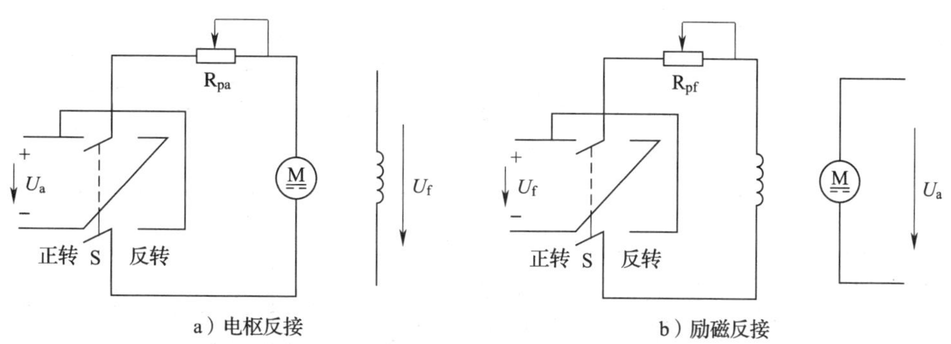

图 3—3—2　他励直流电动机正反转的电路

2. 在电枢电压的极性不变时，将励磁绕组反接，改变励磁电流的方向，即改变了磁场的方向，可使电磁转矩方向改变，实现直流电动机反转，如图 3—3—2b 所示。

由于励磁绕组的匝数多，电感大，电磁惯性较大，为了实现直流电动机高效、快速地反转，往往采用电枢反接的方法。

三、直流电动机的调速

与交流电动机相比，直流电动机有良好的调速性能，调速范围较广，调速连续平滑，经济性好，设备投资少，调速损耗小，调速方法简单可靠。

直流电动机的调速是指电动机的机械负载不变的条件下，改变直流电动机的转速。调速可采用机械方法、电气方法或机械和电气配合的方法。

根据直流电动机的转速公式 $n \approx \dfrac{U - I_a R_a}{C_e \Phi}$ 可知，直流电动机有三种调速方法，即电枢回路串电阻调速法、改变励磁磁通调速法和改变电枢电压调速法。直流电动机调速方法见表 3—3—1。

表 3—3—1　　直流电动机调速方法

方法 项目	电枢回路串电阻调速法	改变励磁磁通调速法	改变电枢电压调速法
实现方法	在直流电动机的电枢回路中串联一只调速变阻器来实现调速	改变励磁电流的大小来实现调速	使用可变直流电源来改变电枢电压实现调速
原理图	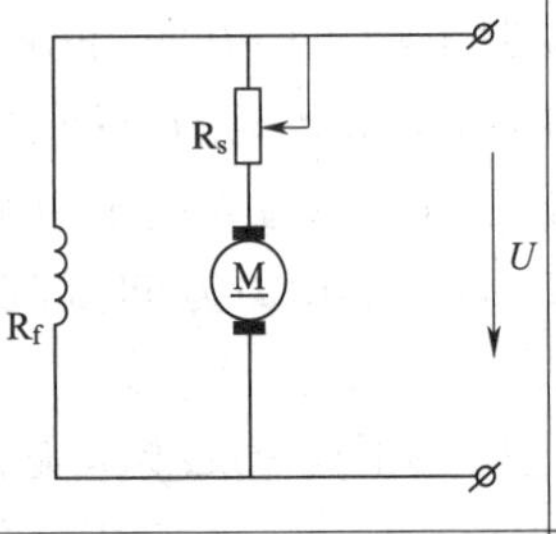 R_s　M　U　R_f	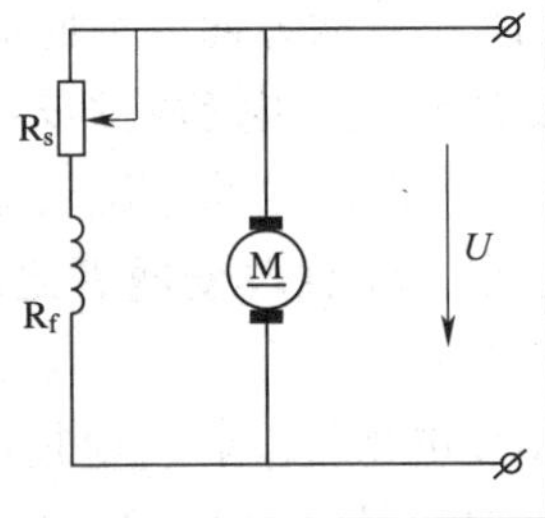 R_s　R_f　M　U	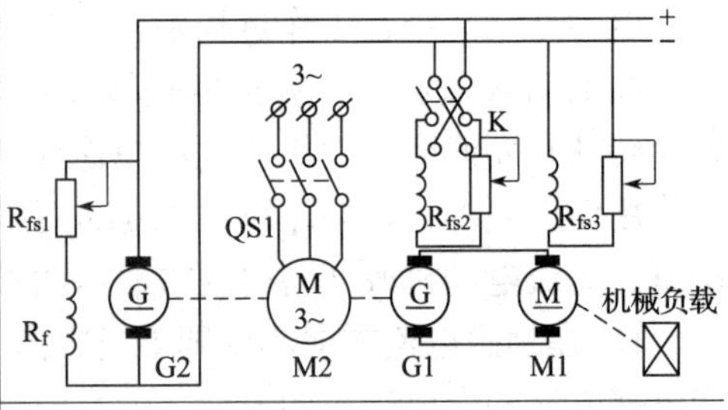 +　−　3~　K　R_{fs1}　QS1　R_{fs2}　R_{fs3}　G　M 3~　G　M　机械负载　R_f　G2　M2　G1　M1
机械特性	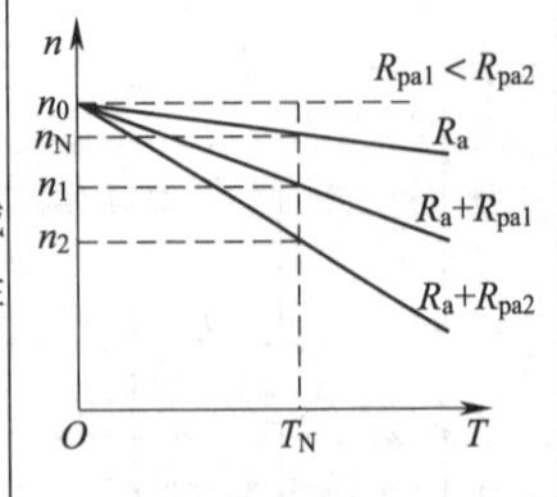 n　$R_{pa1} < R_{pa2}$　n_0　n_N　R_a　n_1　R_a+R_{pa1}　n_2　R_a+R_{pa2}　O　T_N　T	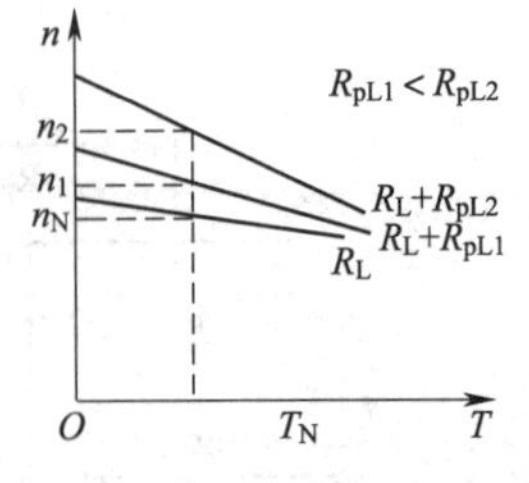 n　$R_{pL1} < R_{pL2}$　n_2　n_1　n_N　R_L+R_{pL2}　R_L+R_{pL1}　R_L　O　T_N　T	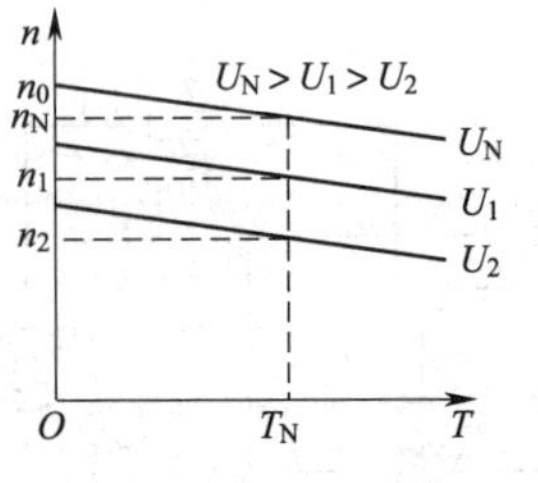 n　$U_N > U_1 > U_2$　n_0　n_N　U_N　n_1　U_1　n_2　U_2　O　T_N　T
特点	（1）设备简单，投资少，只须增加电阻和切换开关，操作方便。小功率直流电动机中用得较多，如电气机车等	（1）调速在励磁回路中进行，功率较小，故能量损失小，控制方便	（1）改变电枢电压调速时，机械特性的斜率不变，所以调速的稳定性好

续表

方法 项目	电枢回路串电阻调速法	改变励磁磁通调速法	改变电枢电压调速法
特点	（2）属于恒转矩调速方式，转速只能由额定转速往下调 （3）只能分级调速，调速平滑性差 （4）低速时，机械特性很软，转速受负载影响变化大，电能损耗大，经济性差	（2）速度变化比较平滑，但转速只能往上调，不能在额定转速以下进行调节 （3）调速的范围较窄，在磁通减少太多时，由于电枢磁场对主磁场的影响加大，会使直流电动机火花增大、换向困难 （4）在减少励磁调速时，如负载转矩不变，电枢电流必然增大，要防止电流太大带来的问题，如发热、打火等	（2）电压可做连续变化，调速的平滑性好，调速范围广 （3）属于恒转矩调速，直流电动机不允许电压超过额定值，只能由额定值往下降低电压调速，即只能减速 （4）电源设备的投资费用较大，但电能损耗小，效率高。还可用于降压启动

四、直流电动机的制动

与交流电动机一样，直流电动机在工作中也需要制动。所谓制动就是在直流电动机上加上与原转向相反的转矩，使直流电动机迅速停转，或由高速很快进入低速运行。直流电动机的制动可以分为机械制动和电气制动，其中电气制动又可以分为能耗制动、反接制动和再生（回馈）制动等。直流电动机电气制动方法见表3—3—2。

表3—3—2　　　直流电动机电气制动方法

方法 项目	能耗制动	反接制动	再生（回馈）制动
实现方法	利用双掷开关将正常运行的直流电动机电源切断后，立即接到一个制动电阻R上，直流电动机的励磁电流保持不变。进入制动状态后，直流电动机拖动系统由于有惯性而继续旋转，电枢电流反向，转矩也反向，其方向和转速方向相反，成为制动转矩，使直流电动机能很快地停转。在能耗制动中，电动机实际变成了发电机运行状态，将系统中的机械动能转化为电能消耗在电枢回路的电阻中	励磁回路的连接保持不变，磁通的方向没有变，利用导向开关使电枢电流的方向倒向，使电磁转矩的方向也随之反向，产生制动作用。当直流电动机速度接近零时，迅速脱离电源，实现直流电动机的反接制动。在反接制动初瞬，电枢电流很大，因为此时的外施电压和感应电动势同方向，随之产生的很大制动性质的电磁转矩，使直流电动机迅速减速并停转，如果继续反接，电动机将反方向旋转。为了避免反接初瞬电流过大，在反接制动时的电枢回路中要接入适当的限流电阻，制动结束后切除	为了限制直流电动机转速过高，如电车下坡时，重力加速度使车速增高，需要限速制动。此时将电车的牵引直流电动机从串励改为他励，电枢仍然接在电网上，励磁电流由其他电源供电，直流电动机的感应电动势随转速增高而增大。当转速高于某一数值时，电枢的感应电动势E大于电压U，则直流电机将进入发电机状态，它的电枢电流和电磁转矩的方向都将倒转，电磁转矩起制动作用。限制转速的进一步提高，电枢电流方向倒转，电功率回馈至电网，故称为回馈制动。回馈电网的电功率来源于电车下坡时所释放的位能

续表

方法 项目	能耗制动	反接制动	再生（回馈）制动
原理图			
特点	能耗制动的优点是所需设备简单，成本低，制动减速平稳可靠。其缺点是能量无法利用，白白消耗在电阻上发热；能耗制动的制动转矩随转速变慢而相应减少，制动时间较长	反接制动的优点是制动转矩比较恒定，制动较强烈，操作比较方便。其缺点是需要从电网吸取大量的电能，而且对机械负载有较强的冲击作用。它一般应用在快速制动的小功率直流电动机上	再生制动的优点是产生的电能可以反馈回电网中去，使电能获得利用，简便可靠而经济。缺点是再生制动只能发生在 $n>n_0$ 的场合，限制了它的应用范围

五、直流电动机的使用和维护

1. 直流电动机的使用

（1）直流电动机的启动准备工作

直流电动机在安装后投入运行前或长期搁置而重新投入运行前，需做下列启动准备工作。

1）用压缩空气吹净附着于直流电动机内部的灰尘，对于新直流电动机应去掉在风窗处的包装纸。检查轴承润滑脂是否洁净、适量，润滑脂占轴承室的三分之二为宜。

2）用柔软、干燥而无绒毛的布块擦拭换向器表面，并检视其是否光洁，如有油污，则可蘸少许汽油拭净。

3）检查电刷压力是否正常均匀，电刷间压力差不超过10%，刷握的固定是否可靠，电刷在刷握内是否太紧或太松，电刷与换向器的接触是否良好。

4）检查刷杆座上是否标有电刷位置的记号。

5）用手转动电枢，检查是否阻塞或在转动时是否有撞击或摩擦之声。

6）接地装置是否良好。

7）用500 V兆欧表测量绕组对机壳的绝缘电阻，如小于1 MΩ则必须进行干燥处理。

8）直流电动机引出线与磁场变阻器、启动器等连接是否正确，接触是否良好。

（2）直流电动机的启动

1）检查线路情况（包括电源、控制器、接线及测量仪表的连接等），启动器的弹簧是否灵活，接触是否良好。

2）由恒压电源供电时，需用启动器启动。闭合电源开关，在直流电动机负载下，转动启动器，在每个触点上停留约2 s时间，直至最后一点，转动臂被电磁铁吸住为止。

3）由单独的可调电源供电时，先将励磁绕组通电，并将电源电压降低至最小，然后闭合电枢回路接触器，逐渐升高电压，达到额定值或所需转速。

4）直流电动机与生产机械的联轴器先别连接，输入小于10%的额定电枢电压，确定直流电动机与生产机械转速方向是否一致，一致时表示接线正确。

5）直流电动机换向器端装有测速发电机时，直流电动机启动后，应检查测速发电机输出特性，该极性与控制屏极性应一致。

6）直流电动机启动完毕，应观察换向器上有无火花，火花等级是否超标。

（3）直流电动机的调速

恒功率弱磁向上调速，可调节磁场调速器，直至转速达所需之值，但不得超过技术条件所允许的最高转速。恒转矩负载可以采用降压或电枢串电阻向下调速。

（4）直流电动机的停机

1）如为变速直流电动机，先将转速降到最低值。

2）去掉直流电动机负载（除串励直流电动机外）后，切断电源开关。

3）切断励磁回路，励磁绕组不允许在停车后长时间通额定电流。

2. 直流电动机的维护

直流电动机在使用过程中定期进行检查，检查时应特别注意下列事项：

（1）常规清洁工作

直流电动机周围应保持干燥，其内外部均不应放置其他物件。直流电动机的清洁工作每月不得少于一次，清洁时应以压缩空气吹净内部的灰尘，特别是换向器、线圈连接线和引线部分。

（2）换向器的保养

1）换向器应是呈正圆柱形光洁的表面，不应有机械损伤和烧焦的痕迹。

2）换向器在负载下经长期无火花运转后，在表面产生一层褐色有光泽的坚硬薄膜，这是正常现象，它能保护换向器的磨损，这层薄膜必须加以保护，不能用砂布磨擦。

3）若换向器表面出现粗糙、烧焦等现象时可用“0”号砂布在旋转着的换向器表面进行细致研磨。若换向器表面出现过于粗糙不平、不圆或有部分凹进现象时应将换向器进行车削，车削速度不大于1.5 m/s，车削深度及每转进刀量均不大于0.1 mm，车削时换向器不应有轴向位移。

4）换向器表面磨损很多时，或经车削后，发现云母片有凸出现象，应以铣刀将云母片铣成1～1.5 mm的凹槽。

5）换向器车削或云母片下刻时，须防止铜屑、灰尘侵入电枢内部。因而要将电枢线圈端部及接头片覆盖。加工完毕用压缩空气做清洁处理。

（3）电刷的使用

1）电刷与换向器的工作面应有良好的接触，电刷压力正常。电刷在刷握内应能滑动自如。电刷磨损或损坏时，应以牌号及尺寸与原来相同的电刷更替之，并且用“0”号砂布进行研磨，砂布面向电刷，背面紧贴换向器，研磨时随换向器做来回移动。

2）电刷研磨后用压缩空气做清洁处理，再使直流电动机做空载运转，然后以轻负载（为额定负载的1/4～1/3）运转1 h，使电刷在换向器上得到良好的接触面（每块电刷的接触面积不小于80%）。

（4）轴承的保养

1）轴承在运转时温度太高，或发出有害杂音时，说明轴承可能损坏或有外物侵入，应拆下轴承清洗检查，当发现钢珠或滑圈有裂纹损坏或轴承经清洗后使用情况仍未改变时，必须更换新轴承。轴承工作 2 000 ~2 500 h 后应更换新的润滑脂，但每年不得少于一次。

2）轴承在运转时须防止灰尘及潮气侵入，并严禁对轴承内圈或外圈的任何冲击。

（5）绝缘电阻

1）应当经常检查直流电动机的绝缘电阻，如果绝缘电阻小于 1 MΩ，应仔细清除绝缘表面的污物和灰尘，并用汽油、甲苯或四氯化碳清除，待其干燥后再涂绝缘漆。

2）必要时可采用热空气干燥法，用通风机将热空气（80℃）送入直流电动机进行干燥，开始绝缘电阻降低，然后升高，最后趋于稳定。

（6）通风系统

应经常检查定子温升，判断通风系统是否正常，风量是否足够，如果温升超过允许值，应立即停车检查通风系统。

六、直流电动机的常见故障及处理

直流电动机的常见故障现象、故障原因及处理方法见表 3—3—3。

表 3—3—3　　直流电动机的常见故障现象、故障原因及处理方法

序号	故障现象	可能的原因	处理方法
1	不能启动	（1）电源无电压 （2）励磁回路断开 （3）电刷回路断开 （4）有电源但直流电动机不能转动	（1）检查电源及熔断器 （2）检查励磁绕组及启动器 （3）检查电枢绕组及电刷换向器接触情况 （4）负载过重或电枢被卡死或启动设备不符合要求，应分别进行检查
2	直流电动机转速不正常	（1）转速过高 （2）转速过低	（1）检查电源电压是否过高，主磁场是否过弱，直流电动机负载是否过轻 （2）检查电枢绕组是否有断路、短路、接地等故障；检查电刷压力及电刷位置；检查电源电压是否过低及负载是否过重；检查励磁绕组回路是否正常
3	电刷下火花过大	（1）电刷不在中性线上 （2）电刷压力不当或与换向器接触不良或电刷磨损或电刷牌号不对 （3）换向器表面不光滑或云母片凸出 （4）直流电动机过载或电源电压过高 （5）电枢绕组或磁极绕组或换向极绕组故障 （6）转子动平衡未校正好	（1）调整刷杆位置 （2）调整电刷压力、研磨电刷与换向器接触面、更换电刷 （3）研磨换向器表面、下刻云母槽 （4）降低直流电动机负载及电源电压 （5）分别检查原因重新校正转子动平衡 （6）重新校正转子动平衡

续表

序号	故障现象	可能的原因	处理方法
4	直流电动机温升过高	（1）长期过载 （2）通风不良 （3）电枢绕组或换向器有短路现象 （4）定转子相擦 （5）电压过低或过高 （6）并励绕组部分短路	（1）减轻负载 （2）检查风扇是否正常，风道是否畅通 （3）检查电枢绕组是否有短路，观察换向器表面是否存在换向片间的短路现象 （4）检查定子铁芯是否松动，轴承是否磨损 （5）恢复电压额定值 （6）用电桥检查电阻值低的绕组
5	直流电动机振动过大	（1）电枢不平衡 （2）风叶不平衡 （3）转轴变形 （4）联轴器未校正 （5）地基不平或地脚螺钉松动	（1）重新校平衡 （2）校正风叶平衡 （3）修理或更换电枢 （4）重新校正，使两轴在同一直线 （5）调整紧固螺钉
6	机壳带电	（1）各绕组绝缘电阻太低 （2）出线端与机座相接触 （3）各绕组绝缘损坏造成对地短路	（1）烘干或重新浸漆处理 （2）修复出线端绝缘 （3）修复绝缘损坏处

知识拓展

一、换向器片间电阻测量

当电枢绕组发生断线、开焊、匝间短路，或换向器发生换向片断裂、片间短路时，造成电磁上的不对称，将会产生换向火花。测量片间电阻就能发现直流电动机是否存在上述故障。

片间电阻测量通常采用压降法，也可以采用专用片间电阻测量仪。

用压降法测量片间电阻时，把相等的测量电流依次通入两个相邻换向片，并用毫伏表测量通电两换向片间的电压降。如果电枢绕组和换向片的焊接是良好的，没有短路、开焊和断线，则全部换向片间电压降应该相等（非全均压出现很小变化）。片间电阻测量得最大值或最小值与平均值之比，误差应不大于5%。测量结果如符合上述标准，说明电枢绕组和换向器存在开焊或短路时，则故障点所在的换向片间电阻值与平均值之间出现较大的差别，可以确定故障所的部位和性质。

如果电枢绕组是蛙绕组，由于在换向片之间构成了复杂的等值电路，当绕组并头套或换向器焊接有一处焊接不良或开焊时，片间电阻即会出现以极对数为周期的正弦变化规律，其中最高峰值即为故障所在位置。相反，当绕组和片间有短路点时，片间电阻正弦变化的最低点即为故障所在位置。

在测量片间电阻时，应注意以下几点：

1. 测量时，电源电压要稳定，避免电压波动影响结果。

2. 对于中、大型直流电动机，必须用较大的电流（30～40 A）通入换向片，才能较准确发现故障点。由于测量电流较大，送电棒和换向片脱离接触时必然会产生电弧，因此，测量最好在换向器非工作表面进行，以免破坏换向器工作表面。

3. 测量操作时应注意，送电棒和测量仪不能直接接触，以免损坏毫伏表。

二、电刷中性面的检查

直流电动机电刷中性线位置，一般应严格在主磁极几何中心线上对于大型直流电动机、可逆运行直流电动机和高速直流电动机尤其是如此。因为当电刷偏离主极中性线时，换向将发生超前和延迟。纵轴电枢会使直流电动机的外特性发生变化，对可逆转电动机来说，两个转向下转速不同，而且外特性也不同，两个转向时换向强弱也不同。在电刷偏离中性位置较大时，由于换向元件进入主极磁通区，直流电动机将产生空载火花。

电刷中性面检查方法：将全部电刷筛起，在励磁绕组出线端上连接一组蓄电池和一个刀闸开关。再用一个毫伏表依次测量相隔一个极距的换向片，当切断和合上开关时，毫伏表上指针将要摆动，毫伏表读数最小位置所对应换向片位置，即为电刷中性面的位置。

在中性面确定后，将刷架或刷焊座圈固定螺钉松开，移动刷架使刷握中心线与中性面对正，此时再紧固固定螺钉，并用漆在机座与刷上做好标志。

应该注意的是中性面检查应在极距、刷距调整后进行，以减少误差。

三、电刷与刷握工作性能检查

1. 电刷弹簧压力的调整

合适的电刷压力是保持滑动接触的重要条件，电刷压力过小，造成电刷跳动和接触压降不稳定；压力过大则可能造成电刷机械磨损增加，换向器温升增高，电刷压力不均匀，会造成各电刷之间电流分布不均匀和个别电刷的火花。

电刷弹簧压力一般应保持在 16～24 kPa 范围内，而且电刷间的压力差不超过 ±10%。电刷的压力与电刷材质和换向器表面圆周速度有关，应合理选定。

电刷弹簧压力测定方法：用弹簧秤在电刷提起方向勾起电刷，在电刷下垫一纸片，当纸片能轻轻被拉出时，弹簧秤的读数就是电刷弹簧压力。

2. 握间隙检查

电刷与刷握之配合应保持一合适间隙并应符合一定公差。间隙过大，电刷在刷握内晃动，影响接触的稳定，有时还产生“啃边”现象；但间隙过小时，影响电刷在刷握内的自由滑动，甚至被“卡死”。

3. 刷握离换向器表面距离的检查

由于刷架和刷握固定螺钉的变形，刷握离换向器表面距离将会发生变化。刷握离换向器表面距离应保持在 2.5 ±0.5 mm 范围内。

刷握离换向器表面距离与电刷应保持一定，这对防止振动有很大关系。双斜刷握与换向器表面距离，还影响电刷宽度，当距离过大时，电刷还将产生“顶角”，影响工作。刷握距离可用厚度为 2～3 mm 的绝缘板进行检查，当距离超过允许值时，可用 2.5 mm 厚绝缘板垫在刷握下，作为调整基准进行调整。

4. 电刷材质和镜面检查

电刷型号是否符合要求，镜面是否出现异常，在换向火花较大时是必须检查的。电刷是构成滑动接触的主要部件，电刷材质和工作状态对换向有很大关系，因电刷牌号不合适或工作状态不正常，将影响滑动接触或造成换向恶化。

一般说来，不同型号的电刷最好不要混用。电刷镜面在换向正常时是平滑光亮的。换向火花较大时，就会出现雾状和灼痕。当电刷中含有碳化硅和金刚砂等杂质时，镜面中就会出白色斑点或在旋转方向留下细沟。湿度过大或有酸性气体，电刷表面将出现镀铜现象。

任务实施

他励直流电动机的启动、调速及反转和检修

一、实训目的

1. 学会直流电动机电枢串电阻启动及反转的接线和操作使用。
2. 学会直流电动机调速的接线和操作使用。
3. 学会直流电动机常见故障的检修方法。

二、主要实训器材的认识

直流电动机的启动、调速和反转主要实训器材的作用及使用注意事项见表 3—3—4。

表 3—3—4　　主要实训器材的作用及使用注意事项

序号	实训器材名称	图例	作用	备注
1	他励直流电动机组		实训操作的对象	直流电动机 M 的 P_N = 185 W，U_N = 220 V，I_N = 1.2 A，n_N = 1 600 r/min
2	500 V 兆欧表		测量各绕组对机壳之间绝缘电阻、刷握对机壳之间的绝缘电阻	

续表

序号	实训器材名称	图例	作用	备注
3	直流电流表		伏安法测量电枢绕组的直流电阻用	
4	直流电压表		伏安法测量电枢绕组的直流电阻用	
5	直流电动机电枢调压电源		给励磁绕组提供励磁电源	
6	变阻箱		调节电动机电枢电流	最大阻值是 380 Ω
7	万用表		检测电压	
8	转速表		测量转速	

三、实训内容

1. 他励直流电动机启动和改变转向

（1）绘制试验线路图并按图连接线路。试验线路如图 3—3—3 所示。实物接线如图 3—3—4 所示。

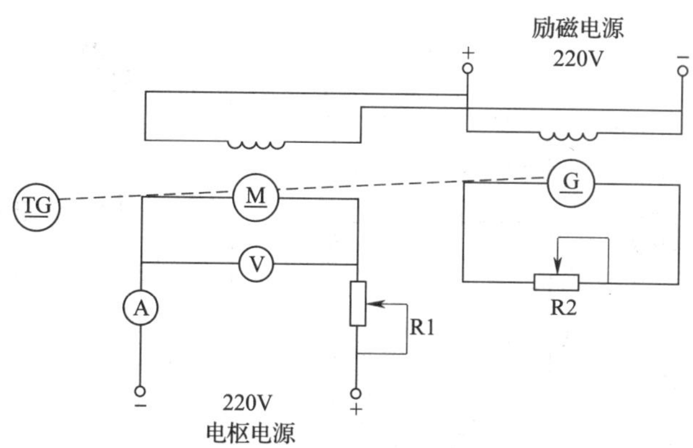

图 3—3—3　他励直流电动机启动和改变转向试验线路

（2）测量数据

1）将直流电动机电枢串联启动电阻 R_1、直流发电机的负载电阻 R_2 调到阻值最大位置，检查实验接线、电流表的极性、量程选择是否正确，直流电动机励磁回路接线是否牢靠，M、G 和 TG 之间是否同轴连接好，做好启动准备。

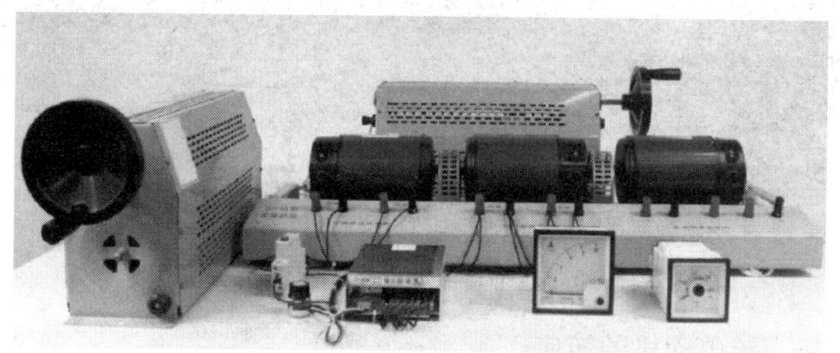

图 3—3—4　他励直流电动机启动和改变转向试验实物接线

2）开启控制屏上的电源总开关，使直流电动机 M 串电阻 R_1 降压启动。

从测速发电机的轴伸出端观察直流电动机旋转方向为________________。用转速表测量直流电动机转速为________ r/min，启动电压为________ V，启动电流为________ A。

3）逐步切除 R_1，使直流电动机 M 全压启动。

用转速表测量直流电动机转速为________ r/min，电枢电压为________ V，电枢电流为________ A。

4）改变直流电动机的转向。将电枢串联启动变阻器 R_1 的阻值调回到最大值，切断控制屏上的电枢电源开关和励磁电源开关，使他励直流电动机停机。在断电情况下，将电枢绕组的两端接线对调后，再按他励直流电动机的启动步骤启动直流电动机。

从直流电动机轴伸出端观察直流电动机旋转方向为________________。用转速表测量直流电动机转速为________ r/min，启动电压为________ V，启动电流为________ A。

2. 他励直流电动机的调速

（1）绘制试验线路图并按图连接线路。试验线路如图 3—3—5 所示。实物接线如图 3—3—6 所示。

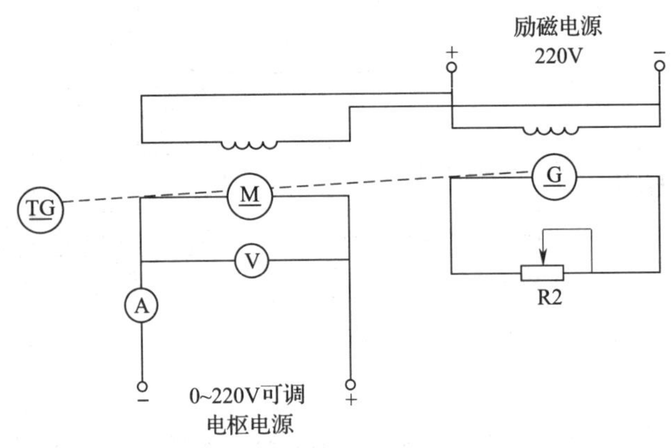

图 3—3—5　他励直流电动机调速试验接线

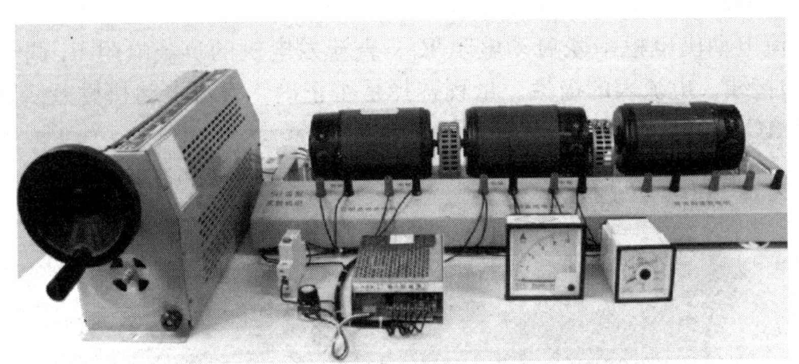

图 3—3—6　他励直流电动机调速试验实物接线

（2）调节他励直流电动机的转速

直流电动机全压启动后，将直流电动机 M 电枢回路的可调直流电源逐步减小，测量 3～5 组数据记录在表 3—3—5 中。

表 3—3—5　　**直流电动机串电阻调速值的测量**

序号	1	2	3	4	5	6
U_a（V）						
I_a（A）						
n（r/min）						
结论：________________________________						

注意：

1）他励直流电动机启动时，须先接通励磁电源，同时必须将电枢串联启动电阻 R1 调至最大，然后方可接通电枢电源。使直流电动机正常启动。启动后，将启动电阻 R1 调至零，使直流电动机正常工作。

2）他励直流电动机停机时，必须先切断电枢电源，然后断开励磁电源。同时，必须将电枢串联的启动电阻 R1 调回到最大值，给下次启动做好准备。

3）测量前注意仪表的量程、极性及其接法，是否符合要求。

3. 直流电动机的常见故障检修

直流电动机为直流电源供电，其主要常见的一些故障有以下几个特点。

- 若直流电动机不启动，首先应检测其是否有电源电压，然后再检测直流电动机是否过载。
- 若直流电动机的电刷火花过大，则可能是由于电刷没有在中性线上或刷架的中心位置不对等引起的。
- 若直流电动机在运行时整机过热并有冒烟现象，大多是直流电动机过载运行时间过长或电源电压不稳等引起的。
- 若直流电动机在运行时出现较大的振动，则可能是轴承的磨损过大、转子不平衡、转轴弯曲等引起的。

（1）直流电动机不能启动的故障检修

1）故障现象。直流电动机通电后不启动，也无任何反应。

2）故障分析。根据上述故障表现和维修经验可知，造成直流电动机通电后不启动的原因一般有以下几种情况：

①接通电源后电源无电压。

②换向器表面不清洁。

3）故障检修。根据对上述故障的分析，下面具体介绍故障的排除方法。

①若怀疑电源无电压，首先检查直流电动机内部连接线（包括励磁回路、电枢回路）的情况，若连接线没有接好，将其连接上即可。直流电动机检查导线的连接状态如图 3—3—7 所示。导线要是没有连接好，会导致直流电动机不能正常启动。

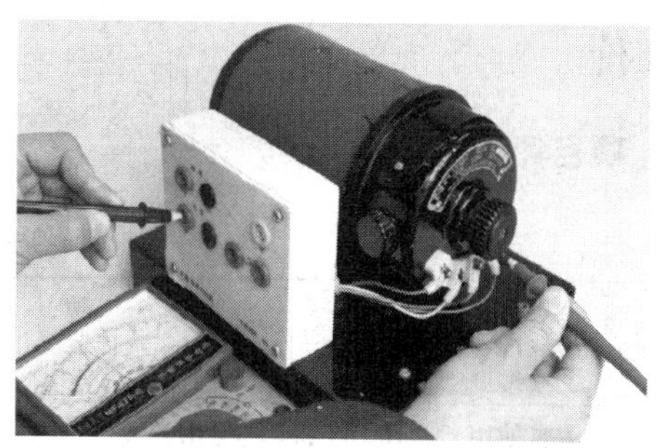

图 3—3—7　直流电动机检查导线的连接状态

②若怀疑换向器表面不清洁，用比较柔软的毛刷清理干净。

4）故障排除。找到故障原因之后修复，将直流电动机通电调试，若直流电动机能正常启动，则说明故障排除。

（2）直流电动机电刷火花过大的故障检修

1）故障现象。直流电动机通电工作时，电刷出现较大的火花。

2）故障分析。根据上述故障现象，造成直流电动机在工作时电刷出现较大火花的原因一般有以下几种情况：

①电刷不在中性线上。

②电刷上弹簧压力不均匀。

③电刷与刷架配合不当。

3）故障检修。根据对上述故障的分析，下面具体介绍故障的排除方法。

①若怀疑直流电动机电刷不在中性线上，就调整电刷中性线。

②若怀疑电刷上的弹簧压力不均匀时，适当调整弹簧压力，如图 3—3—8 所示。

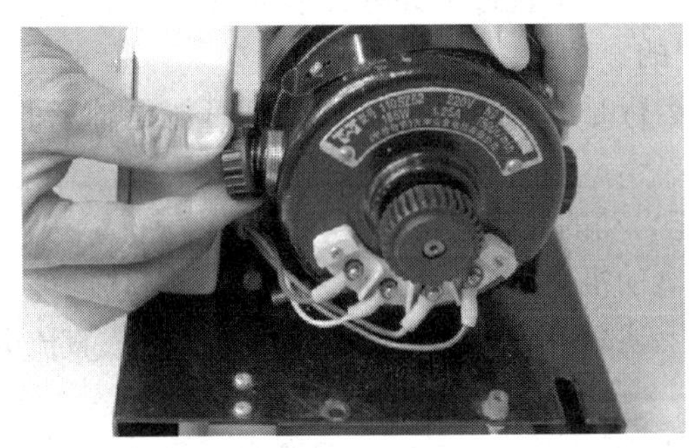

图 3—3—8　直流电动机调整电刷弹簧压力

③若怀疑电刷与刷架配合不当时，首先查看电刷是过紧或过松，要保证在热态时，电刷在刷架中能自由滑动，过紧可用砂纸将电刷适当磨去一些，过松的要更换新电刷。

4）故障排除。找到故障原因后更换电刷，将电刷装好，进行开机检查。若经检查后，直流电动机没有发现火花过大现象，则说明故障排除。

四、评价

1. 项目评价

项目评价表

评价项目	考核内容	配分	评分标准	自我评价（20%）	小组评价（30%）	教师评价（50%）	总分
直流电动机的拆装	工具使用	10	工具使用方法不当，每处扣 2 分				
	拆装步骤	20	（1）拆卸步骤不正确，每处扣 5 分 （2）损伤零部件，每只扣 5 分				

续表

评价项目	考核内容	配分	评分标准	自我评价（20%）	小组评价（30%）	教师评价（50%）	总分
直流电动机的测试	绝缘电阻和电枢直流电阻测定	15	数据测量错误或读数不精确，每处扣5分				
	直流电动机的启动、反转和调速	20	接线不正确每处扣3～5分				
直流电动机的检修	故障现象	5	故障现象描述不正确扣5分				
	故障范围	5	故障范围分析错误每处扣3～5分				
	故障检测	15	故障检测步骤不正确每处扣3～5分				
	故障判断	10	故障点判断错误扣10分				
安全文明生产		10	违反安全操作规程，酌情扣5～10分				
总评							

2. 综合评价

评价考核分四个等级：A（100～90）、B（89～75）、C（74～60）、D（59～0）。

评价表

项目名称	评价内容	配分	评价分数		
			自评	互评	教师评
职业素养考核项目（40%）	劳动保护穿戴整洁	6			
	安全意识、责任意识、服从意识	6			
	积极参加教学活动，按时完成学生工作页	10			
	团队合作、与人交流能力	6			
	劳动纪律	6			
	生产现场管理6S标准	6			
专业能力考核项目（60%）	专业知识查找及时、准确	12			
	操作符合规范	18			
	操作熟练，工作效率	12			
	成品的验收质量	18			
总分					
总评	自评（20%）+互评（20%）+教师评（60%）	综合等级：	教师签名：		

任务四　传送带变频器控制线路的安装与调试

学习目标

1. 能正确描述变频器的应用、分类、结构、铭牌参数及基本工作原理。
2. 能根据任务要求，合理制订工作计划，列出并准备好工具、材料。
3. 能正确选择变频器。
4. 能完成传送带变频器控制线路的安装、变频器参数设置以及系统调试。

建议课时

60 课时

任务描述

在现代工业生产中，90% 以上的动力来自电动机，为满足生产机械的加工要求，需要对电动机进行启动、正反转、调速和制动等控制，而这些环节中最重要的是调速控制，调速的控制精度往往决定着产品的质量。目前工业控制领域有两大调速系统，即直流调速系统和交流调速系统。

20 世纪 80 年代之前，因直流调速易于实现，且调速精度高，工业生产中普遍采用直流调速，而在变频器产生以后改变了这种局面。交流电动机变频调速成为当今节约电能，改善生产工艺流程，提高产品质量，改善运行环境的一种主要手段。变频调速以其高效率，高功率因数，以及优异的调速和启制动性能等诸多优点而被国内外公认为最有发展前途的调速方式。

变频器是目前生产型企业普遍采用的工业控制设备，作为一名维修电工应掌握变频器的接线及参数设置方法。

某车间的传送带原来采用继电控制系统，为了改善控制性能，实现节能的效果，现利用变频器对传送带电气线路进行改造，现委派维修电工班完成此任务，要求在三周内完成安装、调试，交有关人员验收。

工作流程与活动

学习活动 1　变频器的认识

学习活动 2　传送带变频器控制线路的安装与调试

学习活动 1　变频器的认识

学习目标

1. 能描述变频器的应用、分类、结构及铭牌参数。
2. 能描述变频器的接线端子功能。
3. 能描述变频器工作模式、面板按键功能。
4. 能运用变频器面板进行各种参数设定。

知识准备

一、变频调速原理

由三相异步电动机的转速公式 $n=60f_1(1-S)/P$ 可知，三相异步电动机有三种调速方式，即变磁极对数调速、变转差率调速和变频调速。

1. 变磁极对数调速

定子磁场的磁极对数取决于定子绕组的结构，所以要改变 P，必须将定子绕组制成可以换接成两种磁极对数的特殊形式。通常一套绕组只能换接成两种磁极对数。

变磁极数调速的主要优点是设备简单、操作方便，既适用于恒转矩调速，又适用于恒功率对调速。其缺点是属于有级调速，且级数有限，因而只适用于不需要平滑调速的场合。

2. 变转差率调速

以改变转差率为目的调速方法有定子调压调速、转子变电阻调速、电磁转差离合器调速、串级调速等，一般适用于绕线式异步电动机或滑差电动机。

3. 变频调速

当磁极对数 P 不变时，电动机转子转速与定子电源频率成正比，因此，连续改变供电电源的频率，就可以连续平滑地调节电动机的转速。

异步电动机变频调速具有调速范围广、调速平滑性能好、机械特性较硬等优点，可以方便地实现恒转矩或恒功率调速，因此变频调速是目前三相异步电动机普遍采用的调速方式。目前实现变频调速的装置是变频器，变频器是能将工频交流电源变换成频率、电压连续可调的适用于交流电动机的调速装置。

二、变频器的应用

变频器在工业生产和日常生活中都有广泛的应用，如风机、水泵、电梯、拉丝机、搅拌机、空调、给料机、印染机等。

1. 电梯

由于电梯是载人工具，要求拖动系统高度可靠，又要频繁地加减速和正反转，过去电梯调速采用直流调速，目前改为交流电动机变频调速。这使电梯动态特性和可靠性提高，增加了电梯的安全性、舒适性和效率。电梯如图 4—1—1 所示。

2. 空调

写字楼、商场和一些超市、厂房都有中央空调，在夏季的用电高峰，空调的用电量很大。空调采用变频装置，拖动空调系统的冷水泵、风机是一项非常好的节电技术。空调如图 4—1—2 所示。

图 4—1—1　电梯

图 4—1—2　空调

3. 给料机

冶金、电力、煤炭、化工等行业，给料机众多，无论圆盘给料机还是振动给料机，采用变频调速效果均非常显著。给料机如图 4—1—3 所示。

4. 拉丝机

生产钢丝的拉丝机，要求高速、连续化生产，调速系统要求精度高、稳定度高，采用变频调速能很好地满足这些控制要求。拉丝机如图 4—1—4 所示。

图 4—1—3　给料机

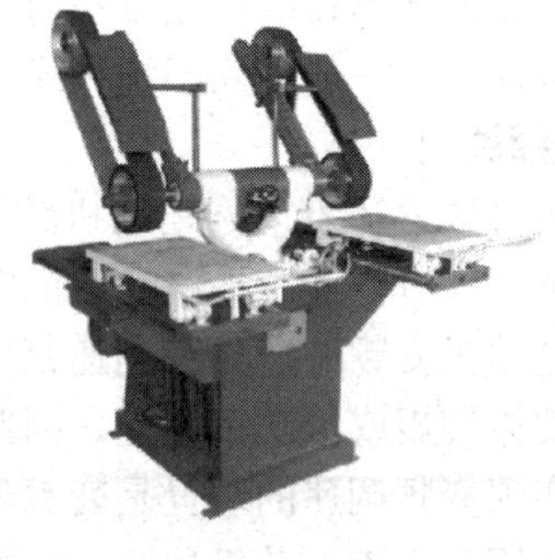

图 4—1—4　拉丝机

三、变频器的分类

目前，变频器分类方法有很多种，它们应用在不同的场合，见表 4—1—1。

表 4—1—1　常见变频器分类

分类	名称	用途
按变换的环节分	交—直—交变频器	广泛应用于普通异步电动机调速
	交—交变频器	大功率电动机调速系统
按直流电源性质分	电压型变频器	适用于不可逆调速系统且无须经常加减速的场合
	电流型变频器	适用于不可逆调速系统且无须经常加减速的场合
按工作原理分	V/f 控制变频器	应用于对调速精度要求不高，并且频率低于 50 Hz 的调速
	转差频率控制变频器	应用于对动态响应要求较高的场合
	矢量控制变频器	应用于对控制精度要求高的场合
按用途分	通用变频器	广泛应用于普通异步电动机调速
	高性能专用变频器	如纺织专用型变频器、矿山电力机车用变频器
	高频变频器	应用于高速或高精度加工场合
按电压等级分	高压变频器（3 kV、6 kV、10 kV）	应用于高压电动机调速
	中压变频器（660 V）	应用于中压电动机调速
	低压变频器（220 V、380 V）	应用于低压电动机调速

四、变频器的结构及工作原理

变频器的功能是将工频（50 Hz 或 60 Hz）交流电变换成频率、电压大小可调的交流电提供给三相交流异步电动机，实现对电动机的调速控制。

变频器内部由主电路、控制电路和保护电路等部分构成。工频交流电经整流电路变为脉动的直流电，直流电再经中间电路进行滤波，然后送到逆变电路，同时控制电路产生驱动脉冲送至逆变电路，控制逆变元件高频率通断，将直流电逆变为频率可变的交流电。

变频器主电路由整流电路、滤波环节、逆变电路三部分组成，如图 4—1—5 所示。

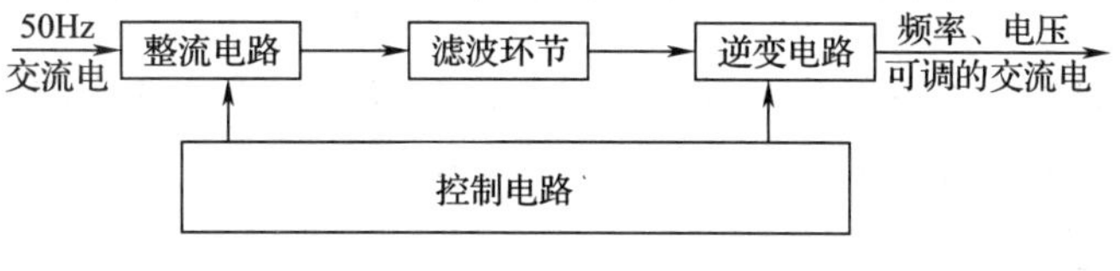

图 4—1—5　变频器结构

控制电路是变频器的控制中心，当它接收到输入调节装置或通信接口送来的指令信号后，会发出相应的控制信号去控制主电路，使主电路按设定的要求工作，同时控制电路还会将有关的设置和机器状态信息送到显示装置，以显示有关信息，便于用户操作或了解变频器的工作情况。

保护电路具有短路、过流、过载、欠压、过压、缺相等保护功能。

五、变频器的铭牌

变频器的生产厂家很多，主要有三菱、西门子、ABB、施耐德、安川、台达等，每个生产厂家都生产型号众多的变频器。虽然变频器的种类繁多，但基本功能是一致的，所以使用方法大同小异，本书以三菱 FR－D700 系列中的 FR－D740 为例来介绍变频器的铭牌。

变频器的铭牌包括变频器的型号以及功率、输入输出参数及频率变化范围等，如图 4—1—6 所示。

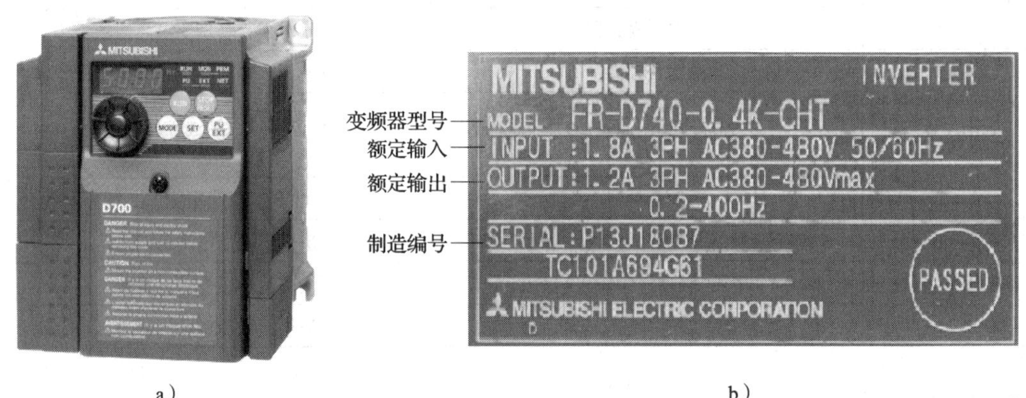

a）　　　　b）

图 4—1—6　变频器铭牌

a）三菱变频器 FR－D700 外形　b）FR－D700 铭牌

铭牌上的参数含义见表 4—1—2。

表 4—1—2　　铭牌参数含义

变频器的型号	适配电动机功率	额定输出电流	输入参数		输出参数	
			电压	频率	电压	频率
FR－D700－0.4K－CHT	0.4 kW	1.2 A	380～480 V	50/60 Hz	380～480 V	0.2～400 Hz

在选择变频器时，一个重要的参数就是容量，一般情况下，变频器的容量必须与电动机容量相匹配，否则会出现过电流、过载等异常现象。

六、变频器接线端子

1. 三菱变频器 D700 的主电路接线端子如图 4—1—7 所示，主电路端子功能见表 4—1—3。

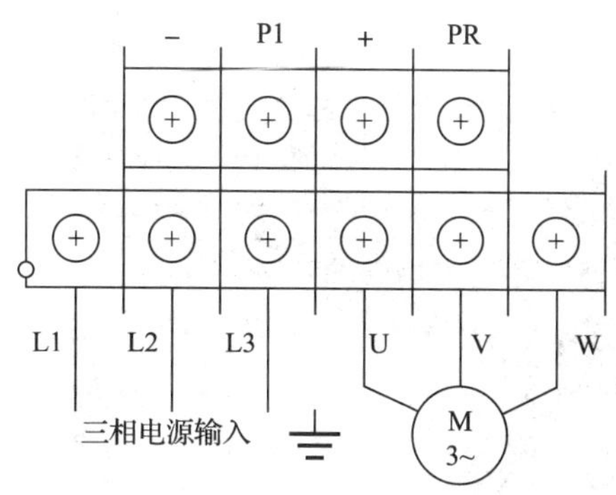

图 4—1—7　三菱变频器 D700 主电路接线端子

表 4—1—3　　主电路端子功能

端子符号	端子功能说明
L1、L2、L3	三相电源输入端
U、V、W	变频器输出端，接三相交流异步电动机
+、-	接制动单元
+、PR	接直流制动电阻
P1、+	拆除短路片后，可接直流电抗器
E	接地端

2. 主电路接线注意事项

（1）电源线必须连接至 L1、L2、L3，绝对不能接到输出端 U、V、W，否则会损坏变频器。

（2）当交流电动机减速时处于发电状态，其发电产生的能量回馈至变频器，使变频器的直流电路的电压升高，会导致变频器内逆变元件损坏，为了防止这种情况的发生，变频器内部有制动单元，当电动机正常运行时，制动单元不工作，而当电动机减速时，制动单元接通，电动机发电产生的能量消耗在制动单元的制动电阻上。若要急速减速时，需在外部安装专用制动电阻器，即接在端子“+”和“PR”之间。若电动机功率较大（大于7.5 kW）或为了改善制动性能，需在端子“+”和“-”之间外接制动单元。

（3）端子 P1、+之间可连接直流电抗器，用于改善功率因数。

（4）变频器内部有高电压，它需要有可靠的接地保护，其接地端子接线时如果接地线连到零线 N 可能会引起漏电开关跳闸。

七、变频器操作面板与参数设定

1. 变频器的操作面板

三菱变频器 D700 的面板如图 4—1—8 所示，面板上的按键功能说明见表 4—1—4，状态指示说明见表 4—1—5。

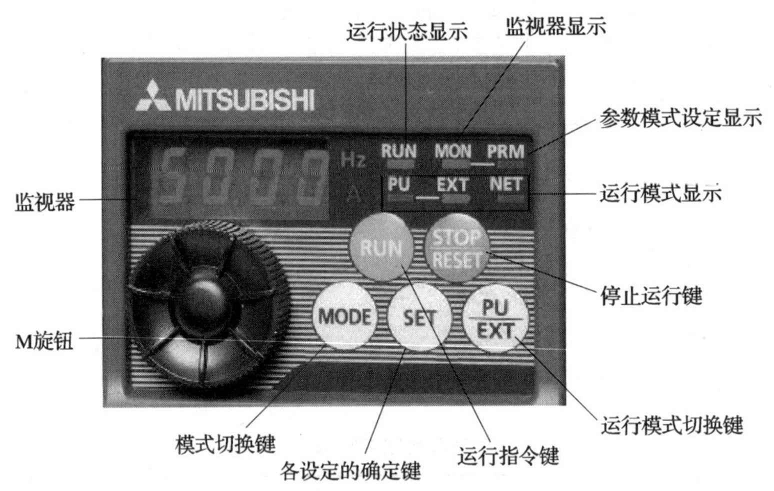

图 4—1—8　三菱变频器 D700 面板

表 4—1—4　　按键功能说明

按钮/旋钮	功能	备注
PU/EXT 键	切换 PU/外部操作模式	PU：PU 操作模式 EXT：外部操作模式 使用外部操作模式（用另外连接的频率设定旋钮和启动信号运行）时，请按下此键，使 EXT 显示为点亮状态
RUN 键	运行指令正转	反转用（Pr. 40）设定
STOP/RESET 键	运行的停止，报警的复位	
SET 键	确定各设定	
MODE 键	模式切换	切换各设定
设定用旋钮（M 旋钮）	变更频率、参数的设定值	

表 4—1—5　　状态指示说明

指示灯显示	说明	备注
RUN 显示	运行时点亮/闪烁	亮灯：正在运行中 慢闪烁（1.4 s 循环）：反转运行中 快闪烁（0.2 s 循环）：非运行中
MON 显示	监视器显示	监视模式时亮灯
PRM 显示	参数设定模式显示	参数设置模式时亮灯
PU 显示	PU 操作模式时亮灯	计算机连接运行模式时，为慢闪烁

续表

指示灯显示	说明	备注
EXT 显示	外部操作模式时亮灯	计算机连接运行模式时，为慢闪烁
NET 显示	网络运行模式时亮灯	
监视用 LED 显示	显示频率、参数序号等	

2. 变频器的操作模式

在使用变频器时，必须先给变频器提供一个改变频率的信号，才能改变变频器的输出频率，从而改变电动机的转速。获取这个信号的方式即为操作模式，三菱变频器的操作模式有面板操作模式（PU 模式）、外部操作模式和组合模式。

（1）变频器的操作可用面板（PU）的键盘进行。这样可以直接在变频器面板的键盘上进行操作，也可以将操作面板摘下来，通过标准接口电路（RS232 或 RS485）用电缆连接进行不同距离操作。这种模式不需要其他外接控制信号，直接在控制面板上操作即可。用户在选择面板 PU 操作模式时，可通过操作模式选择功能参数 Pr. 79 =0 或 1 来实现。

（2）外部操作模式通常在出厂时已经设定。这种模式用外接启动开关和频率设定电位器来控制变频器的运行。可通过功能与参数设定 Pr. 79 =2 来实现。

（3）外部操作模式与控制面板 PU 组合操作，可按下列两种方法中的任意一种操作来控制变频器。

1）启动信号用外部信号设定。启动信号用外部信号设定，采用按钮、继电器、PLC 等设备控制变频器运行，频率信号由面板 PU 操作设定。这种模式的功能与参数设定通过 Pr. 79 =3 来实现。

2）启动信号用控制面板 PU 设定。启动信号用控制面板 PU 设定，采用外部频率设定电位器设定频率。这种模式的功能与参数设定通过 Pr. 79 =4 来实现。

3. 变频器基本参数设置

变频器的参数有几百个，使用变频器并不是每个参数都要设置，而是根据实际的控制要求进行设定，具体参数表可以查阅变频器手册。基本功能参数见表 4—1—6。

表 4—1—6　　基本功能参数一览表

参数	名称	表示	设定范围	出厂设定值
1	上限频率	Pr. 1	0 ~ 120 Hz	120 Hz
2	下限频率	Pr. 2	0 ~ 120 Hz	0 Hz
3	基准频率	Pr. 3	0 ~ 400 Hz	50 Hz
4	3 速设定	Pr. 4	0 ~ 400 Hz	50 Hz
5	3 速设定	Pr. 5	0 ~ 400 Hz	30 Hz
6	3 速设定	Pr. 6	0 ~ 400 Hz	10 Hz
7	加速时间	Pr. 7	0 ~ 3 600 s	5s
8	减速时间	Pr. 8	0 ~ 3 600 s	5 s
160	扩展功能显示选择	Pr. 160	0、9999	9999
79	操作模式选择	Pr. 79	0 ~ 7	0

（1）上限频率

与生产机械所要求的最高转速相对应的频率称为上限频率，它是根据生产机械的要求设定变频器的最大运行频率，而不是变频器能输出的最大频率。用 Pr. 1 设定了输出频率的上限，即使输入了大于设定频率的频率，输出频率也会被钳位于上限频率处。

（2）下限频率

与生产机械所要求的最低转速相对应的频率称为下限频率。用 Pr. 2 设定了输出频率的下限，即使输入了小于设定频率的频率，输出频率也会被钳位于下限频率处。

（3）基准频率

基准频率根据电动机的额定频率设定，例如，电动机的额定频率为 50 Hz，则基准频率 Pr. 3 设为 50。

（4）频率设定（3 速设定）

当 RH、RM、RL 端子由外部信号控制（开关或 PLC）时，通过这三个端子的信号组合可实现多段速度的输出。

（5）加速和减速时间

变频器输出频率从 0 上升到基准频率所需要的时间称为加速时间；变频器输出频率从基准频率下降至 0 所需要的时间称为减速时间。负载重时加减速时间长，负载轻时加减速时间短。

（6）扩展功能显示选择

扩展功能可以限制通过操作面板或参数单元读取的参数。Pr. 160 为 0 时显示所有参数，Pr. 160 为 9 999 时只显示简单模式的参数。

小贴士

变频技术诞生背景是交流电动机无级调速的广泛需求。传统的直流调速技术因体积大故障率高而应用受限。

20 世纪 60 年代以后，电力电子器件普遍应用了晶闸管及其升级产品，但其调速性能远远无法满足需要。1968 年以丹佛斯为代表的高技术企业开始批量化生产变频器，开启了变频器工业化的新时代。

从 20 世纪 70 年代开始，脉宽调制变压变频（PWM－VVVF）调速的研究取得突破，20 世纪 80 年代以后微处理器技术的完善使得各种优化算法得以轻松实现。

20 世纪 80 年代中后期，美、日、德、英等发达国家的 VVVF 变频器技术实用化，商品投入市场，得到了广泛应用。最早的变频器可能是日本人买了英国专利研制的。不过美国和德国凭借电子元件生产和电子技术的优势，其高端产品迅速抢占市场。

步入 21 世纪后，国产变频器逐步崛起，现已逐渐抢占高端市场。上海和深圳成为国产变频器发展的前沿阵地，涌现出了像汇川变频器、英威腾变频器、安邦信变频器、欧瑞变频器等一批知名国产变频器。

小词典

变频器的选择

1. 选择变频器时应以实际电动机额定电流作为变频器选择的依据，电动机的额定功率只能作为参考。应充分考虑变频器的输出含有高次谐波，会导致电动机的功率因数和效率下降。因此，用变频器给电动机供电与用工频电网供电相比较，电动机的电流增加 10% 而温升增加约 20%。所以在选择电动机和变频器时，应考虑到这种情况，适当留有裕量，以防止温升过高，影响电动机的使用寿命。

2. 变频器若要长电缆运行，此时应该采取措施抑制长电缆对地耦合电容的影响，避免变频器出力不够。所以此时变频器应放大一挡或在变频器的输出端安装输出电抗器。

3. 对于一些特殊的应用场合，如高温环境、高开关频率、高海拔等，此时会引起变频器的降容，变频器需放大一挡。

4. 使用变频器控制高速电动机时，由于高速电动机的电抗小，高次谐波也增加输出电流值。因此，选择用于高速电动机的变频器时，其额定电流应比普通电动机的变频器稍大一些。

5. 对于压缩机、振动机等转矩波动大的负载和油压泵等有峰值负载的情况，如果按照电动机的额定电流或功率值选择变频器的话，有可能发生峰值电流使过电流保护动作现象。因此，应了解工频运行情况，选择额定输出电流比其最大电流更大的变频器。变频器驱动潜水泵电动机时，因为潜水泵电动机的额定电流比通常电动机的额定电流大，所以选择变频器时，其额定电流要大于潜水泵电动机的额定电流。

任务实施

变频器面板信号控制电动机调速

一、实训目的

1. 了解变频器操作面板的功能。
2. 掌握变频器主电路接线方法。
3. 掌握三菱变频器 FR－D700 面板操作的步骤。

二、主要实训器材的认识

变频器面板操作控制电动机调速所需的实训设备和工具见表 4—1—7。

表 4—1—7　　实训设备和工具

序号	分类	名称	型号规格	数量	单位	备注
1	工具	电工工具	/	1	套	
2	器材	万用表	MF－47 型	1	块	
3		断路器	DZ47－63	1	只	
4		变频器	FR－D740－0.4K－CHT	1	台	
5		电动机	YS5022	1	只	
6	消耗材料	铜塑线	BV1/1.37 mm^2	10	m	
7		铜塑线	BV1/1.13 mm^2	15	m	
8		软线	BVR7/0.75 mm^2	10	m	
9		紧固件	M4×20 螺杆	若干	只	
10			M4×12 螺杆	若干	只	
11			Φ4 平垫圈	若干	只	
12			Φ4 弹簧垫圈及 Φ4 螺母	若干	只	
13		号码管	/	若干	m	
14		号码笔	/	1	支	

三、实训内容

1. 控制要求

恢复出厂设定值；由面板旋钮 M 设定输出频率；由面板按键完成电动机运行、停止控制。控制电路基本电路如图 4—1—9 所示。

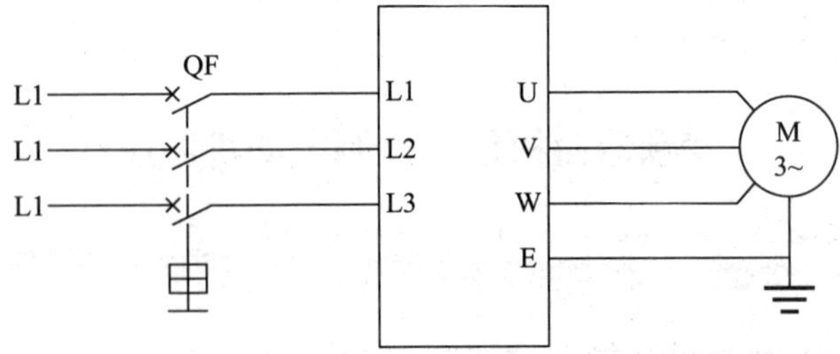

图 4—1—9　变频器面板操作控制电动机调速线路图

2. 操作步骤

（1）打开变频器盖板

变频器接线需先将变频器盖板打开，具体操作步骤见表 4—1—8。

表 4—1—8　　变频器 D700 盖板拆装步骤

序号	图例	操作说明
1		拧下变频器前盖板螺钉
2		拆下前盖板
3	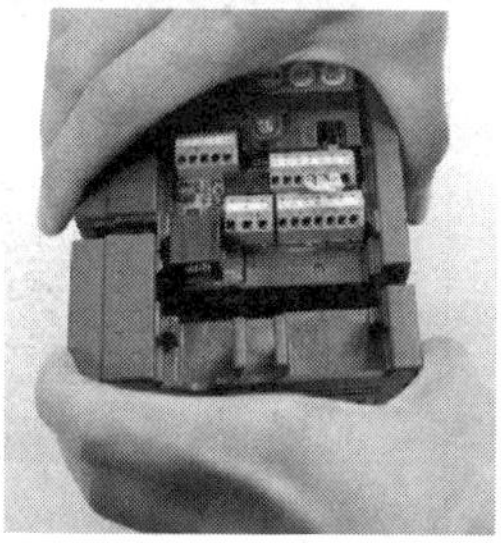	拔下主电路接线柱上方的配线盖板
4	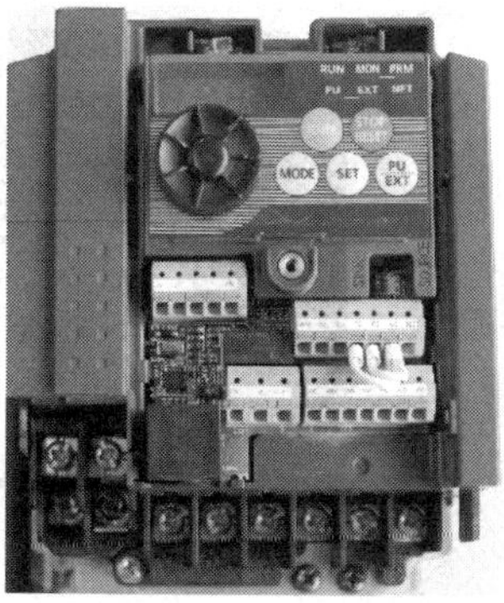	在主电路接线柱上接电源线 L1、L2、L3 和电动机连线 U、V、W 以及接地线 PE，接完线将配线盖板和前盖板装好

（2）按图 4—1—10 接线，检查无误后接通电源。

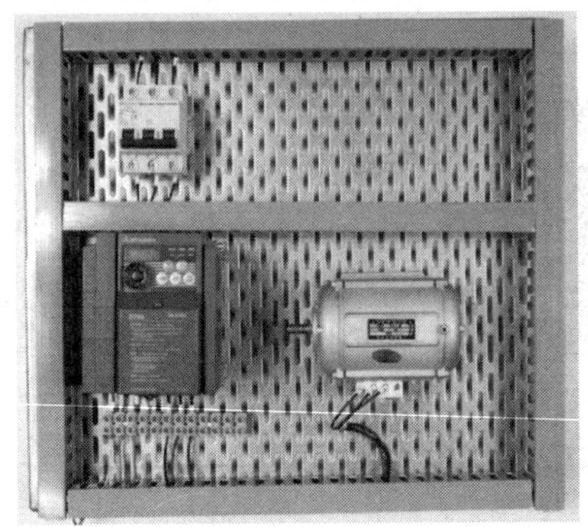

图 4—1—10　变频器面板信号控制电动机调速电路实物

（3）变频器参数设定

变频器参数设定见表 4—1—9。

表 4—1—9　　**变频器参数设定**

操作步骤		显示结果
设定变频器工作模式	接通电源	
	按住 (PU/EXT) 和 (MODE) 按钮 0.5 s	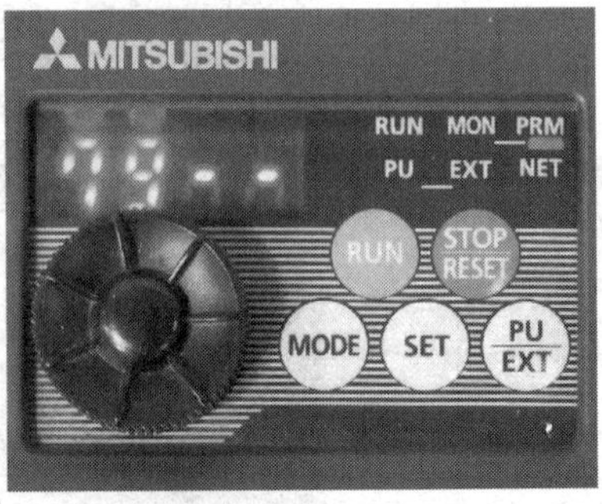

续表

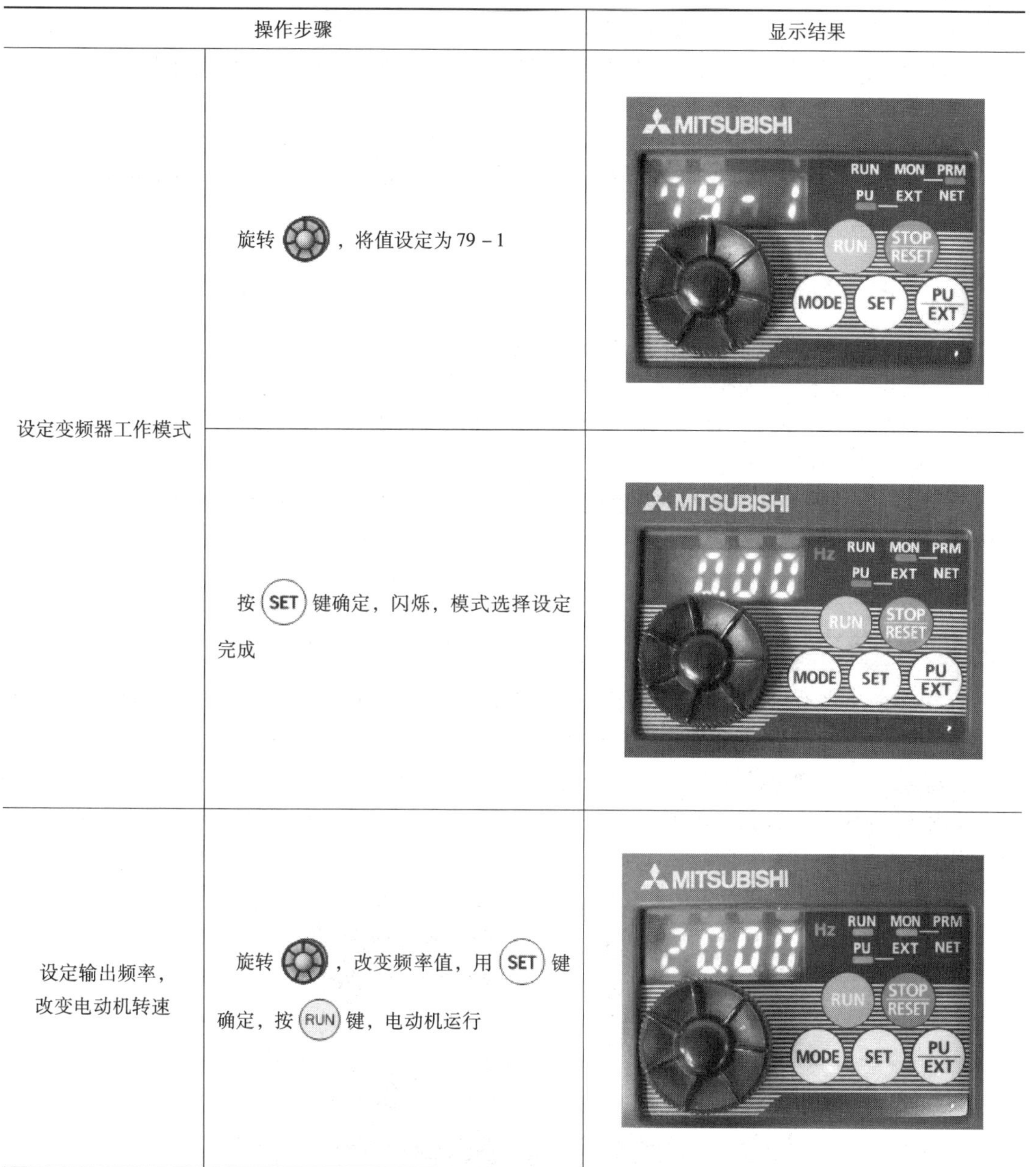

操作步骤		显示结果
设定变频器工作模式	旋转 [旋钮]，将值设定为 79 - 1	79 - 1
	按 (SET) 键确定，闪烁，模式选择设定完成	0.00 Hz
设定输出频率，改变电动机转速	旋转 [旋钮]，改变频率值，用 (SET) 键确定，按 (RUN) 键，电动机运行	20.00 Hz

（4）停止，按【STOP/RESET】键，电动机减速停止。

3. 工艺要求

（1）熟悉所用电气元件的作用和控制线路的工作原理，配齐所有电气元件，并检查质量。

（2）绘制元件布置图，经教师检查合格后，在控制板上安装电气元件。元件安装应牢固，并符合工艺要求。

（3）线路安装应遵循由内到外、横平竖直的原则；尽量做到合理布线、就近走线；编码正确、齐全；接线可靠，不松动、不压皮、不反圈、不损伤线芯。

（4）安装完毕进行自检，该过程学生可使用万用表来检查线路，要求确保无误。

学习活动2　传送带变频器控制线路的安装与调试

学习目标

1. 能描述 FR－D700 控制电路端子的功能和接线方法。
2. 能正确描述传送带的控制要求。
3. 能根据任务要求，合理制订工作计划，列出并准备好工具、材料。
4. 能正确选择变频器。
5. 能完成传送带的变频器控制的线路安装、变频器参数设置以及系统调试。

知识准备

一、传送带的功能

在很多的生产线中都要用到传送带，传送带是在一定的线路上连续输送物料的搬运机械，传送带由电动机带动运行，传送带可进行水平、倾斜和垂直输送，也可组成空间输送线路，输送线路一般是固定的。传送带可以快速传送生产过程中的产品和配件等，能够使产量和生产效率大大提高，还可在输送过程中同时完成若干工艺操作，所以应用十分广泛。常用传送带如图 4—2—1 所示。

图 4—2—1　传送带实物

传送带可由变频器控制实现正反转及调速控制。在传送带上应用变频器控制系统具有以下优点：

1. 可根据物料数量方便地调节传送带的输送速度，具有节能、提高生产效率的作用。

2. 采用变频器控制传送带正反转时控制线路简单。

3. 可用一台变频器来驱动多台电动机，这些电动机均并接到一台变频器上，通过变频器的频率设定可以保证多台电动机的同步运行。

二、变频器控制电路的接线端子

在实际生产中，采用面板对变频器进行的控制只能是本地控制，而一些需要远程控制的场合就需要由按钮、继电器或 PLC 等器件通过控制端子来完成。

变频器的控制端子以信号的输入、输出来分，可分为输入信号端子和输出信号端子；以信号性质来分，可分为开关量信号、模拟量信号和脉冲信号三种。

在使用变频器时，应根据实际需要正确地将有关端子与外部器件（如开关、继电器等）连接起来。三菱 FR－D700 型变频器的控制端子如图 4—2—2 所示。

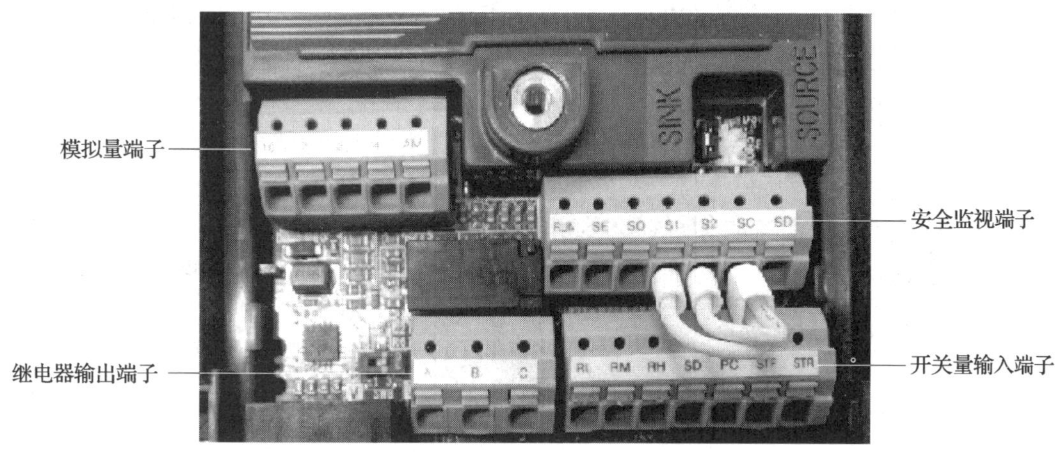

图 4—2—2　三菱 FR－D700 型变频器的控制端子

1. 总接线图

三菱 FR－D700 型变频器总接线如图 4—2—3 所示。

2. 控制电路端子说明

三菱变频器 D700 的控制电路端子及其功能见表 4—2—1。

3. 控制电路接线时的注意事项

（1）端子 SD、SE 和 5 为 I/O 公共端子，相互隔离，不能将这些公共端子互相连接或接地。在布线时应避免端子 SD 与端子 5，端子 SE 与端子 5 互相连接的布线方式。

（2）控制回路端子的接线应使用屏蔽线或双绞线，而且必须与主电路、强电回路分开布线。

（3）控制回路的输入端子不要接触强电。

（4）继电器输出端子（A、B、C）上要接继电器线圈或指示灯。

（5）连接控制电路端子的导线建议使用 0. 75 mm^2 导线。

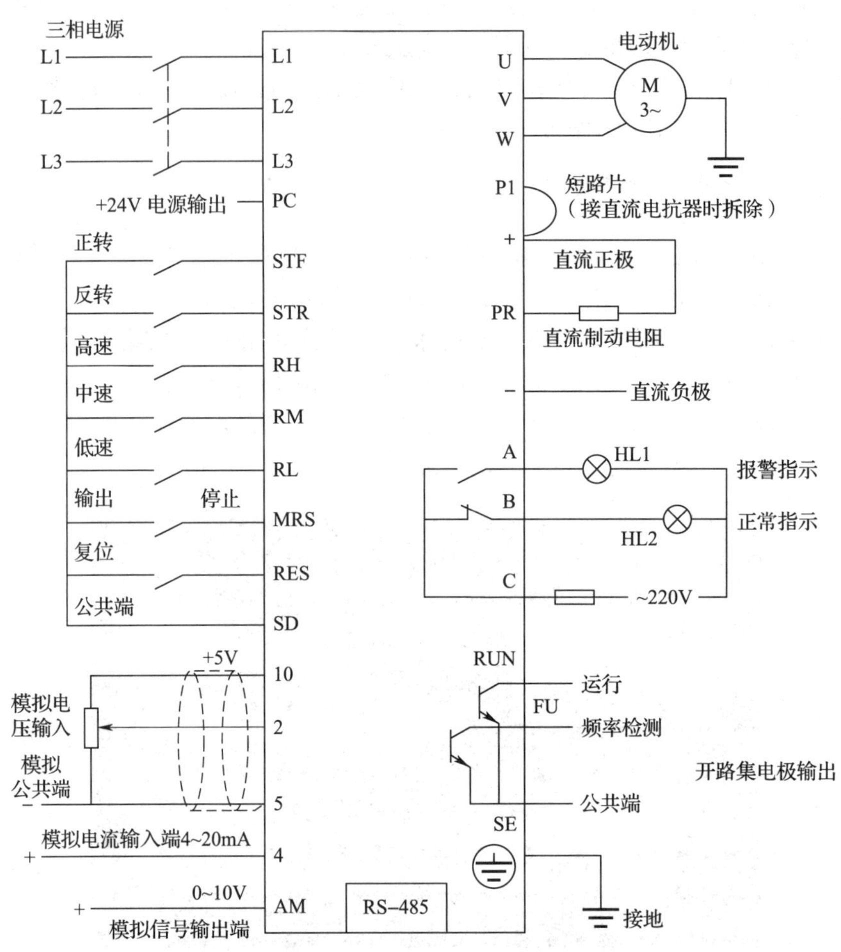

图 4—2—3　三菱 FR－D700 型变频器总接线

表 4—2—1　　控制电路端子

端子符号	端子功能说明	备注
STF	正转控制命令端	输入信号端与 SD 端子闭合有效
STR	反转控制命令端	
RH、RM、RL	高、中、低速及多段速度选择控制端	
MRS	输出停止端	
RES	复位端	
PC	DC 24 V 负极，外部晶体管公共端的接点（源型）	
SD	DC 24 V 正极，输入信号公共端（漏型）	与 PC 之间输出直流 24 V、0.1 A
10	频率设定用电源、直流 5 V	输入模拟电压、电流信号来设定频率，5 V（10 V）对应最大输出频率，20 mA 对应最大输出频率

续表

端子符号	端子功能说明	备注
2	模拟电压输入端，可设定 0～5 V、0～10 V	
4	模拟电流输入端，可设定 4～20 mA	
5	模拟输入公共端	
A、B、C	变频器正常：B－C 闭合，A－C 断开 变频器故障：B－C 断开，A－C 闭合	触点容量：AC230 V/0.3 A，DC30 V/0.3 A
RUN	变频器正在运行（集电极开路）	变频器输出频率高于启动频率时为低电平，否则为高电平
FU	频率检测（集电极开路）	变频器输出频率高于设定的检测频率时为低电平，否则为高电平
SE	RUN、FU 的公共端（集电极开路）	
AM	模拟信号输出端（从输出频率、输出电流、输出电压中选择一种监视），输出信号与监视项目内容成比例关系	输出电流 1 mA，输出直流电压 0～10 V。5 为输出公共端
RS－485	PU 通信端口	最长通信距离 500 m

三、变频器的多段速控制

由于生产工艺的要求，很多生产机械设备在不同阶段需要不同的转速运行。为了便于对这种负载进行控制，变频器提供了多段速控制功能，通过外接开关对输入端的状态组合来实现。

1. 多段速控制的接线

如图 4—2—4 所示是三菱变频器多段速控制的电路原理图，通过数字输入端口信号的不同组合，可以实现电动机多段速运行。

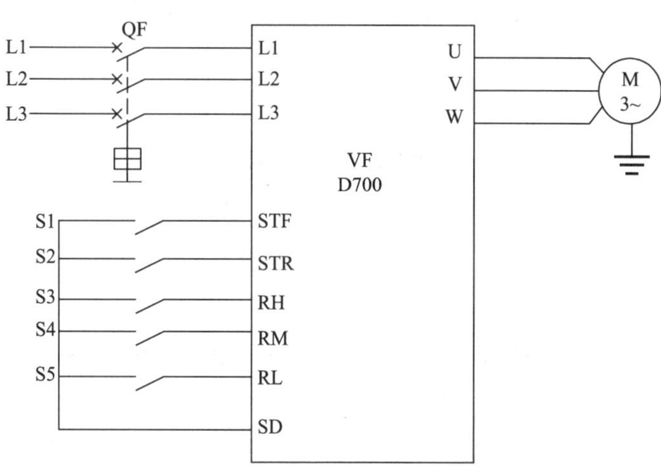

图 4—2—4　三菱变频器多段速控制电路原理图

2. 多段速控制的参数设定

三菱变频器的多段速控制运行速度的参数由 PU 单元来设定，并通过外部端子的组合来切换，由 RH、RM、RL 的开关信号组合，最多可实现 7 段速控制。多段速设定运行参数见表 4—2—2。

表 4—2—2　　多段速设定运行参数

参数	名称	初始值	设定范围	内容
Pr. 4	多段速设定（高速）	50 Hz	0～400 Hz	设定仅 RH 为 ON 时的频率
Pr. 5	多段速设定（中速）	30 Hz	0～400 Hz	设定仅 RM 为 ON 时的频率
Pr. 6	多段速设定（低速）	10 Hz	0～400 Hz	设定仅 RL 为 ON 时的频率
Pr. 24～Pr. 27	多段速设定（4～7 速）	9 999	0～400 Hz、9 999	可以通过 RH、RM、RL 信号的组合进行速度 4～7 速度的设定

七种速度的输出由 RH、RM、RL 组合实现，如图 4—2—5 所示。七种速度输出编码见表 4—2—3。

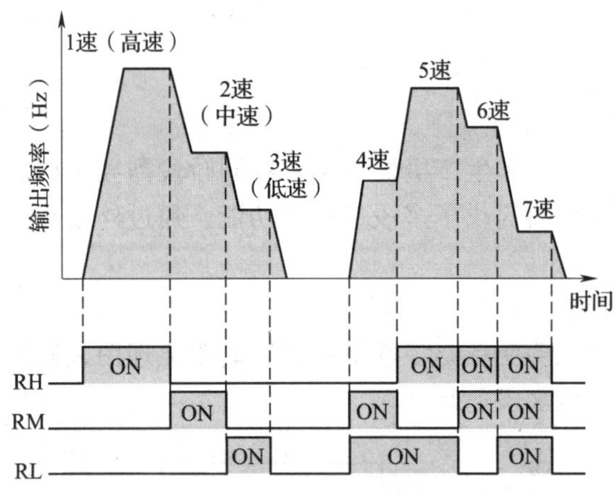

图 4—2—5　变频器七速输出

表 4—2—3　　七种速度输出编码

速度	RH 状态	RM 状态	RL 状态
速度 1	1	0	0
速度 2	0	1	0
速度 3	0	0	1
速度 4	0	1	1
速度 5	1	0	1
速度 6	1	1	0
速度 7	1	1	1

四、传送带变频器控制线路

1. 控制线路图

传送带变频器控制电路如图 4—2—6。

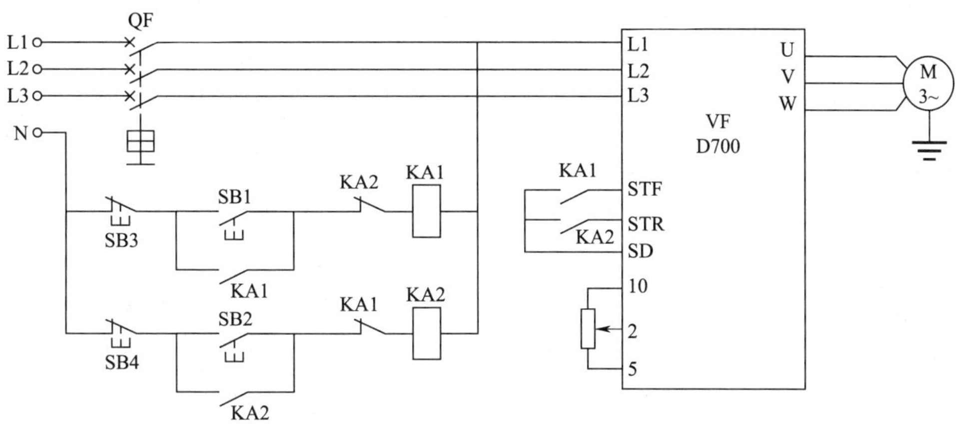

图 4—2—6　传送带变频器控制电路

2. 工作原理

电路中 KA1 为正转控制继电器，KA2 为反转控制继电器，其工作原理如下：

（1）正转控制

合上低压断路器 QF，按下启动按钮 SB1→继电器 KA1 线圈得电

→KA1 常开触点闭合→ { KA1 线圈自锁 / 变频器正转控制端子 STF、SD 端子接通→

→KA1 常闭触点断开→KA2 线圈不能得电

→变频器 U、V、W 端子输出正转电源电压→电动机正转

（2）正转停止控制

按下按钮 SB3→KA1 线圈失电→KA1 常开触点断开

→STF、SD 端子断开连接→变频器 U、V、W 端子停止输出正转电源电压

→电动机停转

（3）反转控制

按下按钮 SB2→继电器 KA2 线圈得电并自锁

→

{ KA2 常闭触点断开→KA1 线圈失电

KA2 常开触点接通→ { KA2 线圈自锁 / 变频器反转控制端子 STR、SD 接通→ } →变频器 U、V、W 端子输出反转电源电压→电动机反转运行。

（4）反转停止

按下停止按钮 SB4→KA2 线圈失电→KA2 常开触点断开→STF、SD 端子断开连接→变频器 U、V、W 端子停止输出反转电源电压→电动机停转。

小贴士

由于变频器大量使用各种半导体器件，如整流桥、IGBT、电解电容等，为使变频器长期稳定地工作，必须保证各器件工作在其允许条件下，超出条件则必须立刻或延时停止变频器工作，待异常条件消失后才能重新开始工作，如保护失效或动作延迟将导致变频器出现不可恢复性损害。变频器保护功能见表4—2—2。

表4—2—4　　变频器保护功能

保护类型	原因
缺相	输入电压值相差超过允许值（输入缺相）
	输出电流三相不平衡（输出缺相）
过流	超过变频器允许的最大电流（2倍额定电流）
过载	超过变频器允许的过载范围
过压	直流母线电压超过允许值
过热	散热器温度超过允许值
欠压	电网电压过低，直流母线电压过低

知识拓展

变频器控制电动机启动

变频器控制的交流异步电动机启动应遵循两个原则，一是电动机的输出转矩大于负载转矩，二是系统的工作频率大于变频器设定的最大启动频率。

一、启动频率

启动频率不超过变频器与电动机的允许值，且满足拖动系统控制要求，这是选择并设定启动频率的原则。

启动频率是指电动机开始启动时的频率，用“f_S”表示，可以从f_S =0 Hz开始。但对于惯性较大或摩擦转矩较大的负载，为使启动容易，启动时需要有合适的机械冲击力，可根据预置启动频率，使电动机在该频率下直接启动。启动频率如图4—2—7所示。

启动频率功能设定：Pr. 13

参数设定范围：0～60 Hz

二、升速和降速时间

1. 升速时间

生产机械在运行过程中，升速/减速均属于从一种状态转变到另一种状态的过渡过程。

在启动过程中，变频器的输出频率 f_X 由 0 Hz 上升到给定频率 f_G 所需的时间，称为升速时间，如图 4—2—8 所示。对于升速过程，时间越短越好，但升速时间越短，越容易引起过电流，这是升速过程中的矛盾。因此，在不引起过电流的前提下，应尽量缩短升速时间。

升速时间功能设定：Pr. 7。

参数设定范围：Pr. 20 = 0，0 ~ 3 600 s。

Pr. 20 = 1，0 ~ 360 s。

2．减速时间

在减速停车过程中，变频器输出频率 f_X 由给定频率 f_G 减小到 0 Hz 所需的时间，称为减速时间，如图 4—2—8 所示。电动机在降速过程中，有时会处于再生发电状态。再生电能回馈到变频器的直流电路，产生泵升电压，使变频器的中间直流环节直流电压升高。而且降速时间越短，泵升电压越高，越容易损坏整流器和逆变器。在考虑设备承受泵升电压能力和提高生产效率的前提下，应尽量缩短降速时间。

降速时间功能设定：Pr. 8。

参数设定范围：Pr. 20 = 0，0 ~ 3 600 s。

Pr. 20 = 1，0 ~ 360 s。

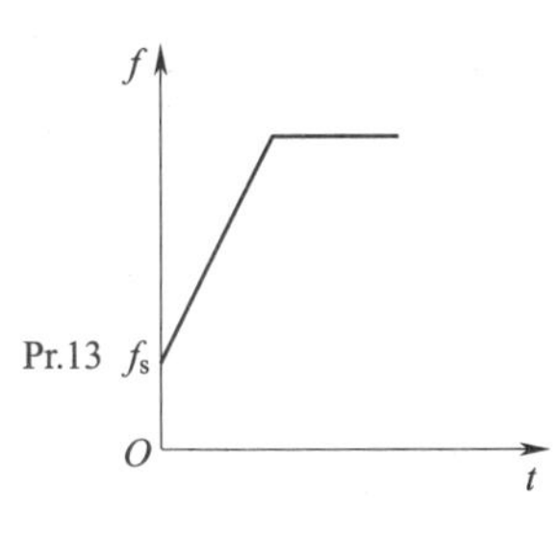

图 4—2—7　启动频率

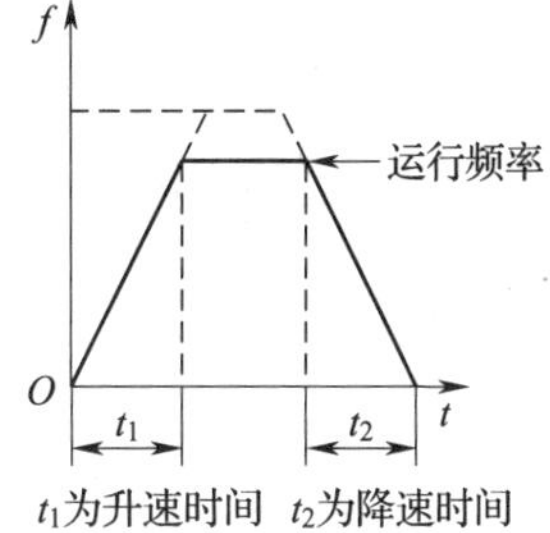

图 4—2—8　升速时间与减速时间

任务实施

传送带变频器的控制线路的安装与调试

一、实训目的

1．能正确选择变频器。

2．能完成传送带变频器控制的线路安装、变频器参数设置以及系统调试。

二、主要实训器材的认识

传送带变频器控制的线路安装与调试所需的实训设备和工具见表 4—2—5。

表 4—2—5　　实训设备和工具

序号	分类	名称	型号规格	数量	单位	备注
1	工具	电工工具	/	1	套	
2	器材	万用表	MF－47 型	1	块	
3		断路器	DZ47－63	1	只	
4		变频器	FR－D740－0.4K－CHT	1	台	
5		中间继电器	JZX－22F（D）/4Z	2	只	
6		按钮	LA10	4	只	
7		电位器	多圈 4.7K	1	只	
8		电动机	YS5022	1	台	
9	消耗材料	铜塑线	BV1/1.37 mm^2	10	m	
10		铜塑线	BV1/1.13 mm^2	15	m	
11		软线	BVR7/0.75 mm^2	10	m	
12		紧固件	M4×20 螺杆	若干	只	
13			M4×12 螺杆	若干	只	
14			Φ4 平垫圈	若干	只	
15			Φ4 弹簧垫圈及 Φ4 螺母	若干	只	
16		号码管	/	若干	m	
17		号码笔	/	1	支	

三、实训内容

1. 实训步骤

（1）按表 4—2—5 准备实训器材。

（2）线路安装

1）按图 4—2—9 接线，检查无误后接通电源。

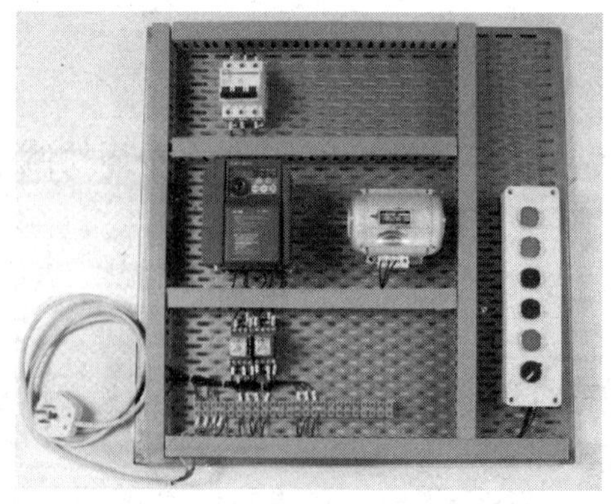

图 4—2—9　传送带变频器控制的电气线路实物

2）变频器控制端子接线方法。D700 变频器控制端子的接线可用一字旋具将端子的开关按钮按入深处，然后插入导线（见图 4—2—10）。

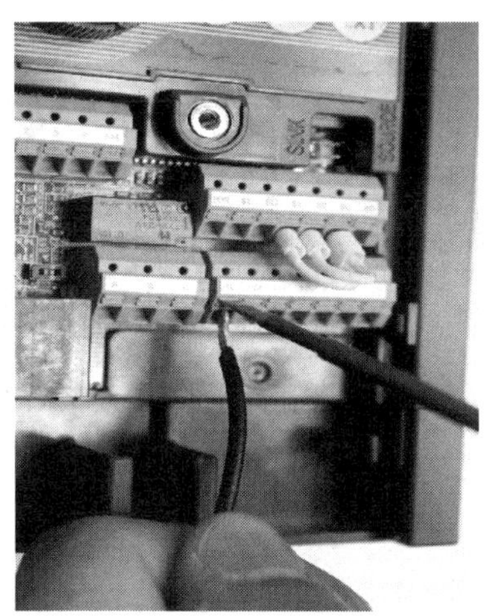

图 4—2—10　D700 变频器控制端子的接线

（3）设置变频器参数

根据传送带控制要求，变频器采用外部控制方式，因此 Pr. 79 = 3，其他参数设置见表 4—2—6。设置步骤见表 4—2—7。

表 4—2—6　　传送带变频器控制系统变频器参数设置

参数	名称	设定数值
Pr. 1	上限频率	50 Hz
Pr. 2	下限频率	0 Hz
Pr. 7	加速时间	10 s
Pr. 8	减速时间	10 s
Pr. 79	操作模式选择	3（外部模式）
Pr. 178	STF 功能选择	60（正转命令）
Pr. 179	STR 功能选择	61（反转命令）

表 4—2—7　　传送带变频器控制系统变频器参数设置步骤

操作步骤		显示结果
设定变频器工作模式	接通电源	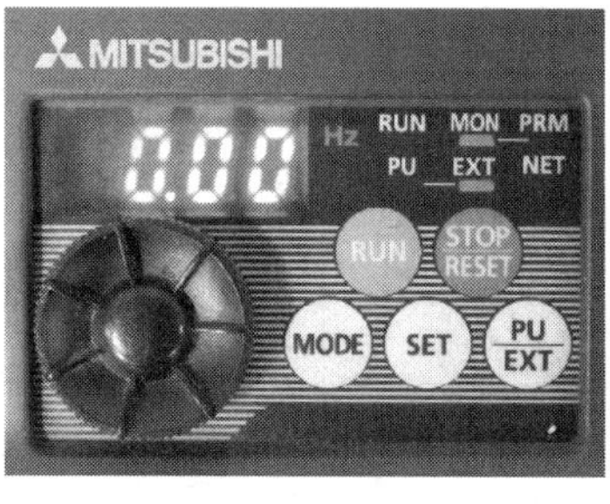

续表

操作步骤		显示结果
设定变频器工作模式	同时按住 (PU/EXT) 和 (MODE) 按钮 0.5 s	
	旋转 (旋钮)，将值设定为 79 - 3	
	按 (SET) 键确定，闪烁，模式选择设定完成	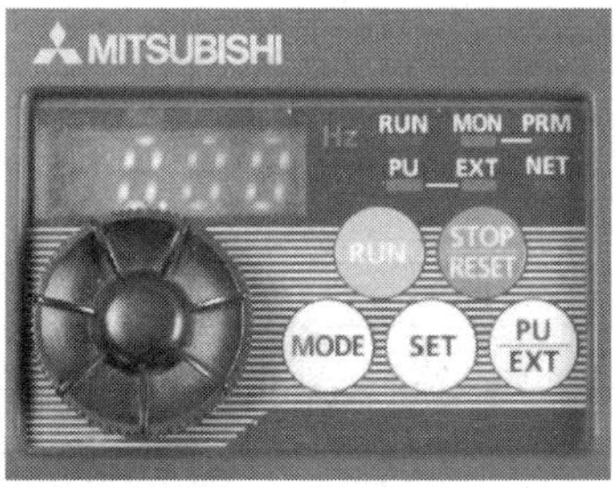
设定输出频率，改变电动机转速	旋转 (旋钮)，改变频率值，用 (SET) 键确定，按 (RUN) 键，电动机运行	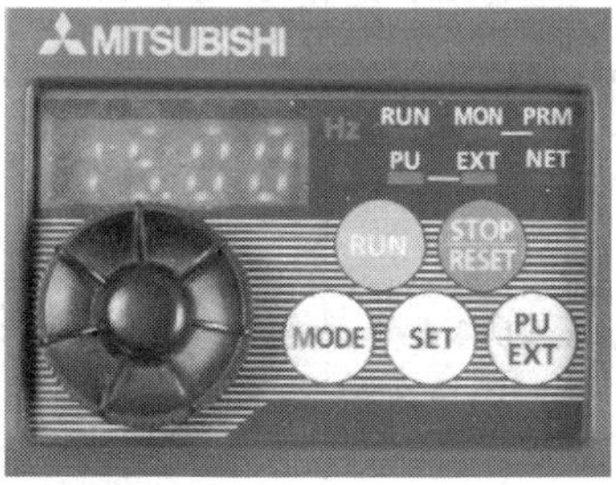

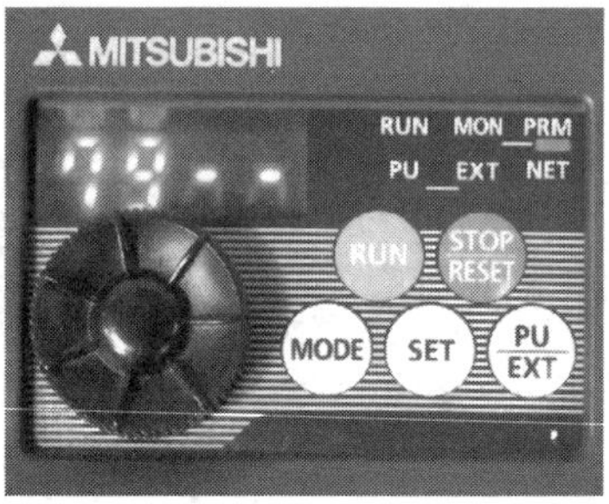

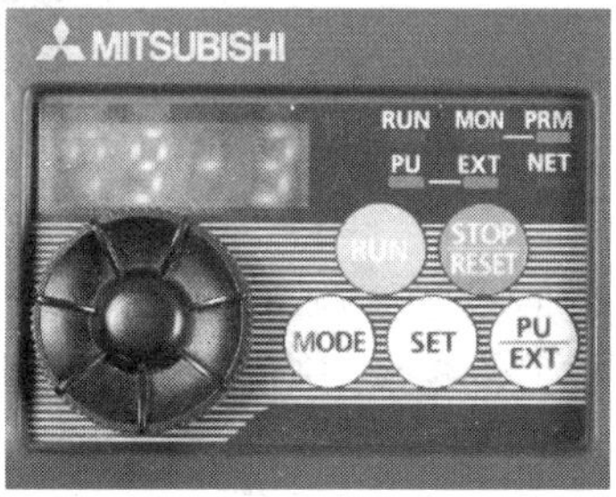

2. 变频器使用注意事项

（1）在变频器的输入侧接交流电抗器可以削弱三相电源不平衡对变频器的影响，延长变频器的使用寿命，同时也降低变频器产生的谐波对电网的干扰。

（2）当电动机处于直流制动状态时，电动机绕组呈发电状态，会产生较高的直流电压反送至直流电压侧。可以连接直流制动电阻进行耗能以降低高压。

（3）由于变频器输出的是高频脉冲波，所以禁止在变频器与电动机之间加装电力电容器件。

（4）变频器和电动机必须可靠接地。

（5）变频器的安装环境应通风良好。

3. 调试

（1）频率设置完成后，按下 SB1，控制传送带的电动机 M1 以 15 Hz 的频率正向运转。

（2）按下停止按钮 SB3，电动机逐渐减速并停止。

（3）按下反转按钮 SB2，电动机反转，控制传送带的电动机 M1 以 20 Hz 的频率反向运转。

四、评价

1. 项目评价

项目评价表

评价项目	考核内容	配分	评分标准	自我评价（20%）	小组评价（30%）	教师评价（50%）
变频器面板控制	变频器操作面板与外壳的拆卸与安装	10	拆卸步骤不正确扣 2 ~ 3 分			
	线路安装	15	接线不正确扣2 ~ 3 分			
	变频器参数设置	20	参数设置不正确每处扣 2 ~ 3 分			
变频器端子控制（传送带线路）	线路安装	20	接线不正确每处扣 2 ~ 3 分			
	变频器参数设置	20	参数设置不正确每处扣 2 分			
	系统调试	15	调试步骤不正确扣 3 ~ 5 分			
安全文明生产	安全用电规范		违反安全操作规程，酌情扣 5 ~ 10 分			
总评						

2. 综合评价

评价考核分四个等级：A（100~90）、B（89~75）、C（74~60）、D（59~0）。

评价表

项目名称	评价内容	配分	评价分数		
			自评	互评	教师评
职业素养考核项目（40%）	劳动保护穿戴整洁	6			
	安全意识、责任意识、服从意识	6			
	积极参加教学活动，按时完成学生工作页	10			
	团队合作、与人交流能力	6			
	劳动纪律	6			
	生产现场管理6S标准	6			
专业能力考核项目（60%）	专业知识查找及时、准确	12			
	操作符合规范	18			
	操作熟练，工作效率高	12			
	成品的验收质量	18			
总分					
总评	自评（20%）+互评（20%）+教师评（60%）	综合等级：	教师签名：		

任务五　温度控制装置的安装与调试

学习目标

1. 能正确描述温控器的功能、分类及工作原理。
2. 能正确分析、描述温度控制装置的工作过程。
3. 能正确按照控制要求完成简单温度控制线路的安装与调试。

建议课时

40 课时

任务描述

温度是日常生活和工业生产中最常见和最基本的参数，特别是在冶金、化工、机械各类行业中，广泛使用各种加热炉、热处理炉、反应炉等，因此，温度控制是家电产品或生产过程自动化的重要任务之一，常用的温度控制设备是温控器，作为电气维修人员，需具备使用及维护温控器的能力。

在变压器任务中，变压器的绝缘处理用到了烘箱，烘箱上就有温控器，将温控器的温度设定为 80℃，然后烘箱开始加热，当烘箱内的温度达到 80℃时，温控器的触点动作，切断烘箱电源电路，停止加热。因此温控器起到了自动控制加热设备温度的作用。

某厂的一台烘变压器的烘箱因元件和仪表老化，需要更换元器件和仪表，重新接线，现委派电工班根据控制要求完成任务，要求在两周内完成安装、调试，交有关人员验收。

工作流程与活动

学习活动 1　温控器的认识
学习活动 2　烘箱线路的安装与调试

学习活动 1　温控器的认识

学习目标

1. 能正确描述温控器的功能、分类、结构及原理。

2. 能正确操作温控器面板进行参数设定。

知识准备

一、温控器的功能

温控器在日常生活中经常可见，如烧水用的电水壶（见图5—1—1）就用到了温控器（突跳式温控器），当水壶中的水温达到100℃时，温控器的触点动作，切断电源，加热器就停止加热。

图5—1—1　电热水壶及内部温控器

温控器是根据工作环境的温度变化，在其内部发生物理形变，从而产生某些特殊效应，产生导通或者断开动作的一系列自动控制元件，或者电子元件在不同温度下，以不同状态工作，以供电路采集温度数据。

二、温控器的分类

按照结构和使用场合的不同，温控器可以分为突跳式温控器、液涨式温控器、压力式温控器和电子式温控器四种，其外形图和应用场合见表5—1—1。

表5—1—1　常用温控器分类

分类	外形	应用场合
突跳式温控器		用于家电产品（如饮水机、电热开水瓶、家用暖水袋、热水器、微波炉、电烤箱）
液涨式温控器		用于电热设备、制冷设备

续表

分类	图片	应用场合
压力式温控器		用于制冷（如电冰箱、冰柜）和制热设备
电子式温控器		用于电暖和水暖的温控控制

三、温控器的结构与原理

在工业控制中常用的温控器是电子式温控器，这种温控器带有液晶显示屏和按键。电子式温控器是一种精确的温度检测装置，可以对温度进行数字量化控制。温控器一般采用热电阻或热电偶作为温度检测元件，它的原理是将 NTC 热敏传感器或者热电偶设计到相应电路中，热电阻或热电偶随温度变化而改变，就会产生相应的电压、电流改变，再通过微控制器对改变的电压、电流进行检测和量化显示出来，并做相应的控制。

电子式温控器具有精确度高、灵敏度好、直观、操作方便等特点。

电子式温控器由四大机构组成：转换显示机构、设定机构、比较运算机构、输出机构。当温度传感器把现场温度转换成电信号传给温控器，温控器的转换显示机构把电信号转换成数字信号显示出来，并在内部与设定机构的设定值通过比较机构进行比较（或 PID 运算）后通过输出机构输出给操控器（接触器、固态继电器、功率控制器等），然后操控器再对加热器、制冷器进行控制。

四、温控器的面板

电子式温控器的种类有很多，下面以典型的 XMTA－5000 型电子温控器为例介绍其功能及使用方法。电子式温控器面板有测量值显示、设定值显示、指示灯及按键等部件。电子式温控器面板如图 5—1—2 所示。其按键作用见表 5—1—2。

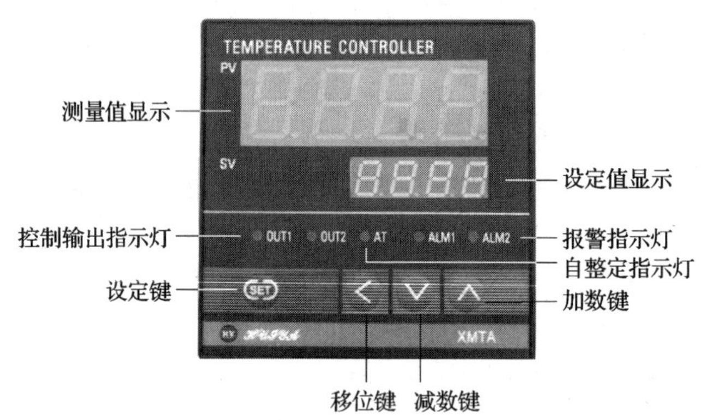

图 5—1—2　电子式温控器面板

表 5—1—2　　温控器面板按键作用

名称		作用
测量值（PV）显示器（红）		显示测量值
设定值（SV）显示器（绿）		显示设定值
设定键（SET）		（1）SV 设定：按 SET 键，SV 显示器个位小数点闪烁，可用其余三键修改参数 （2）按住 SET 键超过 5 s 可进入第一层控制参数模式
指示灯	AT	自整定工作时亮
	ALM1	第一路报警时亮
	ALM2	第二路报警时亮
	OUT1	控制输出时亮
减数键（▼）		在参数设定状态下，作减数键
加数键（▲）		在参数设定状态下，作加数键
移位键（◀）		在参数设定状态下，作移位键与 SET 配合进入第二层功能参数模式

五、温控器的接线

XMTA－5000 型电子温控器的接线端子共有 16 个（见图 5—1—3）。其中，端子 2、3 接交流电源。端子 6、7、8 是温控器的输出信号端，6 和 8 之间是常闭触点，6、7 之间是常开触点。端子 9、10 和 11、12 分别是第一组和第二组报警输出。端子 14、15、16 接测温元件（包括热电阻或热电偶）。

温控器接通电源，当温度检测元件（热电阻或热电偶）检测到被测物的温度达到设定温度时，温控器的继电器输出端（图 5—1—3 中的 6、7、8）的常开触点断开，常闭触点闭合。

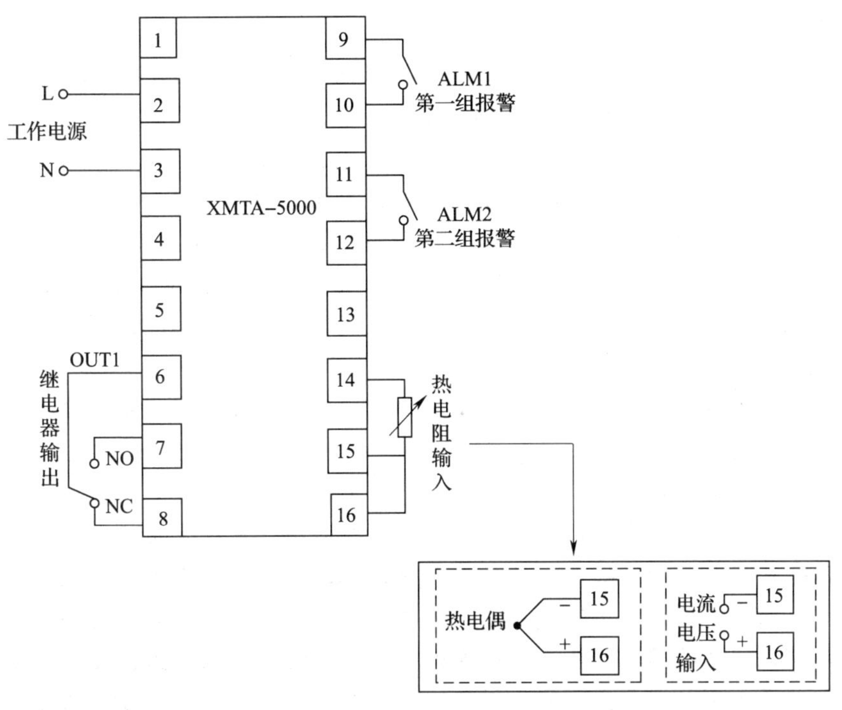

图 5—1—3 XMTA－5000 型电子温控器的接线端子

六、温控器操作步骤

1. 接通电源，此时电源指示灯亮，显示窗进入自检状态，3 s 后 PV 窗口显示实时测量温度值，SV 窗口显示设定温度值。

2. 温度设定：按设置键 SET，此时 PV 窗口显示 S0 字样，同时 SV 窗口末位数字闪烁，根据用户要求依次按“▲”或“▼”键和移位键“◀”，依次设定温度的小数点位、个位、十位和百位。

例如，用户需设定 112. 5℃，不管原 SV 窗口显示何值，先按一下设置键 SET。PV 窗口显示 S0 字样，SV 窗口末位数字闪烁，然后依次按加数键“▲”、减数键“▼”和移位键“◀”，设置 SV 窗口的值，依次设定小数位“5”，个位“2”，十位“1”和百位“1”只需连续按十位键到 11 即可，然后再按下设置键“SET”完成设定。此时控制输出指示灯亮，PV 测温窗口温度随之变化，直至稳定在设置值。

小词典

温控器的发展历史

从工业温度控制器的发展过程来看，温度控制技术大致可分以下几种：第一种是定值开关温度控制法，所谓定值开关控温法，就是通过硬件电路或软件计算判别当前温度值与设定目标温度值之间的关系，进而对系统加热源（或冷却装置）进行通断控制。若当前温度值比设定温度值高，则关断加热器，或者开动制冷装置；若当前温度值比设定温度值低，则开启加热器，这种开关控温方法比较简单，在没有计算机参与的情况下，用很简单的模拟电路就能够实现。由于这种控制方式是当系统温度上升至设定点时关断电源，当系统温度下降至设定点时开通电源，因而无法克服温度变化过程的滞后性，致使系统温度波动较大，控制精度低。

第二种是 PID 线性温度控制法，1922 年美国的 Minorsky 在对船舶自动导航的研究中，提出了基于输出反馈的比例积分微分（PID）控制器的设计方法，标志了 PID 控制的诞生。由于 PID 调节器模型中考虑了系统的误差、误差变化及误差积累三个因素，因此，其控制性能大大优越于定值开关控温法，可以采用模拟电路或计算机软件方法来实现 PID 调节功能。前者称为模拟 PID 调节器，后者称为数字 PID 调节器。其中，数字 PID 调节器的参数可以在现场实现在线整定，因此具有较大的灵活性，可以得到较好的控制效果。采用这种方法实现的温度控制器，其控制品质的好坏主要取决于三个 PID 参数（即比例值、积分值、微分值）。只要 PID 参数选取得正确，对于一个确定的受控系统来说，其控制精度是比较令人满意的。它对大多数工业控制对象都能达到较好的控制效果，但它有明显的缺点，比如依赖于对象模型，对于非线性、大滞后、时变系统控制效果不理想等。随着生产的发展，对控制的实时性与精度要求越来越高，被控对象也越来越复杂，单纯采用常规 PID 控制器已不能满足系统的要求，因此出现了许多新的控制方法，如自适应控制、最优控制、智能控制、鲁棒控制、满意控制等，这些控制策略引入 PID 控制系统的设计当中极大地提高了系统的控制性能。

任务实施

温控器的简单测试

一、实训目的

1. 能完成温控器的简单测试接线。
2. 能正确设定温控器的基本参数。

二、主要实训器材的认识

温控器简单测试线路所需的实训设备和工具见表 5—1—3。

表 5—1—3　　　　　　　　　　　　　　实训设备和工具

分类	名称	型号规格	数量	单位	备注
工具	电工工具	/	1	套	
器材	万用表	MF－47 型	1	块	
	温控器	XMTA－5000	1	只	
	低压断路器	DZ158 1P 10 A	1	只	
	可调直流电源	MCH－305D	1	台	
	灯泡	220 V/40 W	1	只	
消耗材料	铜塑线	BV1/1.37 mm^2	10	m	
	铜塑线	BV1/1.13 mm^2	15	m	
	软线	BVR7/0.75 mm^2	10	m	
	紧固件	M4×20 螺杆	若干	只	
		M 4×12 螺杆	若干	只	
		Φ4 平垫圈	若干	只	
		Φ4 弹簧垫圈及 Φ4 螺母	若干	只	
	号码管	/	若干	m	
	号码笔	/	1	支	

三、实训内容

1. 温控器简单测试线路

如图 5—1—4 所示电路为温控器简单测试电路，温控器的端子 2、3 接入交流电源，端子 6、8 接入灯，作为温控器的负载，端子 15、16 接入可调直流电源，作为温控器的输入信号，当调节可调直流电源电压时，PV 窗口显示的值发生相应变化。

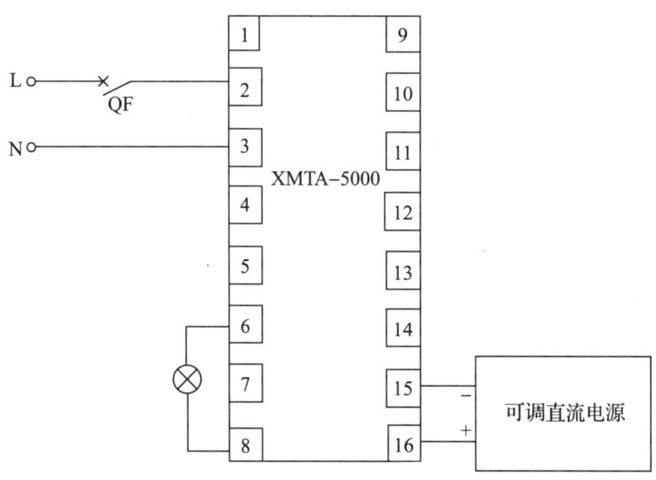

图 5—1—4　温控器简单测试电路

2. 实训步骤

（1）按表 5—1—3 准备实训器材。

（2）按图 5—1—5 布置元器件。

（3）按图 5—1—4 完成接线。

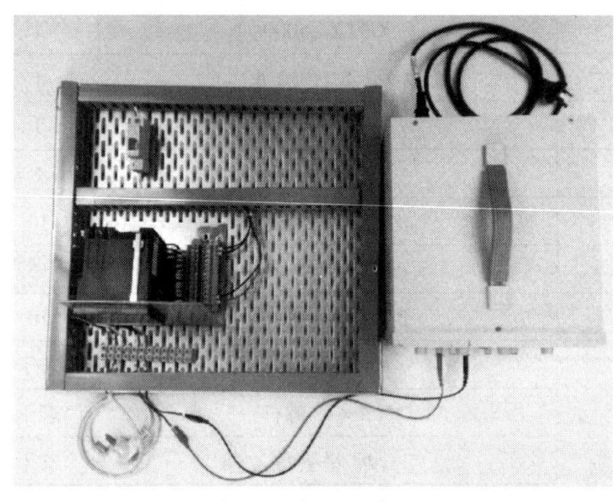

图 5—1—5　温控器简单测试电路实物

3. 调试

（1）接通电源，调节可调直流电源的输出直流电压值，观察温控器显示的温度值的变化。

（2）记录不同电压值对应的温度值。

电压值	5 V	10 V	20 V	30 V
温度值				

学习活动 2　烘箱线路的安装与调试

学习目标

1. 能正确描述烘箱的功能、结构及原理。
2. 能正确描述热电阻和热电偶的功能、分类、原理及接线方式。
3. 能正确安装烘箱控制电路。

知识准备

一、烘箱的功能

烘箱（恒温干燥箱）是利用电热丝隔层加热物体的设备，它用于比室温高 5 ~ 300℃范围的烘焙、干燥、热处理等。目前，烘箱广泛应用于工业、农业、医疗、高校及科研行业中。

二、烘箱的系统构成

1. 烘箱结构

烘箱由电源开关、电源指示灯、风门调节旋钮、温控器等组成。箱体由薄钢板构成，工作室与箱体外壳间以玻璃纤维作保温层材料。箱门中间有一玻璃窗，以供观察工作室内的情况。箱内加热恒温系统主要由装有离心式叶轮的电动机、电加热器、合理的风道结构和温度控制器组成。当接通干燥箱电源，并打开风机开关时，电动机随即运转，直接将位于箱内后部的电加热器产生的热量通过风道向上排出，经过工作室内干燥物品再吸入风机，以此不断循环，从而使工作室内温度达到均匀。烘箱内部是一个典型的温控系统，如图 5—2—1 所示。

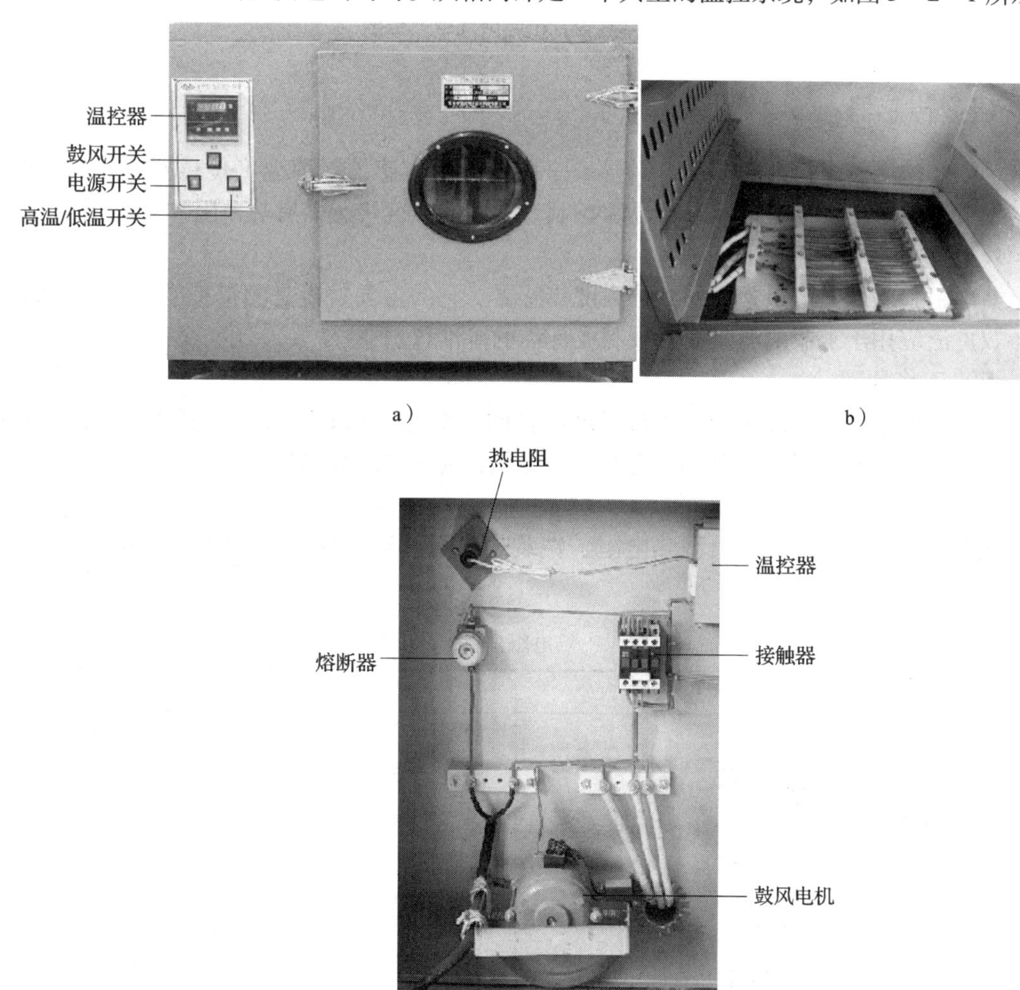

图 5—2—1　烘箱结构图

a）烘箱外形　b）烘箱内电热丝　c）烘箱内部控制电路

2. 烘箱电路的控制过程

烘箱内部电路框图如图 5—2—2 所示。烘箱内部的温度传感器、温控器、电加热器构成了一个自动温控系统，温度传感器作为温度检测元件，将烘箱内部的温度信号变成电信号传给温控器，当箱内温度低于设定温度时，温控器内部开关使电加热器（电热丝）接通电源开始加热，当烘箱内温度达到设定温度时，温控器内部开关使电加热器断开电源，停止加热。

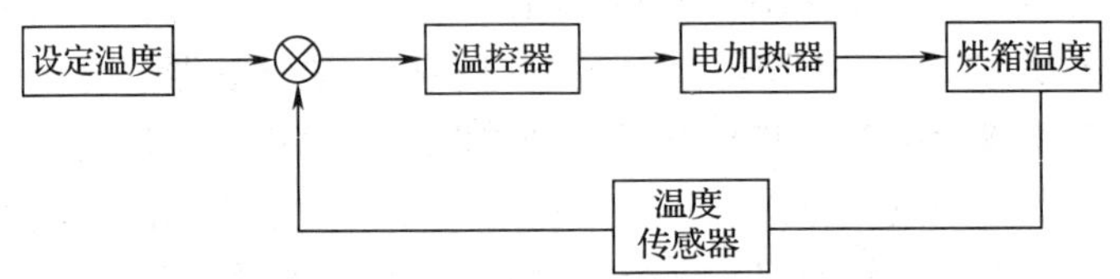

图 5—2—2　烘箱内部电路框图

三、温度传感器

为了实时测量烘箱内的温度，需要一个能测温的传感器，即温度传感器。它将温度信号转换成电信号传送给温控器进行温度控制。常用的温度传感器有热电阻和热电偶。

1. 热电阻

热电阻是中低温区最常用的一种温度传感器。它的主要特点是测量精度高、性能稳定。它不仅广泛应用于工业测温，而且被制成标准的基准仪。

（1）工作原理

热电阻是基于电阻的热效应进行温度测量的，即电阻体的阻值随温度的变化而变化的特性。因此，只要测量出感温热电阻的阻值变化，就可以测量出温度。

（2）分类

热电阻按结构可分为普通型热电阻、铠装热电阻、端面热电阻、隔爆型热电阻等，见表 5—2—1。

表 5—2—1　　热电阻分类

类别	外形	特点
普通型热电阻		适用于一般测温场合
铠装热电阻		铠装热电阻外保护套是不锈钢的，内部充满高密度氧化物质绝缘体，强度高，适合安装在环境恶劣的场合

续表

类别	外形	特点
端面热电阻		感温元件由特殊处理的电阻丝绕制，能更正确和快速地反映被测端面的实际温度，适用于测量轴瓦和其他机件的端面温度
隔爆型热电阻		把其外壳内部爆炸性混合气体因受到火花或电弧等影响而发生的爆炸局限在接线盒内，生产现场不会引起爆炸。隔爆型热电阻可用于有爆炸危险场所的温度测量

(3) 接线方式

热电阻和温控器之间有三种接线方式：两线制、三线制和四线制，常用的是三线制，见表5—2—2。

表5—2—2　热电阻接线方式

接线方式	接线图	接线方法	特点
两线式	1 2	在热电阻的两端各连接一根导线来引出电阻信号	连接导线存在引线电阻r，r大小与导线的材质和长度的因素有关。这种引线方式只适用于对测量精度要求较低的场合
三线式	1 2 3	在热电阻根部的一端连接一根引线，另一端连接两根引线	这种方式可以较好地消除引线电阻的影响，是工业过程控制中最常用的引线电阻
四线式	1 2 3 4	在热电阻的根部两端各连接两根导线	这种引线方式可完全消除引线的电阻影响，主要用于高精度的温度检测

2. 热电偶

热电偶是温度测量仪表中常用的测温元件，如图 5—2—3 所示，它的测量精度比热电阻更高。

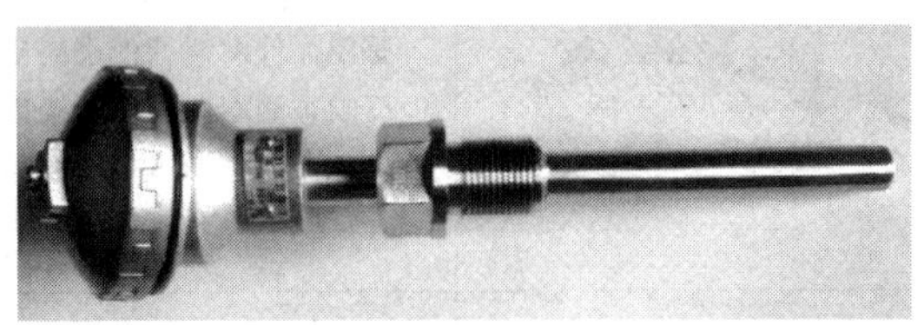

图 5—2—3　热电偶

（1）工作原理

热电偶是把两种不同材质的导体 A 和 B 组成闭合回路，如图 5—2—4 所示，当连接点的温度不同时，回路中就会有电流通过，此时两端之间就存在电动势——热电势，这种现象叫作塞贝克效应。热电偶就是利用这一现象将温度量转换成电势量的温度传感器。温度较高的一端为工作端（测量端），温度较低的一端为自由端（参比端）。

在热电偶回路中接入第三种金属材料时，只要该材料两个接点的温度相同，热电偶所产生的热电势将保持不变，即不受第三种金属接入回路中的影响。因此，在用热电偶测温时，可接入测量仪表，测得热电势后，即可知道被测介质的温度。热电偶接入仪表如图 5—2—5 所示。

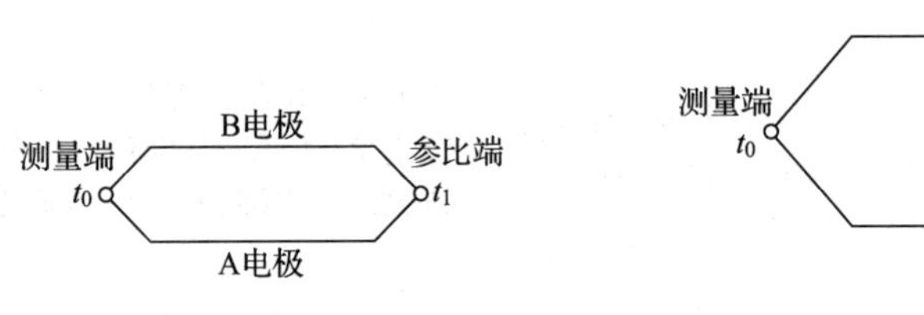

图 5—2—4　热电偶结构

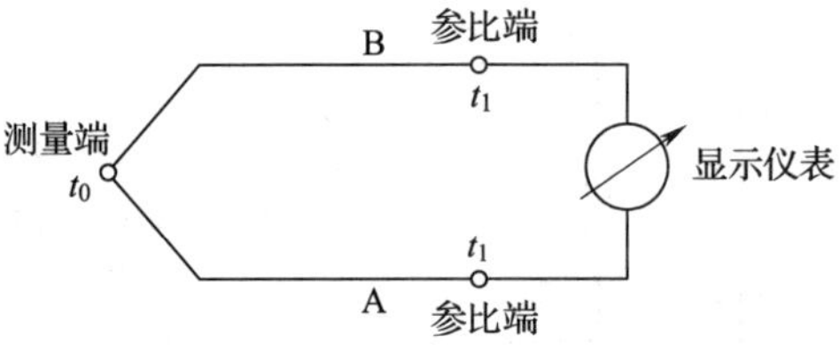

B　参比端
t_1
测量端
t_0
显示仪表
t_1
A　参比端

图 5—2—5　热电偶接入仪表

根据热电势与温度的函数关系，制成热电偶分度表。分度表是冷端温度在 0℃时的条件下得到的，不同的热电偶具有不同的分度表。

（2）热电偶的接线

工业测温用热电偶的基本构造包括热电偶丝材、绝缘管、保护管和接线盒等。热电偶使用时将其测量端置于气体、液体等被测介质中，参比端接入二次仪表（如温控器）中。

（3）热电偶的分类

热电偶按结构形式可分为普通工业型热电偶和铠装型热电偶。按分度号可分为 S、R、B、N、K、E、J、T 八种。其中，S、R、B 属于贵重金属热电偶，N、K、E、J、T 属于廉金属热电偶。S 分度号的精确度等级最高，通常用作标准热电偶。热电偶按分度号分类见表 5—2—3。

表 5—2—3　　热电偶按分度号分类

分度号	热电极材料	
	正极	负极
S	铂铑 10	纯铂
R	铂铑 13	纯铂
B	铂铑 30	铂铑 6
K	镍铬	镍铬
T	纯铜	铜镍
J	铁	铜镍
N	镍铬硅	镍硅
E	镍铬	铜镍

(4) 热电偶的特点

1) 测量精度高：热电偶与被测对象直接接触，不受中间介质的影响。

2) 热响应时间快：热电偶对温度变化反应灵敏。

3) 测量范围大：热电偶从 -40℃ ~ +1 600℃均可连续测温。

(5) 热电偶冷端的温度补偿

由于热电偶的材料一般都比较珍贵（特别是采用贵重金属时），而测温点到仪表的距离都很远，为了节省热电偶材料，降低成本，通常采用补偿导线把热电偶的冷端（自由端）延伸到温度比较稳定的控制室内，连接到仪表端子上。热电偶补偿导线的作用只起延伸热电极，使热电偶的冷端移动到控制室的仪表端子上，它本身并不能消除冷端温度变化对测温的影响，不起补偿作用。因此，还需采用其他修正方法来补偿冷端温度 $t_0 \neq 0$℃时对测温的影响。

四、烘箱控制线路

1. 烘箱控制线路

烘箱控制线路如图 5—2—6 所示，元件明细表见表 5—2—4。

2. 工作原理

(1) 烘箱启动、停止控制

合上电源开关 K1→温控器接通电源→温控器端子 6、7 之间的常开触点闭合→接触器 KM 线圈得电→KM 常开触点闭合→电热丝 RL1、RL3 接通电源加热→设定温控器温度上限值“80℃”→当热电阻检测到电热丝已加热至设定温度→温控器的端子 6、7 之间的常开触点断开→KM 线圈失电→KM 常开触点失电→电热丝失电停止加热。

(2) 鼓风控制

为了使烘箱内的温度均匀，同时也为热电阻检测到的温度较精确，线路接入鼓风机，鼓风机是一台单相交流电动机，接通鼓风开关 K2，鼓风机接通电源运转。

(3) 高/低温控制

当 K3 打在高温位置，RL2 接入电源；当 K3 打在低温位置，RL2 未接入电源。

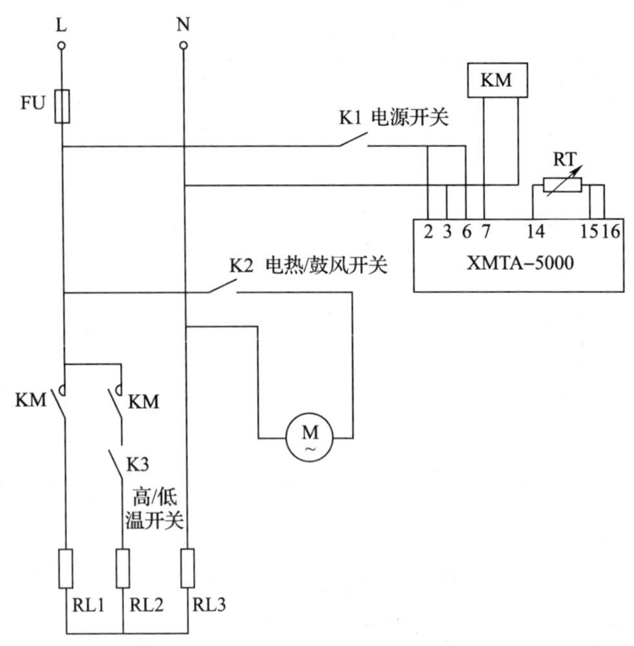

图 5—2—6　烘箱控制线路

表 5—2—4　**烘箱控制线路元件明细表**

元件名称	元件符号	作用
温控器	XMTA－5 000	控制接触器是否工作，实现温度控制
热电阻	RT	温度测量
接触器	KM	控制电热丝加热
鼓风电机	M	使烘箱内的热量均匀分布
电热丝	RL1、RL2、RL3	加热
电源开关	K1	控制烘箱控制线路的接通/断开
电热/鼓风开关	K2	控制鼓风电动机运行/停止
高/低温开关	K3	控制电热丝通电加热的数量

小贴士

热电阻与热电偶的区别

1. 测温范围不同：热电偶使用在温度较高的环境，热电阻用于中、低温区。

2. 测量原理不同：热电偶测量温度的基本原理是热电效应，热电阻是基于导体和半导体的电阻值随温度而变化的特性工作的。

3. 信号的性质不同：热电阻本身是电阻，温度的变化使电阻产生正的或者是负的阻值变化；而热电偶是产生感应电压的变化，且随温度的改变而改变。

任务实施

烘箱线路的安装与调试

一、实训目的

1. 能根据烘箱控制电路完成线路的安装。
2. 能正确设置温控器参数。
3. 能完成烘箱控制线路的调试。

二、主要实训器材的认识

烘箱控制线路所需的实训设备和工具见表5—2—5。

表5—2—5　　**实训设备和工具**

分类	名称	型号规格	数量	单位	备注
工具	电工工具	/	1	套	
器材	万用表	MF－47型	1	块	
	温控器	XMTA－5000	1	台	
	熔断器	RT28－32X	1	只	
	开关	BE101	3	只	
	热电阻	PT100	1	只	
	鼓风机	YS5022	1	台	
	接触器	CJX1－12/22	1	只	
	电加热管	/	3	根	
消耗材料	铜塑线	BV1/1.37 mm^2	10	m	
	铜塑线	BV1/1.13 mm^2	15	m	
	软线	BVR7/0.75 mm^2	10	m	
	紧固件	M4×20螺杆	若干	只	
		M4×12螺杆	若干	只	
		Φ4平垫圈	若干	只	
		Φ4弹簧垫圈及Φ4螺母	若干	只	
	号码管	/	若干	m	
	号码笔	/	1	支	

三、实训内容

1. 实训步骤

（1）按表5—2—5准备实训器材。

（2）按图5—2—7布置元器件。

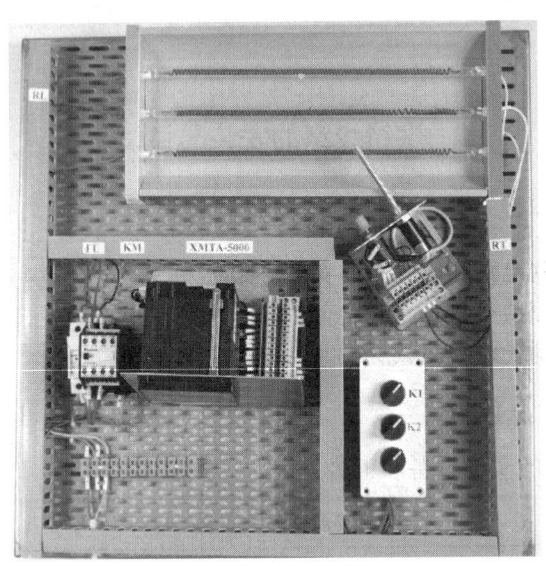

图 5—2—7　烘箱控制线路安装实物图

（3）按表 5—2—6 设置温控器参数。

表 5—2—6　　烘箱控制线路温控器参数设置

序号	操作步骤	图示
1	接通电源	
2	按“SET”键，进行温度设置。按移位键，分别进行十位、个位及小数点位数值设置，再按“SET”键确认	

续表

序号	操作步骤	图示
3	按住“SET”键3 s以上，进入自整定参数设置，再按“SET”键选择“ATU”参数，初始值为“0000”	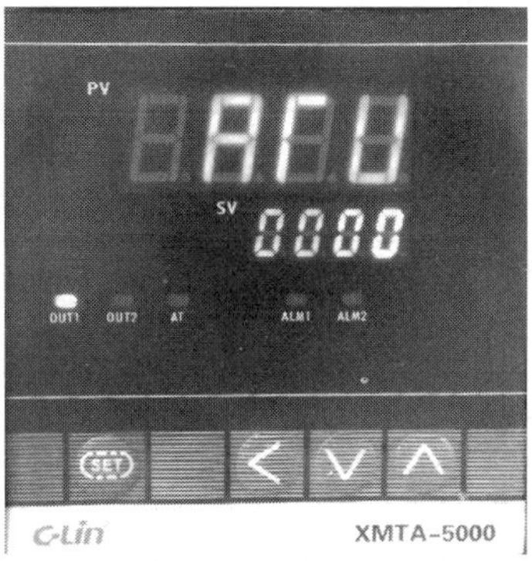
4	按“∧”键，将值设为“0001”，再按“SET”键3 s以上保存设置并退回到温度显示界面	

2. 温控器接线注意事项

（1）热电阻输入，应使用低电阻且同截面积、同材料、同长度的三根铜导线。

（2）热电偶输入，应使用对应的补偿导线。

（3）输入的信号线应远离仪器的电源线、动力电源线和负载线，以免产生干扰。

四、评价

1. 项目评价

项目评价表

评价项目	考核内容	配分	评分标准	自我评价	小组评价	教师评价
温控器简单测试	线路安装	10	线路安装不正确扣2～3分			
	温控器参数设置	15	参数设置不正确每处扣2～3分			
	输出信号测量	20	测量步骤不正确每处扣2～3分			

续表

评价项目	考核内容	配分	评分标准	自我评价	小组评价	教师评价
烘箱控制线路的安装与调试	线路安装	20	接线不正确每处扣2~3分			
	温控器参数设置	20	参数设置不正确每处扣2分			
	系统调试	15	调试步骤不正确等扣3~5分			
安全文明生产	安全用电规范		违反安全操作规程，酌情扣5~10分			
总评						

2. 综合评价

评价考核分四个等级：A（100~90）、B（89~75）、C（74~60）、D（59~0）。

评价表

项目名称	评价内容		配分	评价分数		
				自评	互评	教师评
职业素养考核项目（40%）	劳动保护穿戴整洁		6			
	安全意识、责任意识、服从意识		6			
	积极参加教学活动，按时完成学生工作页		10			
	团队合作、与人交流能力		6			
	劳动纪律		6			
	生产现场管理6S标准		6			
专业能力考核项目（60%）	专业知识查找及时、准确		12			
	操作符合规范		18			
	操作熟练，工作效率高		12			
	成品的验收质量		18			
总分						
总评	自评（20%）+互评（20%）+教师评（60%）	综合等级：		教师签名：